U0186629

"十三五"国家重点图书

网络信息服务与安全保障研究丛书

丛书主编　胡昌平

云服务安全风险识别与管理

Cloud Service Security Risk Identification and Management

林鑫　陈果　周知　石宇　著

图书在版编目(CIP)数据

云服务安全风险识别与管理/林鑫等著.—武汉：武汉大学出版社，2022.1
“十三五”国家重点图书 国家出版基金项目
网络信息服务与安全保障研究丛书/胡昌平主编
ISBN 978-7-307-22906-8

Ⅰ.云… Ⅱ.林… Ⅲ.云计算—网络安全—风险管理—研究 Ⅳ.TP393.08

中国版本图书馆 CIP 数据核字(2022)第 018880 号

责任编辑:韩秋婷　　责任校对:李孟潇　　版式设计:马 佳

出版发行：武汉大学出版社 (430072 武昌 珞珈山)
(电子邮箱:cbs22@ whu.edu.cn 网址：www.wdp. com.cn)
印刷:武汉中远印务有限公司
开本:720×1000 1/16 印张:18.75 字数:344 千字 插页:5
版次:2022 年 1 月第 1 版 2022 年 1 月第 1 次印刷
ISBN 978-7-307-22906-8 定价:80.00 元

作者简介

林鑫，博士，华中师范大学副教授、硕士生导师，中国科学技术信息研究所博士后，《数字图书馆论坛》期刊编委。研究方向为信息安全、信息组织与检索。主持国家社科青年基金项目、博士后科学基金项目，以及其他横向项目等科研项目6项，参与包括国家自科基金项目在内的国家级、省部级项目多项；在国内外重要期刊发表学术论文近30篇，出版学术专著1部，获得软件著作权3项。

网络信息服务与安全保障研究丛书

学术委员会

网络信息服务与安全保障研究丛书

主　编：胡昌平

副主编：曾建勋　胡　潜　邓胜利

著　者：胡昌平　贾君枝　曾建勋

胡　潜　陈　果　曾子明

胡吉明　严炜炜　林　鑫

邓胜利　赵雪芹　邰杨芳

周　知　李　静　胡　媛

余世英　曹　鹏　万　莉

查梦娟　吕美娇　梁孟华

石　宇　李枫林　森维哈

赵　杨　杨艳妮　仇蓉蓉

总　　序

“互联网+”背景下的国家创新和社会发展需要充分而完善的信息服务与信息安全保障。云环境下基于大数据和智能技术的信息服务业已成为先导性行业。一方面，从知识创新的社会化推进，到全球化中的创新型国家建设，都需要进行数字网络技术的持续发展和信息服务业务的全面拓展；另一方面，在世界范围内网络安全威胁和风险日益突出。基于此，习近平总书记在重要讲话中指出，“网络安全和信息化是一体之两翼、驱动之双轮，必须统一谋划、统一部署、统一推进、统一实施”。① 鉴于网络信息服务及其带来的科技、经济和社会发展效应，“网络信息服务与安全保障研究丛书”按数字信息服务与网络安全的内在关系，进行大数据智能环境下信息服务组织与安全保障理论研究和实践探索，从信息服务与网络安全整体构架出发，面对理论前沿问题和我国的现实问题，通过数字信息资源平台建设、跨行业服务融合、知识聚合组织和智能化交互，以及云环境下的国家信息安全机制、协同安全保障、大数据安全管控和网络安全治理等专题研究，在基于安全链的数字化信息服务实施中，形成具有反映学科前沿的理论成果和应用成果。

云计算和大数据智能技术的发展是数字信息服务与网络安全保障所必须面对的，“互联网+”背景下的大数据应用改变了信息资源存储、组织与开发利用形态，从而提出了网络信息服务组织模式创新的要求。与此同时，云计算和智能交互中的安全问题日益突出，服务稳定性和安全性已成为其中的关键。基于这一现实，本丛书在网络信息服务与安全保障研究中，强调机制体制创新，着重于全球化环境下的网络信息服务与安全保障战略规划、政策制定、体制变革和信息安全与服务融合体系建设。从这一基点出发，网络信息服务与安全保障

① 习近平. 习近平谈治国理政[M]. 北京：外文出版社，2017：197-198.

作为一个整体，以国家战略和发展需求为导向，在大数据智能技术环境下进行。因此，本丛书的研究旨在服务于国家战略实施和网络信息服务行业发展。

大数据智能环境下的网络信息服务与安全保障研究，在理论上将网络信息服务与安全融为一体，围绕发展战略、组织机制、技术支持和整体化实施进行组织。面向这一重大问题，在国家社会科学基金重大项目“创新型国家的信息服务体制与信息保障体系”“云环境下国家数字学术信息资源安全保障体系研究”，以及国家自然科学基金项目、教育部重大课题攻关项目和部委项目研究成果的基础上，以胡昌平教授为责任人的研究团队在进一步深化和拓展应用中，申请并获批国家出版基金资助项目所形成的丛书成果，同时作为国家“十三五”重点图书由武汉大学出版社出版。

“网络信息服务与安全保障丛书”包括 12 部专著：《数字信息服务与网络安全保障一体化组织研究》《国家创新发展中的信息资源服务平台建设》《面向产业链的跨行业信息服务融合》《数字智能背景下的用户信息交互与服务研究》《网络社区知识聚合与服务研究》《公共安全大数据智能化管理与服务》《云环境下国家数字学术信息资源安全保障》《协同构架下网络信息安全全面保障研究》《国家安全体制下的网络化信息服务标准体系建设》《云服务安全风险识别与管理》《信息服务的战略管理与社会监督》《网络信息环境治理与安全的法律保障》。该系列专著围绕网络信息服务与安全保障问题，在战略层面、组织层面、技术层面和实施层面上的研究具有系统性，在内容上形成了一个完整的体系。

本丛书的 12 部专著由项目团队撰写完成，由武汉大学、华中师范大学、中国科学技术信息研究所、中国人民大学、南京理工大学、上海师范大学、湖北大学等高校和研究机构的相关教师及研究人员承担，其著述皆以相应的研究成果为基础，从而保证了理论研究的深度和著作的社会价值。在丛书选题论证和项目申报中，原国家自然科学基金委员会管理科学部主任陈晓田研究员，国家社会科学基金图书馆、情报与文献学学科评审组组长黄长著研究员，武汉大学彭斐章教授、严怡民教授给予了学术研究上的指导，提出了项目申报的意见。丛书项目推进中，贺德方、沈壮海、马费成、倪晓建、赖茂生等教授给予了多方面支持。在丛书编审中，丛书学术委员会的学术指导是丛书按计划出版的重要保证，武汉大学出版社作为出版责任单位，组织了出版基金项目和国家重点图书的论证和申报，为丛书出版提供了全程保障。对于合作单位的人员、学术委员会专家和出版社领导及詹蜜团队的工作，表示深切的感谢。

丛书所涉及的问题不仅具有前沿性，而且具有应用拓展的现实性，虽然在专项研究中丛书已较完整地反映了作者团队所承担的包括国家社会科学基金重大项目以及政府和行业应用项目在内的成果，然而对于迅速发展的互联网服务而言，始终存在着研究上的深化和拓展问题。对此，本丛书团队将进行持续性探索和进一步研究。

胡昌平

于武汉大学

前　言

云服务安全风险来源于硬软件网络基础设施、数字信息资源和虚拟化服务组织结构，以及在大数据与智能技术发展下所形成的分布式计算资源组织模式。云服务在给社会各方面用户带来方便的同时，也改变了用户认知结构和数字资源的存在形式与组织方式，并提出了面向服务链的全面安全保障要求。安全保障与资源服务融为一体，形成了互联网交互的新环境。面向信息化深层次发展机遇，在服务与安全一体化保障中，有必要从风险识别与管理出发，分析服务安全链机制，按全程化风险控制中的关联关系进行云服务安全保障的协同组织和面向多元需求的研究。在这一背景下，本书作为《网络信息服务与安全保障研究丛书》中的一本，旨在围绕云服务风险识别与安全保障，进行基于安全链的风险识别理论探索，在面向云服务安全保障管理中，构建基本的安全构架，推进全面安全保障的实现。

本书在云服务组织中围绕服务链安全风险形成机制、管理控制和安全保障的实现，从安全风险形成机制出发进行安全风险结构与影响因素分析，构建了基于协同安全保障的云服务风险过程模型，在面向对象的风险态势感知中进行了前期识别预警、同期识别响应和反馈识别控制的风险管控策略研究；在云服务安全等级协议框架下进行了云服务安全风险的处置和风险控制视角下云服务安全管理组织体系的构建；在国家安全体制下，按信息服务与安全保障一体化原则，进行了风险控制与安全保障的认证与责任管理分析，着重围绕云平台组织和全面安全保障的实施，研究并归纳整体化实现方案。本书内容具有系统性和完整性，在理论探索的基础上强调实践应用。

本书由林鑫、陈果、周知、石宇撰写完成。其中第3章、第5章和第8章部分内容在项目团队曹鹏、万莉、仇蓉蓉、王丽丽等人的成果基础上进行了应用拓展。查梦娟、罗宇、杜莹参与了资料收集和整理工作。

随着大数据、智能交互与互联网应用的深层次发展，网络安全与服务风险管理正面临着新的挑战，对于书中存在的不足，敬请专家、读者指正。

林　鑫

目　录

1 云服务安全保障中的风险识别与管控

云计算是一种能够通过互联网便捷访问和利用计算资源的 IT 服务模式，使客户(即为使用云计算服务同云服务商建立业务关系的参与方)只需要极少的管理工作或者云服务商的协作就能够实现计算资源的快速获取和释放。① 相对于传统 IT 环境，云计算在计算资源配置和使用方面具有泛在接入、资源池化、按需自助服务、快速伸缩、服务可计量特点。② 正是由于这 5 个方面的问题，导致了云服务安全风险的出现。这意味着，必须在云服务组织和利用中进行安全保障的风险识别和同步控制。

1.1 云服务发展及其安全保障现状

泛在接入是指在互联网条件下，可以通过多种终端设备随时随地使用云计算服务，不受任何限制；资源池化是指物理计算资源被虚拟化处理后形成逻辑上统一的资源池，客户在提出服务请求后，将根据可用资源的状态实时分配资源；按需自助服务是指客户可以根据自己的实际需求确定所需的计算资源规模和租赁时长，并且可以自行进行资源获取和释放；快速伸缩是指计算资源的获取与释放效率很高，而且粒度比较小，非常灵活、便捷；服务可计量是指云服务商采用多种方式对其提供的服务和计算资源进行计量，从而实现费用上的灵活、精确控制。正是基于这些优势，云服务应用得以快速发展。

---

① 全国信息安全标准化技术委员会. 信息安全技术 云计算服务安全能力要求(GB/T 31168—2014)[S]. 北京：中国标准出版社，2014.

② 全国信息安全标准化技术委员会. 信息安全技术 云计算服务安全指南(GB/T 31167—2014)[S]. 北京：中国标准出版社，2014.

1.1.1 云服务的发展及应用安全风险

因云服务广阔的发展前景及对 IT 产业的巨大影响，各国政府纷纷出台相关政策支持和规范云计算产业发展，如美国早在 2011 年就提出了“云优先”战略，德国政府制定了《德国云计算行动计划》，我国政府也制定了多项推进政策，包括《中国云科技发展“十二五”专项规划》《关于促进云计算创新发展培育信息产业新业态的意见》《云计算发展三年行动计划(2017—2019 年)》《推动企业上云实施指南(2018—2020 年)》等。在政策的大力支持下，谷歌、亚马逊、微软、IBM、阿里巴巴、百度等 IT 企业也投入大量资源发展相关技术和业务。

经过 10 余年的发展，云计算已经成为规模较大的信息技术细分产业之一，2018 年全球产业规模达到 2720 亿美元,① 2019 年我国产业规模达到 1290.7 亿元，并仍处于快速发展阶段，如图 1-1 所示。

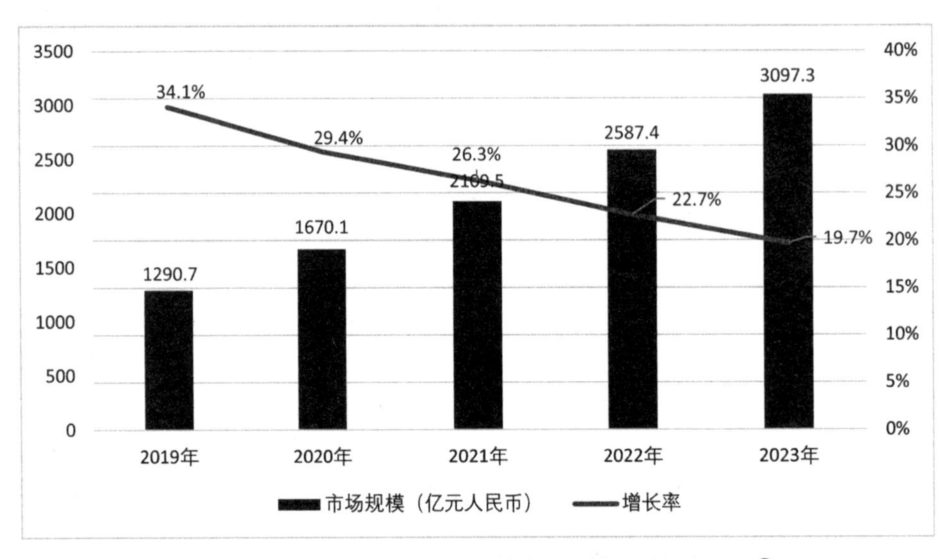

图 1-1 2019—2023 年中国云计算产业规模及增长率预测②

---

① 中国产业信息网. 2019 年全球及中国云计算行业发展现状及 2019—2020 年云计算行业发展趋势预测[EB/OL]. [2021-08-03]. http://www.chyxx.com/industry/201907/765109.html.

② 国务院发展研究中心国际技术经济研究所. 中国云计算产业发展白皮书[EB/OL]. [2021-08-03]. http://files.drciite.org/%E4%B8%AD%E5%9B%BD%E4%BA%91%E8%AE%A1%E7%AE%97%E4%BA%A7%E4%B8%9A%E5%8F%91%E5%B1%95%E7%99%BD%E7%9A%AE%E4%B9%A6.pdf.

在行业应用上，云计算已经渗透到各行各业，包括电子政务、电子商务、教育、科研、金融等。在政务云方面，2018 年国内市场规模已经达到 370.8 亿元，绝大多数地市级及以上级别的电子政务系统已经全部或部分迁移至云计算平台；金融云方面，截至 2018 年近 90%的大型金融机构已经在使用或计划使用应用云服务；医疗云方面，私有云、混合云、区域医疗云都得到了不同程度的应用；在电子商务云方面，亚马逊、阿里巴巴、京东等都已经实现了云平台迁移。① 此外，我国企业的总体上云率也迅速提高，截至 2018 年已达 40%；与之相对应，美国和欧盟企业的上云率分别达到 85%和 70%。②

在云计算的应用拓展中，各类云计算服务供应商也推出了多种形态的服务业务，总体上可以分为 IaaS 服务（Infrastructure as a Service，基础设施即服务）、PaaS 服务（Platform as a Service，平台即服务）和 SaaS 服务（Software as a Service，软件即服务）。提供三类服务的云服务商所拥有的资源不同，提供的服务功能也有明显差异。从整体上看，无论存在何种差异，云服务的基础支撑和软、硬件安全都具有一致性，如图 1-2 所示。

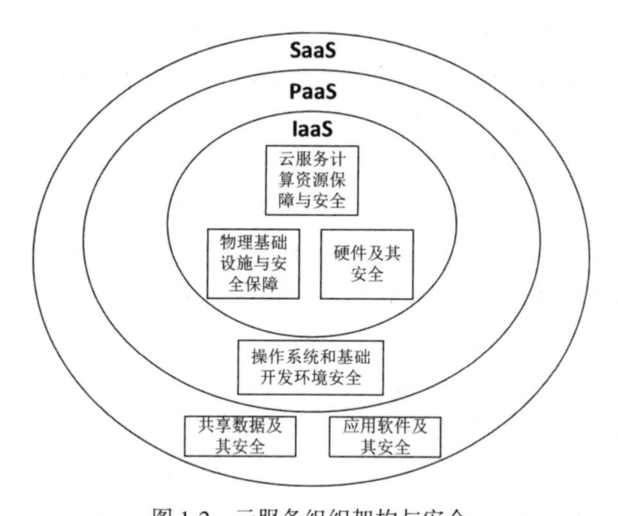

图 1-2 云服务组织架构与安全

---

① 陈驰，于晶，马红霞. 云计算安全[M]. 北京：电子工业出版社，2020：13-16.

② 国务院发展研究中心国际技术经济研究所. 中国云计算产业发展白皮书[EB/OL]. [2021-08-03]. http://files.drciite.org/%E4%B8%AD%E5%9B%BD%E4%BA%91%E8%AE%A1%E7%AE%97%E4%BA%A7%E4%B8%9A%E5%8F%91%E5%B1%95%E7%99%BD%E7%9A%AE%E4%B9%A6.pdf.

(1)IaaS 服务

此类服务以服务的形式向用户提供 IT 基础设施，一般按所消耗资源的类型、时长进行收费。其提供的是基础的存储、计算资源和网络，从实质上看其提供的是基于服务器和存储设施等硬件设备的高度可扩展的、按需配置的能力。本质上来讲，用户使用此类服务时，相当于通过互联网租赁了云服务商的基础资源。与自身进行基础设施建设相比，用户既不用购买相应的硬件设备，也无需管理、控制任何设备与基础设施，还可以实现按需的快速资源获取与释放。IaaS 服务的核心技术主要包括虚拟化技术和自动化技术，前者可以实现物理资源共享，屏蔽硬件设备间的差异，极大提高基础资源的利用率，降低云服务商与用户的成本，还可以大幅提升云服务的健壮性；后者可以在不需要云服务商的介入下就实现资源的租用与释放。与此同时，IaaS 服务存在虚拟化安全风险问题。

(2)PaaS 服务

PaaS 服务向用户提供的是开发或应用平台服务，在 IaaS 服务所提供的基础设施之外，PaaS 服务还面向用户提供操作系统、运行环境、开发工具、数据库等。同时还根据领域特点，提供能够运行大数据、物联网、人工智能算法的基础平台。从本质上讲，其提供的是封装后的计算能力和存储能力。由此可见，PaaS 服务风险主要是平台安全风险、平台面向领域的构建和应用引发的环境风险、开发工具风险、数据风险等，会对平台和用户安全产生影响。进一步地看，PaaS 可以分为开发组件即服务，以及软件平台即服务，前者一般面向开发者，提供的是开发平台工具和 API 组件，使用户能够在 PaaS 基础上进行 SaaS 服务或产品的研发；后者提供软件或程序运行环境，基于该环境，开发者可以动态获取基础资源以满足负载需求。PaaS 服务的核心技术是基于云的软件开发、测试及运行技术和大规模分布式应用运行环境。此类服务的主要用户群体是各类开发者，通过基于云的开发、测试与运行技术，用户可以远程通过浏览器进行所开发程序的访问，使用云服务商提供的在线开发工具而不用本地部署工具，还可以利用云服务的集成技术，通过本地工具将应用程序部署到云平台上。大规模分布式应用运行环境是指开发者可以利用云服务商的存储与计算资源，扩展自身系统的规模，消除原来单一物理硬件造成的并发不足问题。由此可见，平台服务与平台风险共存，其基本的服务形态决定了风险的形成以及对安全的影响。

(3)SaaS 服务

SaaS 服务将应用软件工具以服务的方式向用户提供，如网盘，主要服务对象是个人用户。提供此类服务时，云服务商先把应用程序部署到云平台上，用户就可以实现泛在访问与服务利用。其核心技术包括 AJAX、多用户技术。

AJAX 技术的广泛应用与发展，使得基于互联网的服务使用体验越来越好，能在一定程度上替代桌面服务，使得用户更易于接受 SaaS 服务。多用户是一种软件架构技术，可以使得分配给多个用户的软硬件资源在共享的同时，实现彼此间的隔离，这就在使安全性得到基本保障的同时，还大大降低了单个用户消耗的资源规模。根据 SaaS 的应用方式，其服务风险包括多用户技术风险、后台控制风险和服务虚拟组织风险等，可能引发滥用服务工具和侵犯用户权益等问题。

1.1.2 云服务风险应对与安全保障现状

云服务自产生之初，其风险应对与安全保障问题就受到了学界、产业界的广泛关注，并围绕云服务安全保障与实践进行了多方面探索，取得了多方面成果。下面先对云服务安全保障的研究进展进行梳理，之后对云服务安全保障的实践现状进行分析。

国内外关于云服务分析控制与安全保障机制的研究在主题上较为全面，涵盖了整体安全保障机制、虚拟机安全保障机制、存储安全保障机制、网络安全风险控制机制、访问控制机制、隐私保护机制、数据加密机制、数据审计机制、信任管理机制等多个方面。以下择其要者进行介绍。

整体安全保障机制方面，Surianarayanan 和 Santhanam 围绕用户将其服务从本地迁移到云平台的过程，从迁移前、迁移中和迁移后三个环节进行了整体安全保障机制构架。① Mohamed Almorsy 等认为云平台的开放性和分布式架构使得云环境下的信息安全问题更加复杂，并分别从云平台架构者、云计算相关权益者、云服务交付模式等视角对其进行了剖析，在此基础上提出了云环境下安全保障机制设计规范。② 林闯等根据云计算应用的全生命周期，将云计算安全保障机制分为上线前、使用中、故障修复三个阶段，分别从风险防范、安全测试、认证与访问控制、隔离、监控和恢复五个方面对其进行了研究。③ 冯登国等在分析云计算对信息安全技术、标准和监管等方面挑战的基础上，提出了云

---

① Surianarayanan S, Santhanam T. Security issues and control mechanisms in cloud[C]//2012 International Conference on Cloud Computing Technologies, Applications and Management (ICCCTAM), Dubai, United Arab Emirates: IEEE, 2012: 74-76.

② Almorsy M, Grundy J, Müller I. An analysis of the cloud computing security problem[J]. arXiv preprint arXiv: 1609.01107, 2016.

③ 林闯，苏文博，孟坤，刘渠，刘卫东. 云计算安全：架构、机制与模型评价[J]. 计算机学报，2013，36(9)：1765-1784.

计算安全风险控制与信息安全模型构架。①

虚拟机安全保障机制方面，桂小林等基于 AHP 虚拟机部署和调度方法构建了一个虚拟机高效部署和动态迁移与调度的安全管理模型;② 闫世杰等提出了基于虚拟机内外监控相结合的安全防护机制，从而能够在确保虚拟机安全的同时大幅降低对虚拟机效率的损耗。③

存储安全保障机制方面，研究主要围绕文件同步机制、数据完整性校验机制、数据隔离机制展开。文件同步机制是保障信息资源可用性和完整性的基础机制，其既包括服务器端和客户端之间的文件双向同步问题,④ 也包括客户所使用的多个云计算平台间的文件同步问题。⑤ 数据完整性校验机制是及时发现云环境下数据完整性受损的有效方法，因此其研究也受到了国外学者的重视,⑥ 比较典型的是基于 RSA 和基于 BLS 的校验机制，这两种方法各有其特点和最佳适用场景。⑦ 数据隔离机制是实现多租户共享资源的基础，目前实现数据隔离的机制有针对磁盘等存储资源的空间隔离、针对共享的 CPU 计算资源的时间隔离和针对共享的网络资源密码隔离三种。⑧

网络安全风险控制机制方面，较受关注的主题是分布式拒绝服务攻击(Distribute Denial of Service，DDoS)防护机制。DDoS 在传统 IT 环境下也是影响网络安全的重要威胁，但在云计算环境下有其独特的特点，因此，国外学者提出了一些新的解决方案。如 Joshi 等提出了一种基于 BP 神经网络模型的安

---

① 冯登国，张敏，张妍，徐震. 云计算安全研究[J]. 软件学报，2011，22(1)：71-83.

② 桂小林，庄威，桂若伟. 云计算环境下虚拟机安全管理模型研究[J]. 中国科技论文，2016，11(20)：2351-2356.

③ 闫世杰，陈永刚，刘鹏，闵乐泉. 云计算中虚拟机计算环境安全防护方案[J]. 通信学报，2015，36(11)：102-107.

④ Wang H，Ma X，Wang F，et al. Diving into cloud-based file synchronization with user collaboration[C]// 2016 IEEE/ACM 24th International Symposium on Quality of Service(IWQoS). Beijing，China：IEEE，2016：1-9.

⑤ Yong C，Lai Z，Xin W，et al. QuickSync：Improving synchronization efficiency for mobile cloud storage services[C]// International Conference on Mobile Computing & Networking，ACM，2015：592-603.

⑥ Yu Y，Xue L，Au M H，et al. Cloud data integrity checking with an identity-based auditing mechanism from RSA[J]. Future Generation Computer Systems，2016，62(9)：85-91.

⑦ Wei J，Yi M，Song L. Efficient integrity verification of replicated data in cloud computing system[J]. Computers & Security，2016(65)：202-212.

⑧ Weng C，Zhan J，Luo Y. TSAC：Enforcing isolation of virtual machines in clouds[J]. IEEE Transactions on Computers，2015，64(5)：1470-1482.

全防护机制;① Opeyemi 等提出可以使用改变点监控算法，通过检查分组到达时间(IAT)来检测针对云服务的 DDoS 洪泛攻击。②

访问控制机制研究方面，学者们不但对其安全保障机制进行了分析，还结合具体问题提出了技术解决方案。典型研究如：Selvaraj 和 Kumar 提出了一种基于分组访问的控制策略;③ Tseng、Liu 和 Huang 对云环境下的文档访问控制机制进行了研究，并提出了基于 AAA（Authentication，Authorization，Accounting，即认证、授权和计费)的认证控制以及基于水印和 RSA 算法的文档分享策略以改善云环境下文档访问的安全性;④ Krishnamoorthy 等基于用户之间的关系，开发了一种新的访问控制机制，即基于对象关系的访问控制(RoBAC);⑤ 雷蕾等提出了一种加密云存储访问控制机制，在保证加密云存储数据的细粒度访问控制和高效密钥分发的前提下，能更好地保护用户/文件之间的授权访问关系信息，而且在密钥获取计算速度上有明显优势。⑥

隐私保护机制方面，其目标是使得云服务商无法直接访问或操作客户的数据，而且不能通过对客户相关资料的搜集和分析，获取客户隐私信息。代表性成果包括：Orencik 等构建了一种匿名数据检索系统原型，可以帮助用户在确保服务器无法获取用户检索内容的同时获取所需数据;⑦ Paredes 和 Zorzo 提出了

---

① Joshi B, Vijayan A S, Joshi B K. Securing cloud computing environment against DDoS attacks [C]//2012 International Conference on Computer Communication and Informatics, Coimbatore, India: IEEE, 2012: 1-5.

② Osanaiye O, Choo K K R, Dlodlo M. Change-point cloud DDoS detection using packet inter-arrival time [C]//2016 8th Computer Science and Electronic Engineering (CEEC), Colchester, UK: IEEE, 2016: 204-209.

③ Selvaraj L, Kumar S. Group-based access technique for effective resource utilization and access control mechanism in cloud[G]// Suresh L P , Dash S S , Panigrahi B K. Artificial Intelligence and Evolutionary Algorithms in Engineering Systems, New Delhi: Springer, 2015: 793-802.

④ Tseng C W, Liu F J, Huang S H. Design of document access control mechanism on cloud services[C]// 2012 6th International Conference on Genetic and Evolutionary Computing, Kitakyushu, Japan: IEEE, 2012: 99-102.

⑤ Krishnamoorthy G, UmaMaheswari N, Venkatesh R. RoBAC: A new way of access control for cloud[J]. Circuits and Systems, 2016, 7(7): 1113.

⑥ 雷蕾，蔡权伟，荆继武，林璟锵，王展，陈波. 支持策略隐藏的加密云存储访问控制机制[J]. 软件学报，2016，27(6): 1432-1450.

⑦ Orencik C, Selcuk A, Savas E, et al. Multi-Keyword search over encrypted data with scoring and search pattern obfuscation[J]. International Journal of Information Security, 2016, 15(3): 251-269.

一种能够保障用户的身份信息、隐私数据和偏好信息的模型;① 叶薇和李贵洋提出了一种基于 Logistic 混沌序列的公有云存储隐私风险防范机制，可以通过不同的密钥生成方法提供不同强度级别的隐私保护。②

数据加密机制方面，由于数据加密是实现数据存储安全、隐私保护的基础技术，为了同时防御云服务商和外部攻击者的攻击，需要构建可进行数据检索、加工处理的加密机制。目前研究的重点是同态加密机制，基于这种机制，对经过加密的数据进行处理得到的输出进行解密，其结果与用同一方法对原始数据进行处理得到的结果一致;③ 任福乐等针对云计算系统面临的数据安全问题，提出了一种基于全同态加密算法的加密机制，该机制在实现数据加密的同时还能够实现密文状态下的数据处理和用户检索。④

在实践方面，鉴于安全性是云服务应用推进中用户考虑的重要因素，云服务商对云服务安全也高度重视，并在近些年取得较快进展，安全保障能力有了显著提升。在此过程中，云服务安全呈现出产品化、智能化的趋势，原生云安全、零信任等新安全理念也逐渐被接受。

目前，云服务商开始逐步将其风险控制与安全保障能力转化为安全产品，支持用户提升自身的安全保障能力，并形成了以云主机安全为中心，网络、应用、数据、业务和管理安全全面发展的格局，主要产品形态如表 1-1 所示。

表 1-1　代表性云服务安全产品

产品类型	主要功能
云主机安全产品	入侵检测、示警、漏洞管理、异常检测、基线检查等
网络安全产品	云抗 DDoS
应用安全产品	云 WAF(Web Application Firewall)
数据安全产品	可进行云端加解密功能的数据加密服务、云数据库审计

① Paredes L N G, Zorzo S D. Privacy Mechanism for Applications in Cloud Computing [J]. IEEE Latin America Transactions, 2012, 10(1): 1402-1407.

② 叶薇，李贵洋. 基于混沌序列的公有云存储隐私保护机制[J]. 计算机工程与设计，2014，35(11)：3736 - 3740.

③ Beunardeau M, Connolly A, Geraud R, et al. Fully homomorphic encryption: Computations with a blindfold[J]. IEEE Security & Privacy, 2016, 14(1): 63-67.

④ 任福乐，朱志祥，王雄. 基于全同态加密的云计算数据安全方案[J]. 西安邮电学院学报，2013，18(3)：92-95.

续表

产品类型	主要功能
管理安全产品	云身份管理与风险控制
业务安全产品	内容安全、反欺诈、防钓鱼等

智能安全成为保障云服务安全的新手段。随着人工智能的发展，云服务商开始逐步将安全防护与人工智能技术相结合，形成了多种形态的智能安全产品与服务应用。现阶段，国内的智能安全产品与服务主要包括两种形态：一是智能安全检测和防御产品与服务，包括高级威胁防护、用户行为实时检测与分析、安全威胁数据的实时获取与融合分析等；二是智能安全管理产品与服务，包括面向云计算的安全态势感知等。

面向云服务的原生云安全理念与零信任安全理念兴起。为适应云服务环境的形成，安全理念也不断创新，原生云安全理念与零信任安全理念已经成为广为接受的新型安全理念。

原生云安全理念强调云平台安全的原生化和云安全产品的原生化。前者指云平台在设计与运营中将安全作为一个关键部分统一考虑、统一设计、统一部署、统一推进，以提供更安全的云服务；后者指云服务商及安全服务机构在进行云安全产品研发时，注重产品与云平台的适应性，充分借助云平台的优势，针对云平台的特点进行安全产品研发与提供，以便于高效快捷地进行安全防护部署，避免安全架构与系统架构的割裂，并提升安全产品与服务间的协同性。

零信任安全理念默认一切均是不可信任的，网络边界也不再是安全边界。在此理念下，云服务不将任何对象视为可信任对象，而是通过动态的身份认证、最小授权、持续防护来缓解信任危机，提升安全水平。

1.2 云服务脆弱性与安全威胁

云服务技术环境的构成要素复杂，部分要素对安全及保障影响较大，因此需要厘清影响云服务安全的要素并分析其交互作用机理，为技术保障机制的研究奠定基础。在云服务组织中，服务链基本关系决定了虚拟环境下的脆弱性，在外部攻击和云系统反应滞后的情况下必然引发资源与服务安全风险。

1.2.1 云服务安全保障要素

云服务安全的直接影响要素包括脆弱性、安全威胁和保障措施三类,① 其背后的决定因素是安全保障主体、安全保障对象、外部恶意人员、物理环境。因此，它们共同构成了云服务安全保障的要素，如图 1-3 所示。

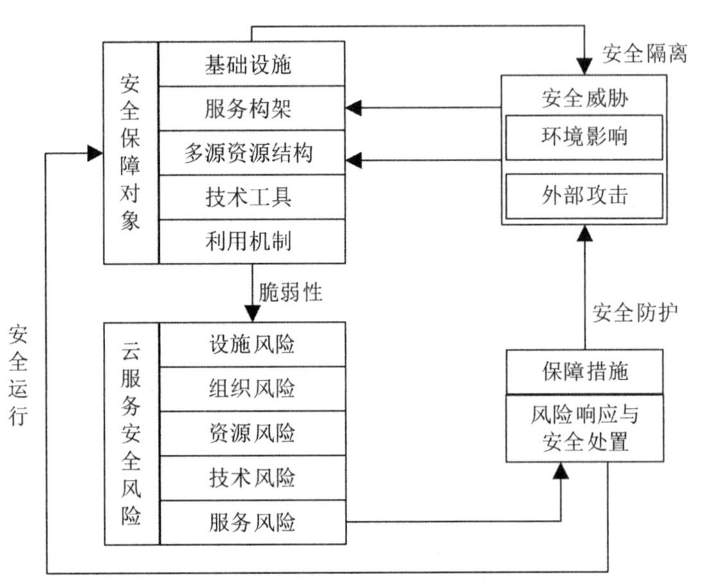

图 1-3 云服务脆弱性与安全风险处置

如图 1-3 所示，云服务安全保障对象包括基础设施、服务构架、多源资源结构、技术工具和利用机制。在不确定环境影响和外部攻击下引发的云安全风险，需要云服务系统的专门组织应对和安全防护措施。在保障对象脆弱、无法进行安全修复和运行时，则需要专门的安全防护系统支持，以应对安全威胁。在此过程中，云服务应用机构和云服务商共同构成了安全保障的主体，其既是安全措施的部署者，也是脆弱性和安全威胁的重要来源。物理环境风险对云服务安全的影响体现在安全威胁和脆弱性两个方面，而外部恶意人员仅作为安全威胁存在。安全保障对象受其安全需求和自身基本属性的影响，会表现出不同程度的脆弱性，但其绝不会是安全威胁和安全保障措施的来源。从这些基本关系出发，以下将安全保障对象和脆弱性放到一起分析，将物理环境、外部恶意

① 全国信息安全标准化技术委员会. 信息安全技术 信息安全风险评估规范(GB/T 20984—2007)[S]. 北京：中国标准出版社，2007.

人员与安全威胁一起分析。

云服务脆弱性是安全风险的重要引发因素，安全利用是安全保障的根本目标，因此，云环境下网络信息资源安全的保障除了需要关注网络信息资源外，还需要关注网络信息资源系统及用户的安全。基于这一认识，安全保障对象可以分为五类：云平台、网络信息资源、网络终端设备及系统、网络信息系统和用户隐私信息，如表 1-2 所示。

表 1-2 云计算环境下网络信息安全保障对象

云环境下网络信息安全保障对象	安全保障内容
云平台	软件资源系统
	硬件和物理设施
	交互信息系统
网络信息资源	文本数据资源
	图像、音视频资源
	其他信息资源
网络终端设备及系统	硬件设施
	物联网系统
	终端处理数据设施
网络信息系统	操作系统及基础软件
	网络信息采集、存储、组织、开发、服务应用程序
	管理工具
用户隐私信息	账户基本信息
	用户基本信息
	用户支付信息

云服务脆弱性是由安全保障对象的特点及其安全需求决定的，因此在分析安全保障对象的脆弱性之前，需要逐一分析其安全需求。网络信息及其他安全保障对象的安全保障目标是保障基于网络信息资源的相关服务业务正常开展，同时不引发国家安全、公共安全威胁。具体而言，可以将安全需求归纳为保密性、完整性、可用性三个方面。① 为了更清晰、细致地说明安全需求，拟采用

① Information technology—Security techniques—Code of practice for information security controls（ISO/IEC 27002—2013）[S]. Geneva：International Organization for Standardization，2013.

《信息安全技术 信息安全风险评估规范》(GB/T 20984—2007)中安全等级的划分方法，如图1-4所示。① 以此出发，对网络信息资源及相关联安全保障对象的安全需求进行等级划分与描述。

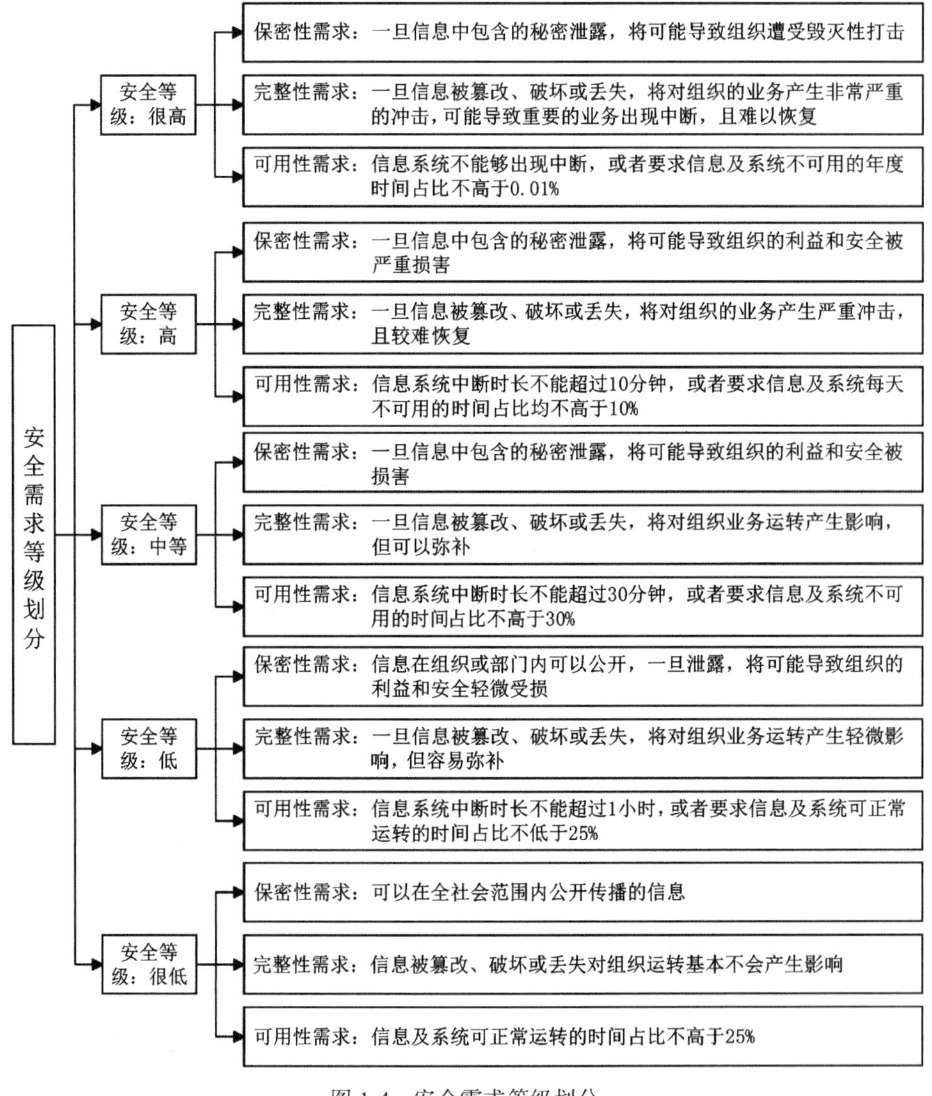

图1-4　安全需求等级划分

① 全国信息安全标准化技术委员会. 信息安全技术 信息安全风险评估规范(GB/T 20984—2007)[S]. 北京：中国标准出版社，2007.

网络信息资源及其相关的软硬件设备类型多样，对应的安全需求等级也差异较大，但总体上来说呈现高完整性和高可用性、低保密性要求的态势。网络信息资源一般是可以在较大范围甚至是全社会范围内公开传播的信息，故而其对保密性要求较低，而对保密性要求较高的信息资源则一般不允许通过互联网进行传播。同时，网络信息资源一旦出现较为严重的完整性和可用性问题，则会在较大范围内产生影响，而且影响程度常常较深，因此其对完整性和可用性要求较高。

需要说明的是，进行网络信息资源安全需求分析时，需要以安全保障对象遭到较为严重的安全破坏为场景。其原因是，网络信息资源和隐私数据的组成粒度很小，而且组成单元间彼此独立，一个单元出现安全问题的实际影响一般较小，如果以此为对象进行分析，就会得出其各方面安全需求都很弱的结论。实际上，一旦出现安全事故，往往是大量单元受损，其后果的严重性则同时受安全保障对象类型和安全需求侧面的影响，呈现出从轻微到非常严重的不同形态。因此，为了更准确地描述安全风险，本书中的分析以各类安全保障对象大面积出现事故为前提。

立足于安全风险分析结果，笔者综合采用文献调查法(调查对象如表1-3所示)和社会调查法对各类安全保障对象的脆弱性进行了分析。在社会调查中，综合参考了中国电子政务建设、腾讯金融云、阿里金融云、国家东南健康医疗大数据中心建设、Amazon 物流大数据应用、MiCO 物联网操作系统架构、菜鸟物流的物联网战略、智能快递柜等方面。

表 1-3　安全保障对象脆弱性分析调查的文献范围

文献类型	文献名称
安全标准	信息安全风险管理(ISO/IEC 27005—2011)
	信息安全风险管理指南(GB/Z 24364—2009)
	信息技术—安全技术—信息安全控制实用规则(ISO 27002—2013)
	云计算服务信息安全管理指南(ISO/IEC 27017—2013)(草案)
	CSA 云计算关键领域的安全指南
	信息安全技术　大数据安全管理指南(GB/T 37973—2019)
	信息安全技术 大数据服务安全能力要求(GB/T 35274—2017)
	信息安全技术 物联网感知终端应用安全技术要求(GB/T 36951—2018)
	信息安全技术 物联网安全参考模型及通用要求(GB/T 37044—2018)

续表

文献类型	文献名称
云平台安全保障实践成果	亚马逊云计算安全白皮书①
	微软云平台安全白皮书②
	阿里云安全白皮书③
安全标准化白皮书	物联网安全标准化白皮书(2019 版)④
	人工智能安全标准化白皮书(2019 版)⑤

通过对调查结果的总结归纳，信息安全保障对象的脆弱性分为管理、物理和环境、软件、网络四个方面，如图 1-5 所示。

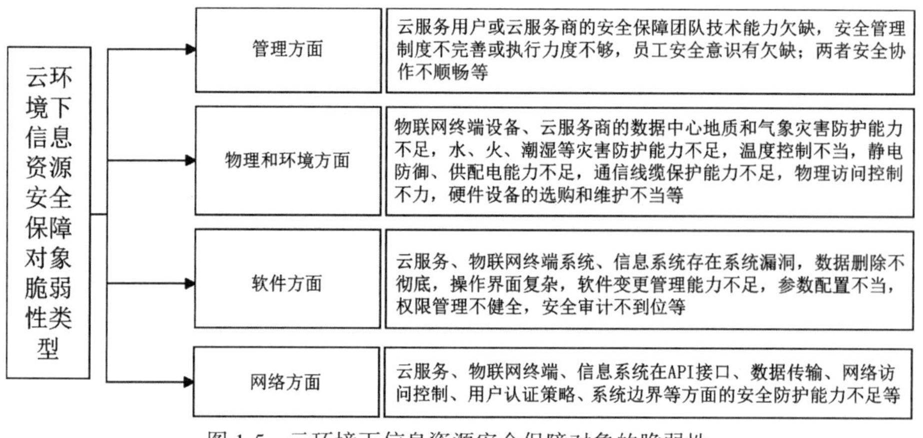

图 1-5　云环境下信息资源安全保障对象的脆弱性

---

① Amazon web services: Overview of security processes [EB/OL]. [2021-08-07]. http://d1.awsstatic.com/whitepapers/aws-security-whitepaper.pdf.

② Windows azure network security whitepaper[EB/OL]. [2021-08-07]. http://download.microsoft.com/download/4/3/9/43902EC9-410E-4875-8800-0788BE146A3D/Windows%20Azure%20Network%20Security%20Whitepaper%20-%20FINAL.docx.

③ 阿里云安全白皮书(2019 版)[EB/OL]. [2021-08-07]. https://files.alicdn.com/tpsservice/7da854e121a5dc6eff4ed2cc4740a3b5.pdf?spm=5176.146391.1095956.5.1f4d5e3b7xcFxZ&file=7da854e121a5dc6eff4ed2cc4740a3b5.pdf.

④ 中国移动通信集团有限公司，等. 物联网安全标准化白皮书(2019 版)[EB/OL]. [2021-08-07]. https://www.tc260.org.cn/upload/2019-10-29/1572340054453026854.pdf.

⑤ 中国电子技术标准化研究院，等. 人工智能安全标准化白皮书(2019 版)[EB/OL]. [2021-08-07]. https://www.tc260.org.cn/upload/2019-10-31/1572514406765089182.pdf.

1.2.2 云环境下的安全威胁及其风险防范

云环境下，人们在面临传统IT模式下的安全威胁的同时，还面临着云计算、大数据、物联网、人工智能引发的新的安全威胁。通过综合宋阳等、① 靳玉红、② 张振峰等、③ 阙天舒等④的研究成果，对相关组织机构的实践进行分析和基于业务流程的安全威胁分析，信息安全面临的安全威胁可以总结为软硬件故障、物理环境影响、无作为或操作失误、管理不到位、越权或滥用、泄密、篡改、恶意代码、网络攻击、物理攻击10类表现形式，如图1-6所示。

目前来看，隔离失效、数据主权威胁、数据残留、API接口威胁、供应商锁定、责任不清、云服务商管理不到位等是云计算应用引发的新威胁；关键信息基础设施缺乏保护、敏感数据泄露严重、智能终端危险化、信息访问权限混乱、敏感信息滥用等是大数据背景下面临的威胁；认证绕过、非授权访问、数据篡改、服务中断、安全责任难厘清等是物联网面临的安全风险；对抗样本攻击、数据投毒、模型窃取、逃避攻击、模仿攻击等是人工智能面临的新的攻击威胁。在应对中，需要充分吸收当前的最新实践与研究成果，并结合云服务及云服务商、云服务应用主体等及相关安全保障主体的特点、安全需求进行针对性安全措施部署。

安全风险应对是信息安全的重要环节，涵盖了安全保障主体为应对安全威胁和脆弱性而采取的各类技术和管理手段。技术手段方面可分为四类，分别是核心基础安全技术、安全基础设施技术、基础设施安全技术和应用安全技术。⑤ 尽管云环境下所需要的具体技术手段有所变化，但仍遵循了这一基本框

---

① 宋阳，张嵛，张志勇，张志刚．物联网+大数据环境下个人信息安全防范与保护措施研究[J]．情报科学，2020，38(7)：93-99.

② 靳玉红．大数据环境下互联网金融信息安全防范与保障体系研究[J]．情报科学，2018，36(12)：134-138.

③ 张振峰，张志文，王睿超．网络安全等级保护2.0云计算安全合规能力模型[J]．信息网络安全，2019(11)：1-7.

④ 阙天舒，张纪腾．人工智能时代背景下的国家安全治理：应用范式、风险识别与路径选择[J]．国际安全研究，2020，38(1)：4-38，157.

⑤ 冯登国，赵险峰．信息安全技术概论(第2版)[M]．北京：电子工业出版社，2014：1-10.

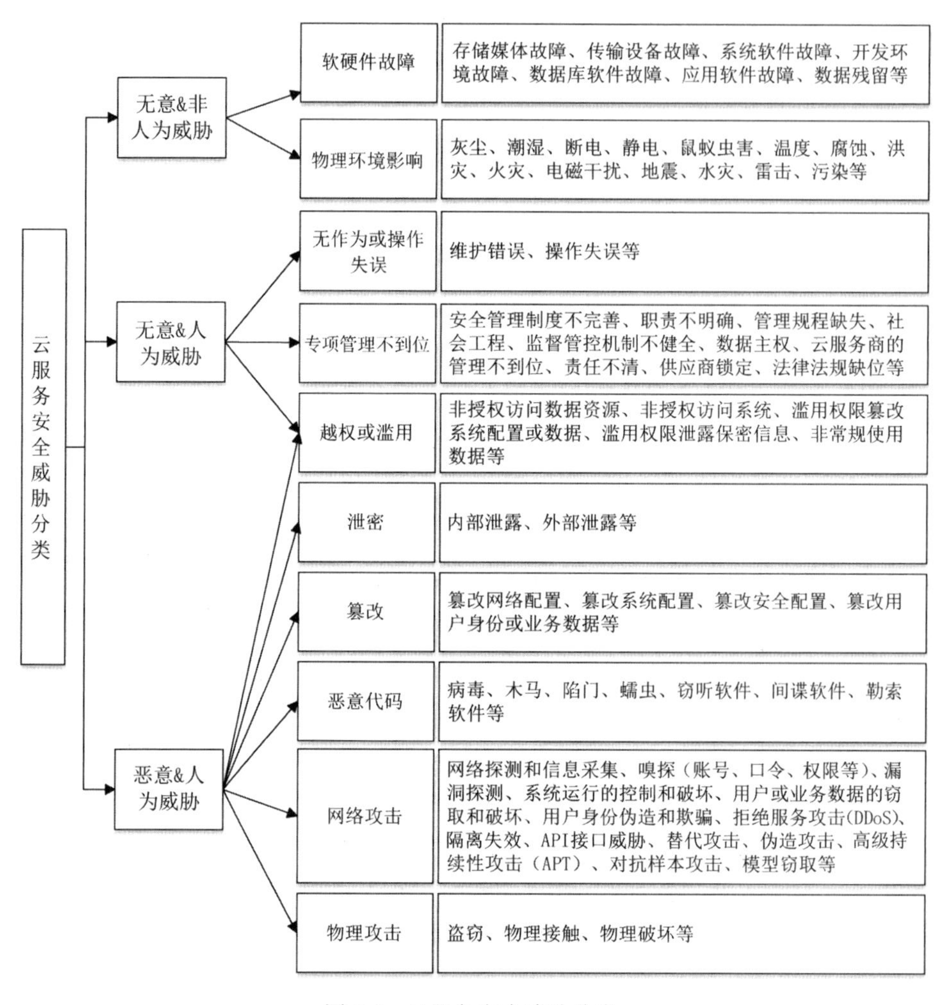

图 1-6　云服务安全威胁分类

架，如图 1-7 所示。相较于传统 IT 环境，云环境下的信息技术受存用分离技术机制的影响，核心基础安全技术上注意适应云平台的多租户共享、计算资源虚拟化的特点。安全基础设施技术上注重适应计算外包、多租户共享的应用场景。基础设施安全技术上注重云平台安全的保障，包括密文检索技术、虚拟化安全技术、数据完整性验证技术等。应用安全技术上也注重针对云计算的特点进行新技术的研发，包括 EDoS 防护技术、DDoS 防护技术、面向云环境的安全审计技术；为了保证大数据细粒度访问的安全性，提出了基于属性加密和基于角色访问的两种方案；针对数据的保密性，提出了同态加密、可搜索加密、属性加密等加密技术；在网络空间的入侵检测和入侵防御中，可以使用人工智能领域的多 Agent 系统等；为提高物联网环境下访问控制的可靠性和数据安全性，开发了基于智能合约的物联网访问控制系统；① 在物联网环境下对数据进行安全保护，采取了感知层鉴别机制、容侵容错机制、安全路由机制、通信密钥生成②等措施。

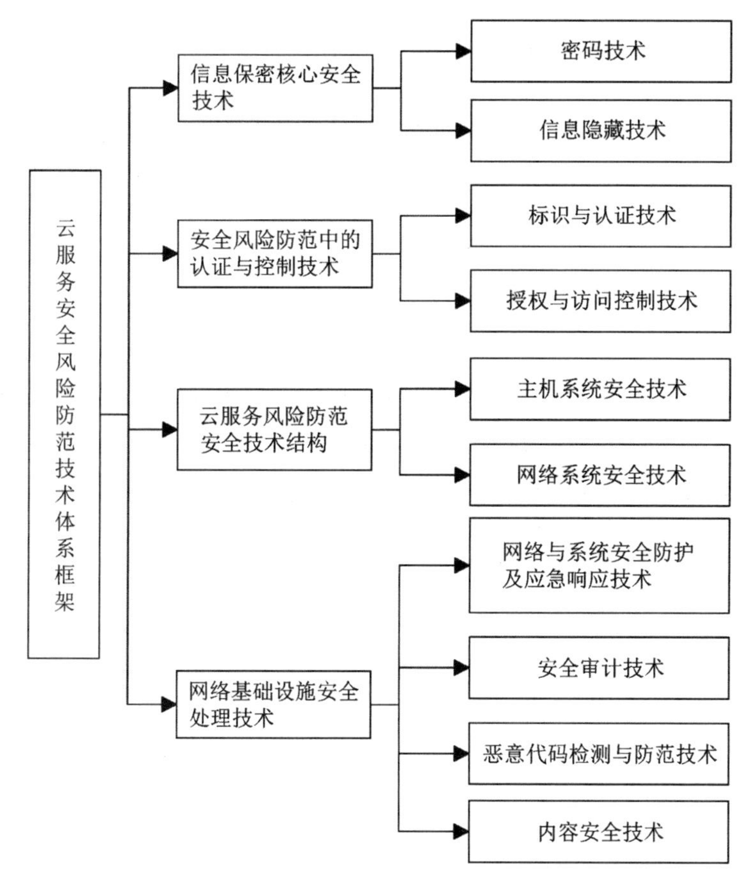

图 1-7　云服务安全风险防范技术体系框架

① 张江徽，崔波，李茹，史锦山. 基于智能合约的物联网访问控制系统[J]. 计算机工程，2021，47(4)：21-31.

② 张玉清，周威，彭安妮. 物联网安全综述[J]. 计算机研究与发展，2017，54(10)：2130-2143.

显然，云服务安全风险的应对策略是基于技术安全风险防范而制定的，其基本思路是技术风险最终通过安全技术手段来解决，其中的安全技术应用则应进行统一的规制，使其有效应用到风险识别、控制和安全的体系化保障之中。

要避免安全事故的发生，在风险防范中，除了需要技术措施部署到位之外，还需要强有力的安全管理相配合。其一，大部分安全管理技术的发挥不但受技术本身和资源特点的影响，还需要安全管理做支撑。以权限与访问控制为例，只有首先梳理清楚了权限分配方案，才能用信息技术加以实现和自动化控制。风险控制中，除了需要容错技术发挥作用外，还需要通过交互界面的设计、操作安全规范进行管控。其二，部分安全风险问题涉及安全管理，包括人员的全程化安全管理、安全协议签署等。对于信息安全事件管理，包括安全事态报告、脆弱性报告、安全势态评估、安全事件响应、安全事件总结等内容。

1.3 多因素作用下的云服务安全风险识别与管制

云环境下，脆弱性、安全威胁和安全措施三类要素与信息资源安全直接相关；安全保障主体、安全保障对象、外部恶意人员和物理环境通过与以上三类要素的交互间接对信息资源安全产生影响。基于这一现实，云服务安全风险识别，首先是风险要素关联作用识别，涉及要素作用分析；其次是风险因素影响下的云服务安全状态展示。

1.3.1 云服务安全风险因素交互识别

在云服务安全风险管控中，首先应识别影响安全的因素，通过各方面因素的交互作用下的风险来源与结构分析，进行网络与系统安全状态展示，从而为安全预警提供支持。

云环境下信息资源安全风险要求交互作用及基于交互的风险识别，如图1-8所示。其中的风险识别围绕以下几个方面进行：

①从安全保障主体与脆弱性、安全威胁、安全措施间的交互关系看，安全保障主体对安全威胁的应对是安全保障的直接关联因素。无论是云服务商还是资源服务主体，如果不能有效地控制资源脆弱性风险，如安全监测缺失、安全制度不健全或执行不到位，都会引发安全事故。另外，由于信息服务主体与云服务商协同机制不健全，也会导致安全保障空白。信息服务主体和云服务商可能在以下几个方面对信息产生影响：无作为或操作失误、管理不到位、越权或

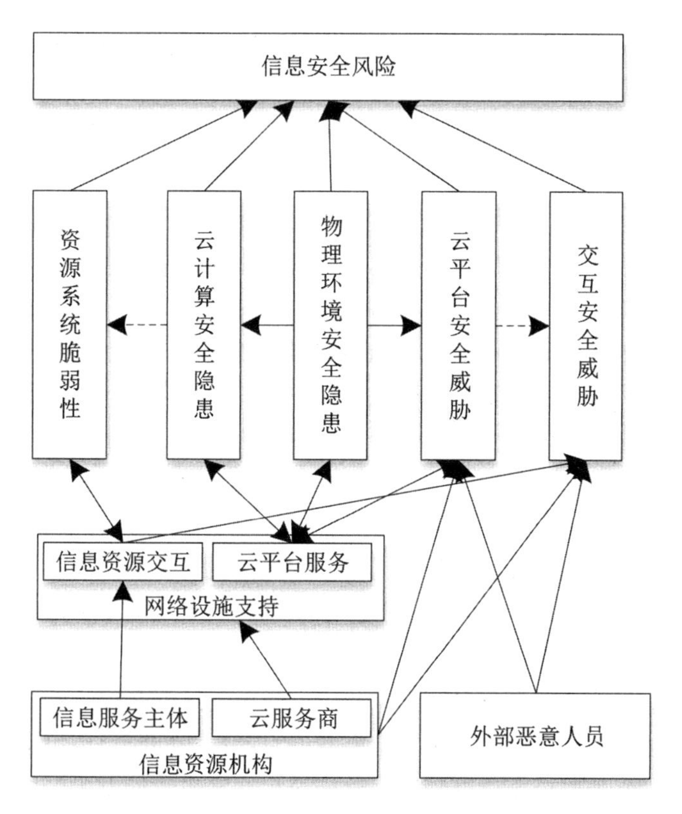

图 1-8 云环境下信息资源安全风险要素作用

滥用、泄密以及未能有效识别恶意代码、网络攻击等。云计算环境下，云服务商拥有超级权限，也有可能对信息资源产生巨大的安全威胁。从风险管控上看，任何安全措施都是由安全保障主体实施的，云计算环境下信息服务主体与云服务商具有相对明确的分工，如针对云平台或云计算服务的安全措施均由云服务商来实施，针对数据的安全措施一般由信息服务主体来实施，这一现实直接关系到云服务中的信息安全状况。

②安全保障对象与脆弱性、安全威胁、安全措施间的关系体现在，安全保障对象是脆弱性的主要来源，也是影响安全威胁和安全措施的关键所在。安全保障对象的特征及其安全需求决定了哪些环节可能成为攻击者利用的弱点，也即脆弱性。在风险形成机制上，信息资源的安全威胁和保障措施具有内在的特征联系，二者的交互作用决定了风险的存在形式及影响态势。

③外部恶意攻击是安全威胁的主要来源，这一点是显而易见的。其恶意攻击有时是单个个体的攻击，有时可能是调动较多资源进行的有组织的攻击。对

于以获取利益或炫耀能力为目标的攻击，主要针对信息资源系统的脆弱性，因而应从安全风险识别和风险控制出发进行同期应对和安全保障响应。

④物理环境的脆弱性反映在环境构成上，其带来的物理安全隐患，是安全威胁的又一个来源。云计算环境下，物理环境一般通过云平台对信息资源系统产生影响。首先，物理环境可能与云平台的多个脆弱性或安全威胁有关，比如断电、静电、灰尘等；其次，这些脆弱性或安全威胁中可能有一部分会进一步影响到信息资源系统的安全性，从而引发环境安全风险。

⑤脆弱性、安全威胁和安全措施间的交互作用是安全事故产生的根本原因。当安全威胁绕过或突破安全措施的保护时，必然会对信息资源系统安全产生影响，造成安全事故。因此，要避免出现安全事故，应通过安全措施对脆弱性进行加固，使得攻击者无机可寻，或者通过安全措施与安全威胁对抗，使其无法突破防御，这两个条件满足其一时就能够避免安全事故的发生。

基于安全要素交互关系的分析，可以明确信息资源安全保障应从脆弱性和安全威胁两个方面入手，进行安全风险的识别与应对。在安全保障实施中，还需要更进一步追溯到脆弱性和安全威胁的源头，从而采取更具针对性的措施。从安全保障时机看，首先可以在安全攻击发生前通过安全风险的识别，采取相应的措施进行保障，以降低发生安全事故的可能性。同时，也可以在安全攻击未造成破坏之前采取措施进行控制，从而避免安全事故的发生。同时，还需要考虑在安全攻击得手时，如何采取措施保障信息资源不会遭受永久性损害。从保障手段看，无论是针对脆弱性还是针对安全威胁都应坚持防御为主、对抗为辅。对于已知的各类脆弱性和安全威胁，一般优先选择采取安全风险识别和预警防御措施，从而提高安全保障的效果。但由于部分脆弱性或安全威胁的防御成本过高或缺乏合适的防御机制，此时可以根据其危害程度决定是自组织应对，还是对其进行干预，待出现全局性安全问题时再进行动态对抗。由于云计算和信息资源服务的不断创新，因此可能会有新的脆弱性和安全威胁出现，对于此类威胁，同样需要采取识别、监控和动态对抗措施。以上这些启示为信息资源安全保障方案的设计提供了依据。

安全风险识别基础上的信息安全风险控制在于，依据风险识别与测试结果，平衡成本与效益，采取合适的安全控制措施，以减少风险事件发生的概率和降低风险损失程度，从而将风险控制在可承受的范围之内。

执行者和相关利益主体在一定的制度环境下进行交互，以便在信息安全目标实现过程中制定并执行相应的控制规则和标准。

云服务中信息系统存在的外部环境，能对在信息安全风险识别基础上的控制产生直接影响，应对其关联因素进行专门应对。信息安全风控系统是一个复杂的系统，在内外部环境的影响和作用下，各组成部分是有机联系的，维持着信息服务的整体稳定和安全，如果任一组成部分在环境的变化下出现异动，就会打破系统的均衡结构。信息安全"木桶理论"指出，信息安全并不取决于木桶中最长的板子，而是取决于最短的板子。也就是说，云服务信息安全风险控制取决于信息安全链中最弱的一环或组成部分。因此，信息安全风险控制应针对外部及内部环境的安全弱点，制订全面的风险控制计划。

国际标准化组织(ISO)提出的开放系统互连参考模型(OSI/RM，Open System Interconnection/Reference Model)将信息系统按组网功能分为七个功能层：物理层、数据链路层、网络层、传输层、会话层、表示层和应用层，各个层次之间通过功能接口实现调用，同时保持着相对的独立性。在云信息系统复杂的层次结构中，风险识别控制必须按照系统的层次结构，以及其功能和性质的不同，实施不同的风险控制。

云信息安全风险控制措施不仅能阻止和检测风险，还能保证在风险事件发生时和发生后，及时弥补事件造成的损失，保证组织业务连续运营。

在多因素作用下，从云组织信息系统的整体视角来说，信息安全风险控制是一个复杂的系统。其不仅包括网络基础设施、软硬件系统平台、通信操作平台，而且包括系统运行内外环境中人和环境之间的关联，它们之间相互影响、相互作用、相互制约，成为有机联系的整体。

数字网络中的云系统不同于一般的生物系统的自发运转，它的正常运转本身需要有效的风险识别控制。因此信息安全风险控制并不是单一的技术控制，而是相互制约、相互作用、相互影响的协同控制，以此保证信息的安全目标控制。

1.3.2 云环境下基于多要素风险识别的安全管控

云计算环境下，信息资源安全管控需要通过全程化的风险识别和云安全监测来实现。在具体实施中，通过对信息安全相关数据的收集，寻求合理的安全控制方案，以便在安全预测的基础上实现安全事故的预警与响应，从而实现云计算环境下信息资源安全事故发生前的预防，以及事故发生后的控制。

(1)云计算环境下信息资源安全风险识别

云计算环境下信息资源安全风险识别主要是对于云信息系统和云服务过程中的安全事件数据进行收集、分析、报告，主要涉及用户、应用程序和系统等活动信息，对收集的云信息安全监测数据进行汇集，从而为云计算环境下信息安全事件的评估提供量化的依据，以便将安全事件控制在合理的范围内。云计算环境下信息资源安全风险识别及反馈过程，如图 1-9 所示。

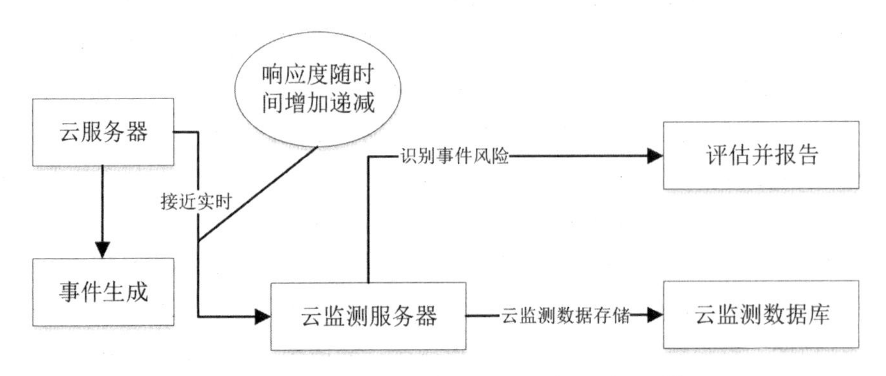

图 1-9　云计算环境下信息资源安全风险识别及反馈过程

云计算环境下信息资源安全风险识别中的监测作为云计算环境下信息资源安全控制的重要组成部分，主要作用在于，通过风险识别基础上的监测对安全风险进行锁定，以便针对事件进行安全响应。云环境下信息资源安全由于云计算的采用和信息资源的虚拟分布，更容易成为攻击者的目标。有些攻击的发生往往无法事先预计，因此，对信息安全风险进行识别基础上的监测是对抗攻击以及威胁的有效措施，通过实时的监测数据收集、分析、评估，能够采取及时安全的控制措施。

云环境下信息资源安全监测可以用来验证安全控制措施的有效性，大多数的安全控制策略都是面向执行的，而信息安全监测通过对事件数据的收集、分析可以反馈安全控制策略的执行结果。如果安全控制策略是有效的，那么相关的安全事件就不会出现，反之，如果信息安全监测事件数据中出现相关安全事件数据，那么则说明该安全控制策略没有发挥应有的作用。云环境下信息资源安全监测可以实现对安全漏洞或错误的检查，信息服务机构以及云服务商可以在出现漏洞或安全错误造成损失前进行自查，通过触发相应的安全监测规则判断安全监测的有效性，以及在可控范围内发现自身的安全漏洞及错误。同时，云环境下信息资源安全监测能够为打击云计算环境下的信息犯罪提供证据支持，其能够提供用户行为、系统运行状况等可信的数据取证。①

① NIST Special Publication 800-37 Revision 1. Guide for applying the risk management framework to federal information systems, a security life cycle approach[EB/OL]. [2021-08-07]. http://dx.doi.org/10.6028/NIST.SP.800-37r1.

系统本身具有生成安全事件的能力，云用户通过对云信息系统的配置，可以生成安全事件。如通过对操作系统的配置，云用户可以生成审计或系统日志事件，使用标签的操作系统可以根据强制标签的访问控制生成相应的安全事件集等。信息资源云服务平台的基础设施、网络、应用程序、中间件等各个层次都支持安全事件流的生成。通过将这些安全事件数据源进行综合，形成安全事件数据集。大量安全事件数据的产生，会影响安全事件分析和评估效率，也可能会使紧急的安全事件无法得到及时的处理，无法发挥信息安全风险识别基础上的监测作用。

云环境下信息资源安全监测需要对信息安全事件进行合理的调整，针对信息安全监测的重要等级进行排序，将信息安全监测与所处的场景进行结合，优先处理信息安全事件中影响较大的数据，避免有重大影响的安全监测数据因为拖延而得不到及时的处理。云环境下信息资源安全监测除了需要确定信息安全监测的重要等级排序之外，对安全事件的收集粒度的控制也十分重要。对于云计算环境下信息资源安全监测而言，并不是数据越多效果越好，这是由于收集的信息安全监测的数据越多，相应的处理效率就越低。基于此，可以采取的解决思路有两种：一种是采取措施对收集的大量信息安全监测数据在数据源处进行过滤然后汇总处理；另一种是生成信息安全风险识别中的监测核心数据集，同时根据需求从对应的信息安全监测区域调集信息安全监测数据。

通过获取云计算环境下信息资源安全监测的数据，得到安全事件流，通过对安全事件流的分析，得到相关信息安全风险感知，同时在分析的基础上进行云环境下信息资源安全的预警。其中，简单报警主要是基于事件警报的直接映射，结构的复杂度较低。警告与指示主要是基于事件的上下文进行评估，结构的复杂度比简单报警高。无论是简单报警还是警告与指示，都常常需要人工审查，要关注规则、算法质量和数据完备性。在此基础上，利用安全事件的生成，从初始事件到态势表征，实现信息资源安全监控目标，如图 1-10 所示。

(2)云环境下信息资源安全应急响应

云环境下信息资源安全应急响应需要在信息安全监测的基础上进行，云环境下信息资源安全应急响应是信息资源安全控制的重要环节。云环境下信息资源安全应急响应在整体信息安全控制框架下，通过信息安全监测和评估展示资源安全状态，通过响应将云环境下信息资源安全风险控制在最低范围内，继而进行信息安全控制防护。

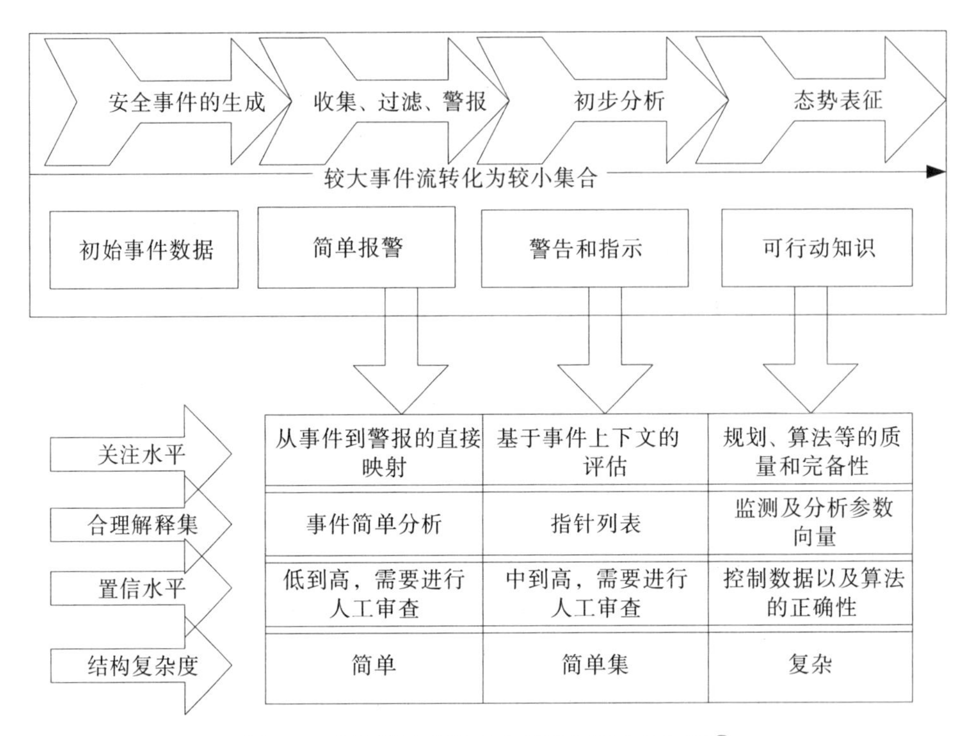

图 1-10　云环境下信息安全风险识别中的监测①

传统网络环境下 P2DR 安全模型被广泛应用于医疗、金融等领域的信息资源安全应急响应。P2DR 安全模型的基本描述为：安全是风险分析、执行策略、系统实施、漏洞监测、实时响应执行的总和。② P2DR 安全模型强调监测、应急响应、防护的动态循环过程，适用于云计算环境下的信息安全控制。结合 P2DR 安全模型，可以将云计算环境下信息资源安全应急响应与安全控制策略、信息安全防护、信息安全监测进行无缝对接。

借鉴 P2DR 安全模型的思想，云环境下信息资源安全应作为整体安全防护的一个重要环节而存在。因此，可将云环境下信息资源安全应急响应分为响应前、响应中和响应后三个阶段。响应前，在信息资源安全控制框架下，为了能够快速响应、实时处理安全事故，需要制定安全事故处理的规程。云环境下信

① ［美］Vic(J.R.)Winkler. 云计算安全［M］. 刘戈舟，杨泽明，许俊峰，译. 北京：机械工业出版社，2013：154-155.

② 黄勇. 基于 P2DR 安全模型的银行信息安全体系研究与设计［J］. 信息安全与通信保密，2008(6)：115-118.

息资源安全事故主要涉及系统故障、数据丢失与泄露、拒绝服务、不安全的API等，需要根据不同的安全事故类型制订应急预案，从而做好云计算环境下信息资源安全应急响应的准备。响应中，主要是基于云计算环境下信息资源安全识别与监测的数据，找到安全问题，并利用信息安全响应的措施进行应对，防止被攻击者破坏，将安全损失降到最低。响应后，主要在事故处理完成后，及时修复信息资源安全漏洞，巩固云计算环境下的信息资源安全防护体系，并形成相应的报告以减少以后此类安全事故的发生，为相关责任人的责任追究提供证据。

云计算环境下信息资源安全应急响应在执行过程中，仍然需要人员的介入，通过人员参与将相对独立的策略、防护、监测、响应进行连接，并贯彻云计算环境下的信息安全控制方案。因此，云计算环境下信息资源安全应急响应的实施需要对相关人员进行管理，提高相关人员的专业素质，以及应急响应能力，应对信息资源安全事故的动态变化，及时进行处理与防护，弥补应急响应模型及措施在执行过程中的不足。

由于云服务商和信息服务机构在不同云服务交付模式下承担的安全保障责任不同，在IaaS和PaaS模式下，系统和应用程序的信任边界由信息服务机构和云服务商确定。因此，云服务商和信息服务机构都需要做好信息安全监测和应急响应的准备，对云计算环境下信息资源云服务过程中出现的漏洞或攻击，及时采取安全措施进行安全控制。信息服务机构和云服务商对安全监测和事件响应负有责任。

1.4 风险识别与控制视角下的云信息资源安全管理

风险识别与控制视角下的云信息资源安全管理，围绕云计算中信息资源的安全风险管控和服务保障展开，涉及云信息系统风险控制结构设计与信息资源安全基线建设。

1.4.1 风险识别与管控下的信息安全保障

云环境下信息资源系统面临着信息系统客观存在的安全风险，通过对安全风险识别并进行有针对性的控制是保障安全的必要举措。其中，风险控制又是云计算环境下信息资源安全的关键，旨在将信息资源云服务安全风险限制在可控范围内，以降低信息资源安全保障风险。

云计算环境下信息资源安全风险管理所遵循的原则是，根据信息资源的分布，确定风险域及识别风险因素，通过量化工具进行分析，在风险评估的基础上，进行安全策略和安全措施的制定，以便有效地控制风险。基于这一思路，云计算环境下信息资源安全风险评估与控制的模型结构如图 1-11 所示。对于控制环节，可以划分为被控云信息系统、风险监测、风险评估、风险控制。①

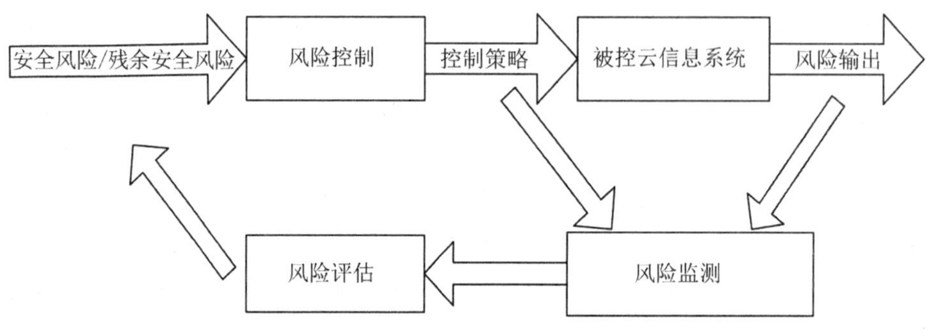

图 1-11　云信息系统风险控制结构

被控云信息系统作为网络、人员、运行环境、业务应用的要素的集合，由于云计算环境下信息安全风险、资产脆弱性以及风险的存在，需要通过对安全风险的识别和评估，将安全风险变成可控安全风险，通过残余安全风险的循环处理，降低安全风险；经过循环操作，直到最终输出的安全风险处于可接受的范围内为止。风险控制在识别风险、分析风险和评价风险的基础上展开，涉及资产、威胁、脆弱性等方面的管控。首先对资产类别、资产价值进行判断；其次对威胁的类型、发生频率进行分析，根据脆弱性程度进行赋值；最后在综合验证资产价值、威胁频率、脆弱性程度的基础上，预估安全事故可能发生的概率以及可能造成的损失，继而实现有效控制目标。

云环境下信息资源安全风险管理，作为信息服务机构信息安全控制的基础，需要云服务商以及信息服务机构根据风险识别与评估的结果，确定信息资产的保护级别、保护措施以及控制方式。② 云计算环境下信息资源安全风险管

① 王祯学，周安民，方勇，欧晓聪．信息系统安全风险估计与控制理论［M］．北京：科学出版社，2011：15.

② 信息安全技术 信息安全风险评估规范（GB/T 20984—2007）［S］．北京：中国标准出版社，2007.

理目标在于预防事故，在事故发生之前找到潜在的威胁和自身的弱点，实施恰当的安全控制措施，从而减少事故的发生。

云计算环境下信息资源系统中的资产的表现形式是多样的，包括客体资产、主体资产和运行环境资产。其中客体资产包括系统构成的软件、硬件、信息资源数据等；主体资产包括云信息系统管理人员、技术人员、运维人员等；运行环境资产包括信息资源系统中主体和客体所处的内外部环境的集合。通过对资产的分类，可确定风险域中的风险要素。

信息安全三元组的影响程度，与云信息系统的安全影响程度相对应，可划分为5级，分别表示很高、高、中、低、很低，可在5个区间中进行赋值。其中，值越大，代表其安全属性破坏后对信息资源云平台造成的危害越大。

云环境下威胁的分类是基于威胁来源的不同进行的，CSA（云安全联盟）已经公布了云安全的九大威胁是数据泄露、数据丢失、账户或服务流量劫持、不安全的接口、拒绝服务、恶意人员、云服务的滥用、不够充分的审查和共享技术的漏洞分析。①《信息安全技术 信息安全风险评估规范》(GB/T 20984—2007)提供了威胁来源的分类方法，造成威胁的因素可以分为环境因素以及人为因素，进而基于威胁的表现形式对威胁进行分类，包括物理攻击、物理环境影响、管理缺失、泄密、越权或滥用、恶意代码、泄密、篡改、抵赖、软硬件故障、无作为或操作失误。关于威胁出现的频率赋值，与资产赋值一样分为五个等级，等级越高表示威胁出现的频率越高。

脆弱性是资产本身所具有的特性，威胁可以通过利用脆弱性破坏云信息系统。从技术和管理角度进行脆弱性识别包括数据库软件、应用中间件和应用系统识别。管理脆弱性识别对象包括技术管理和组织管理。在等级保护的基础上，云信息系统技术脆弱性识别对象为物理环境安全、主机安全、应用安全和数据安全、网络安全；云信息系统管理脆弱性识别对象包括业务连续性管理、资产管理、信息安全管理、物理与环境安全管理、访问控制与安全事件管理、系统及应用开发与维护管理。② 通过分析威胁与脆弱性之间的关联关系可确定安全事件发生的可能性，明确安全事件所造成的损失，在此基础上计算出风险值。③

---

① 云安全联盟 CSA：2013 年云计算的九大威胁[EB/OL]. [2021-08-07]. http://www.bIngocc.com/newS/detalI? Id=2013315423750.

② 王希忠，马遥. 云计算中的信息安全风险评估[J]. 计算机安全，2014(9)：37-40.

③ 汪兆成. 基于云计算模式的信息安全风险评估研究[J]. 信息网络安全，2011(9)：56-59.

安全控制需要在安全风险评估的基础上进行风险管理，以制定相对应的安全风险控制措施，提高云信息系统整体的安全防护能力。云计算环境下信息资源安全风险管理是一个复杂的、涉及多方面的过程，涉及高层的战略指导与目标制定，中层的计划制订与策略管理，信息资源云服务系统的建设开发、实施和操作等。2011 年 NIST 特别出版物 800-39(《集成企业范围内的风险管理：组织、任务、信息系统视角》)提出三层风险管理方法，以应对集成风险管理。其所提出的风险管理结构包括三个层面：组织层面、任务与业务流程层面、系统层面。对风险管理结构分层，可以有效解决云环境下信息资源安全风险管理的组织问题，建立云计算环境下信息资源安全风险分层管理框架。

云环境下信息资源安全风险管理的组织层面，其职责是确定云计算环境下信息资源安全风险的综合治理结构以及制定合理的安全风险管理措施。管理层确定安全治理结构和风险管理措施，由于涉及不同角色的人员的参与，需要对人员进行权责分配，需要对安全风险的相关管理人员进行管理。此外，信息资源安全风险管理中的综合治理结构构建和风险管理策略的制定，涉及信息安全风险控制措施、信息安全风险识别技术与方法、信息安全风险评估的方式与程序、信息安全风险控制措施的有效性测量，以及信息安全风险监督计划的制订。

云环境下信息资源安全风险管理的任务与业务流程层面，其职责在于定义组织的任务与业务流程、确定任务优先级、确定信息类型以保障信息流安全、定义组织范围内的安全保障措施、定义对下属组织的风险管理与监督措施。

云计算环境下信息资源安全风险管理的系统层面，其职责在于接受来自组织管理层和任务与业务流程层相关信息安全控制策略的指导。由于云服务部署模式不同，其信息系统的安全风险也呈现出不同的特征，因此，系统层面应针对公有云、私有云、混合云、社区云这四种云服务部署模式采取不同的信息安全风险管理活动。

1.4.2 云环境下信息资源安全基线设立

云环境下信息资源云服务平台构建涉及多元主体和众多资源机构，如果采用不同云服务商提供的云服务，需要应对网络结构复杂、服务器种类繁多等问题。因此，信息资源云服务过程中不能仅仅基于传统信息系统的方式对云信息系统进行维护，而忽略云计算环境下资源安全控制的特点与需求。因此，云环境下信息资源安全保障必须建立相关的基线规范，基于相关的基线规范实施安全控制。

云环境下信息资源安全基线建设是对其信息安全最小的安全保障，是保障信息资源安全的最基本保障。云信息系统涉及的运行和维护人员，通过信息资源安全基线明确信息安全保障的最基本要求，进行云信息系统以及资源的维护、配置、检查等操作。云信息安全基线的构建，对云计算环境下的信息安全保障具有重要作用。Gartner 公司副总裁 Jay Heiser 指出，在实践过程中云用户对于云计算服务商提供的合同的不完整性以及安全相关条例的缺乏感到失望，认为实现高水平的云计算安全仍然需要较长的过程。而对于政府行业或其他拥有敏感数据的组织需要构建高水平的云计算安全基线，而基于不同云服务交付模式的对比，IaaS 比 PaaS 和 SaaS 更容易建立安全基线，因为 IaaS 模式下云用户对于云服务商的依赖较小。①

美国启动联邦风险与授权管理项目(FedRAMP)进行云安全管理研究，期望在风险控制的基础上，充分利用云安全的优势，其在云计算安全管理体系构建的过程中突出了云安全控制基线的建设，制定了 FedRAMP 云安全控制措施，可供我国信息资源安全基线建设参考。② 云安全基线的建设需要在传统安全基础上进行拓展，FedRAMP 云安全基线是从传统环境下适用的《联邦信息系统和组织的安全及隐私控制》(NIST SP800-53)过渡到适应云计算环境安全控制的研究成果。

参考 NIST SP800-53 R4(《联邦信息系统和组织的安全及隐私控制》第 4 个修订版)和 FedRAMP2.0，云环境下信息资源安全基线构建需要包含以下 17 类安全控制措施：访问控制、意识和培训、审计和可追究性、安全评估和授权、配置管理、应急规划、标识和鉴别、事件响应、维护、介质保护、物理和环境保护、规划、人员安全、风险评估、系统和服务采购、系统和通信保护、系统和信息完整性。每一类安全控制措施之下，都有若干个子类，以阿拉伯序号表示。NIST 800-53 R4 特地扩充了访问控制以及系统和服务采购的内容，③ 以期覆盖云计算和供应链安全要求。④

---

① Gartner：企业应建立高水平云计算安全基线[EB/OL].[2021-08-07]. http://www.chinacloud.cn/show.aspx? cid=11&id=12518.

② 赵章界，刘海峰. 美国联邦政府云计算安全策略分析[J]. 信息网络安全，2013(2)：1-4.

③ Security and privacy controls for federal information systems and organizations[EB/OL].[2021-08-07]. http://dx.doi.org/10.6028/NIST.SP.800-53r4.

④ 周亚超，左晓栋. 网络安全审查体系下的云基线[J]. 信息安全与通信保密，2014(8)：42-44.

云计算环境下信息资源安全基线的构建是一项复杂的系统工程，COBIT (the Control Objectives for Information and Related Technology) 是一个 IT 治理框架和支持工具集，管理者可以通过 COBIT 在信息安全控制目标、技术、风险之间建立关联，为信息安全控制提供明确的策略和实践指导。过去 COBIT 被用来作为制定和定义基线的基础，已经映射到很多信息安全标准中，很多组件都可以直接应用于云计算环境，也可以进行二次开发。云计算环境下信息资源安全基线的建立需要结合云安全风险以及信息系统生命周期进行规划。信息服务机构需要降低安全风险，保障云服务信息系统的正常运行。信息服务机构以及云服务商必须应用现有的法律、标准、规范等进行安全控制措施的制定与选择，需要考虑云服务信息系统安全、业务流程安全、云服务环境安全等因素。云环境下信息资源安全基线应以业务系统为主，基于不同业务系统的特性进行不同的安全防护，同时将业务系统分解为不同的系统模块，如数据库、操作系统、网络设备等，根据业务层的定义进行安全控制细化，制定不同的安全控制基线。

云环境下信息资源安全基线建设，首先应区分不同安全需求所对应的基线要求，根据高、中、低三种不同的安全要求，构建 3 级云信息安全基线。对于安全要求不在高、中、低之列的，主要从运行环境、运行特征、系统功能、威胁类型和信息类型五项因素出发构建基线。此外，应明确安全控制措施的作用域，云信息安全基线并不是控制措施越复杂越好，需要考虑安全控制目标、运行环境、技术条件等因素进行安全控制措施的选择，将不必要的安全控制措施剔除。同时，注重云信息安全基线在信息资源关键业务以及数据安全等方面的作用，进行基于信息系统生命周期的全过程覆盖。

2　云服务中的信息安全风险及其来源

云服务安全中的设施、信息资源、网络构架、服务系统及用户风险，是在环境作用下形成的。其整体原因，一是网络设施、信息资源、服务技术资源等的脆弱性引发了组织运行上的风险；二是外部攻击和不安全因素带来的影响。在风险识别和管控中，《信息和通信技术安全管理的概念和模型》(ISO/IEC 13335-1：2004)和《信息安全技术　信息安全风险评估规范》(GB/T 20984—2007)以风险为中心，将资产、威胁、脆弱性、防护以及剩余影响作为信息安全风险的要素。

2.1　云服务链安全风险形成及影响

从风险识别上看，风险是指特定的威胁利用资产脆弱性造成损失或破坏的潜在可能性，它是由风险事件发生的可能性和影响决定的，同时，安全防护措施也会对风险产生影响。事实上，风险一旦形成便不太可能完全消除，安全防护中所构架的措施，在满足信息安全需求的前提下，存在着残余风险的问题。因此，风险识别的安全防护应贯穿于云服务过程的始终。

2.1.1　云服务安全风险的形成机理

云服务中网络信息安全风险是指一个或一组威胁对网络信息资源及相关资产造成安全损害的潜在可能性。根据《信息安全技术　信息安全风险评估规范》(GB/T 20984—2007)，网络信息安全风险的产生是资产、脆弱性、安全威胁和防护措施交互作用的结果，各要素间的关系如图 2-1 所示。

从图 2-1 中可以看出，网络信息服务运行对网络信息资源及相关的软硬件具有基本的安全需求，而安全需求未得到满足就会导致脆弱性。脆弱性一旦被内外部安全威胁所利用，就可能引发安全事故，因此脆弱性和威胁是影响安全风险的直接因素。为减小安全风险，网络信息资源运营主体必然会根据安全需求部署安全保障措施，这些措施能够在一定程度上抵御安全威胁，减少脆弱性；但是，如若不能完全抵御安全威胁、消灭脆弱性，则会引发残余风险。同时安全措施本身可能不是绝对安全的，这又可能引发新的脆弱性。

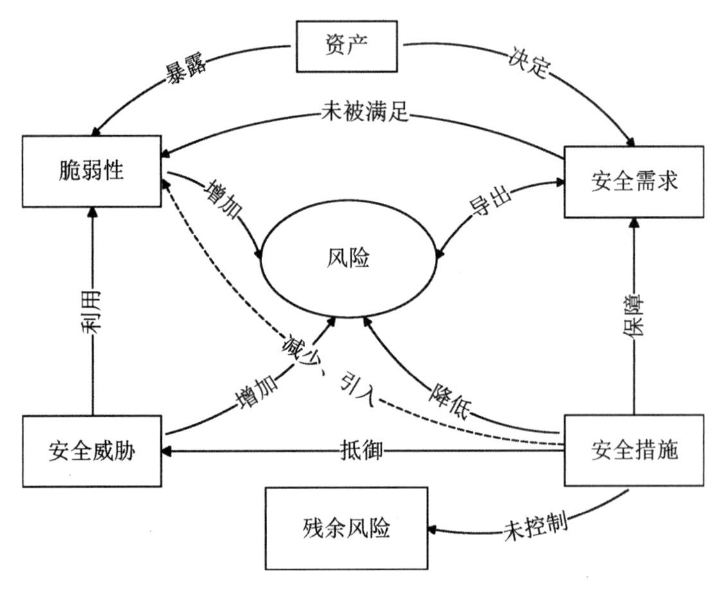

图 2-1　信息资源安全风险要素关系图

事实上，在不考虑已有安全措施的前提下，安全风险的形成仅受脆弱性和安全威胁两个因素的影响，通过构建两者对应关系表，可以为安全风险识别提供依据。据此建立安全威胁与脆弱性列表，分析与每一类安全威胁相关联的脆弱性，形成如表 2-1 所示的云服务安全威胁与脆弱性对应关系表。

表 2-1　云服务安全威胁与脆弱性对应关系表

安全威胁	易被攻击的脆弱性
设备硬件故障、介质故障、传输设备故障	维护不善、介质的错误维护、缺乏定期更换计划
空调故障、供电故障、静电、电磁干扰	受温度变化的影响、对电磁辐射的敏感、受电压波动的影响

续表

安全威胁	易被攻击的脆弱性
灰尘、潮湿、自然灾害、鼠疫虫害	受潮湿、灰尘、污染、灾害的影响
云基础设施的各个模块对安全的要求不一致、云计算平台集成能力差	不安全的网络架构、开发规范不清晰或不完整、缺乏技术文档、服务供应链存在的隐含依赖性
物理接触、破坏、盗窃	缺乏对建筑物、门、窗等的物理保护
系统软件故障	软件缺陷、不可信的软件、不成熟或新的软件、缺乏对注入攻击的防范
应用软件故障	软件缺陷、错误的参数设置、广泛的分布式软件、复杂的用户界面
数据库软件故障	缺乏对虚拟镜像的保护、缺乏审计痕迹、错误的分配权限
开发环境故障	开发规范不清晰或不完整、缺乏技术文档、缺乏对注入攻击的防范
增加新模块带来的新风险	不安全的网络架构、缺乏有效的变更控制、不受控的复制
Hypervisor 隔离失败	虚拟网络中的不充分控制、缺乏资源隔离机制、缺乏监视信息处理设施的程序
维护错误、操作失误	维护不善、具备相关技术和管理知识储备的人员缺乏、软硬件的不正确使用
控制和破坏网络通信、系统运行、用户或业务数据	不安全的网络架构、单点失效、错误的网络管理、不受保护的公共网络连接
木马后门、恶意代码攻击、网络病毒传播、DoS 攻击、DDoS 攻击	缺乏对注入攻击的防范、不安全的网络架构、通信加密的脆弱性、缺乏会话劫持防范机制
未授权访问网络资源、系统资源、用户数据	错误的分配权限、使用弱的认证和授权方案、缺乏监视机制、缺乏职责分离机制

续表

安全威胁	易被攻击的脆弱性
数据滥用、权限滥用、泄密威胁	不受控的复制、错误的分配权限、使用弱的认证和授权方案、缺乏监视机制、缺乏职责分离机制
数据恶意恢复威胁	缺乏防护的存储、对废弃处置缺乏关注、数据无法被完全删除
数据丢失威胁	缺乏对虚拟镜像的保护、存在数据丢失的可能、在存储介质处置和再利用之前没有彻底清除数据
篡改网络配置、系统配置、安全配置、用户或业务数据	缺乏审计痕迹、错误的分配权限、使用弱的认证和授权方案、缺乏有效的变更控制
原发抵赖、接受抵赖、第三方抵赖	缺乏权限控制评审过程，定期安全审计，与用户、员工、第三方的合同中关于安全的约束不规范
网络探测和信息采集	缺乏对注入攻击的防范、通信加密的脆弱性、不受保护的敏感信息的传送
系统信息收集或漏洞探测	缺乏报告信息安全弱点的机制、不充分的服务维护响应、缺乏风险识别和评估
嗅探系统安全配置数据，如账号、口令、权限等	对数据的非法访问、缺乏保护的密码表、弱的密码管理、低熵随机数生成密钥
用户身份伪造和欺骗、用户账号或身份凭证窃取与劫持、用户或业务数据的窃取	缺乏监视机制、缺乏职责分离机制、缺乏正式的用户注册和注销机制、缺乏会话劫持防范机制
云服务安全组织管理职能不健全	缺乏标准技术和标准解决方案、缺乏风险识别和评估、工作说明书中缺乏安全职责、缺乏报告信息安全弱点的机制
人员管理不当	人员缺乏安全意识、缺乏具备相关技术和管理知识储备的人员、工作说明书中缺乏安全职责

续表

安全威胁	易被攻击的脆弱性
云服务商、用户、IT管理人员、数据拥有者等的职责定义不清晰	与用户、员工、第三方的合同中安全相关条款缺乏或约束不充分
云服务商锁定、云服务商服务终止威胁、云服务交付和中断的风险	云服务商选择不当、缺乏云服务商冗余、云服务商不遵守保密协议
安全职责纠纷、服务价格纠纷、服务质量纠纷	服务等级协议条款冲突或包含了过多商业风险、与第三方的合同中缺乏关于安全的条款或条款不充分
数据所有权纠纷	缺乏资产清单或清单不完整准确、资产所有权不明确、缺乏取证准备
知识产权纠纷	缺乏保证知识产权的机制

从表2-1中可以看出，威胁通过脆弱性对系统资产造成破坏，资产是系统保护的核心所在，因此对信息风险的识别应以资产为核心展开。在识别过程中，首先对资产以及资产的主要威胁进行分析，在此基础上分析其引发机制。根据系统动力学理论与威胁—脆弱性关系，绘制信息安全风险因果关系图，以便通过图中所展示的关系进行风险来源、机制及影响分析。

2.1.2 云计算环境下信息安全风险要素的关联影响

云计算环境下信息安全风险在关联要素的交互作用下产生，对产生机制的分析目的在于明确其中的安全风险关系，通过要素识别为安全防护提供依据。以此出发的信息安全风险因果关系图，如图2-2所示，实线表示脆弱性—威胁关系，虚线表示威胁—资产关系，展示了以数据资产、硬件资产和软件资产为核心的风险来源及影响。图中的一切关联均为正向的，即具有促进作用。其中椭圆粗边框的要素是信息资产的核心，即数据资产、硬件资产与软件资产；加粗的风险要素是威胁，不同的威胁对不同的资产造成破坏；威胁无法单独对资产造成破坏，要利用脆弱性产生作用，图中字体未加粗部分即为脆弱性。可以看出，脆弱性不单单只被一个威胁所利用，脆弱性也不会只给一种资产造成问题。

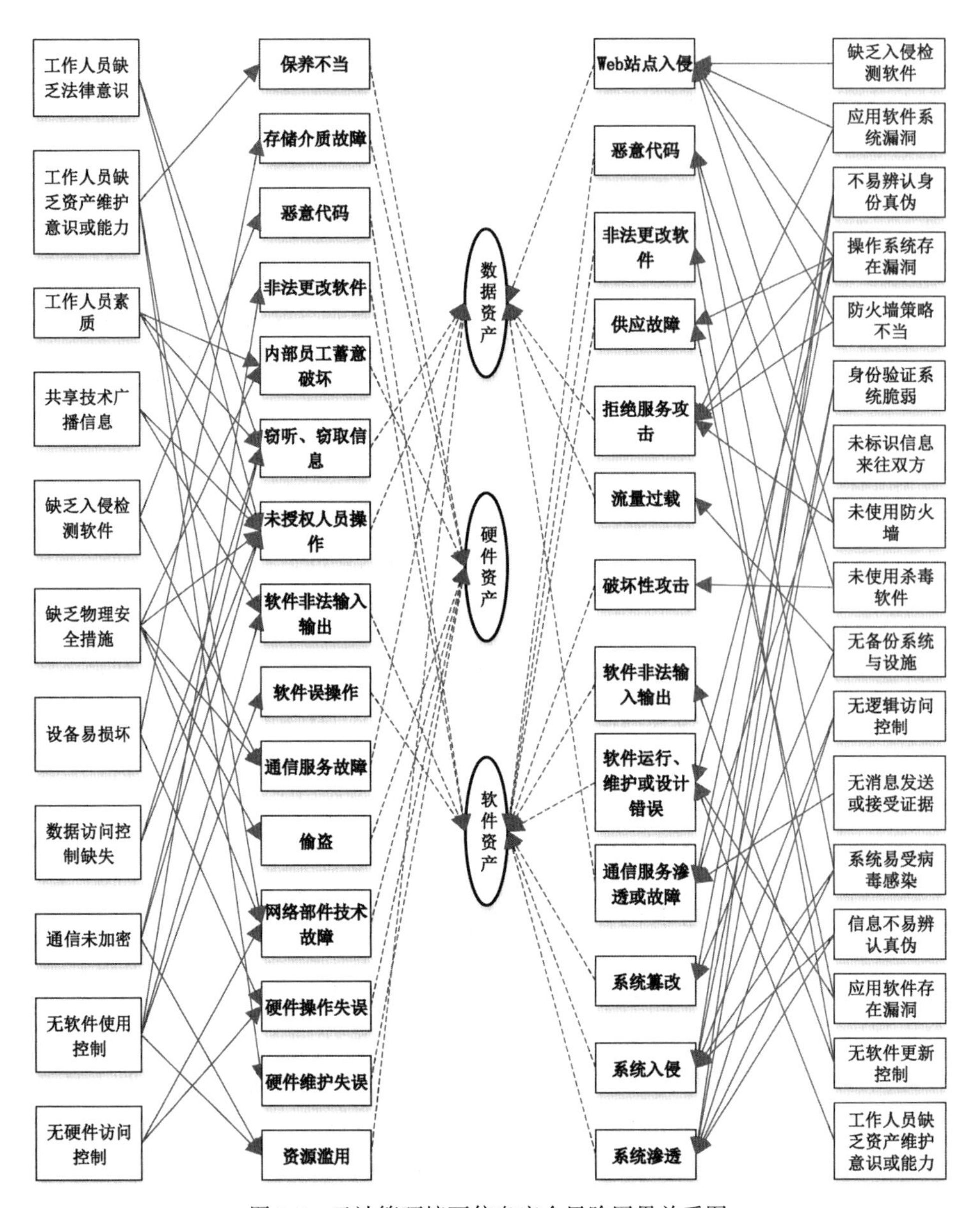

图 2-2　云计算环境下信息安全风险因果关系图

根据图 2-2 可梳理出资产风险关系及威胁资产的路径。以下根据信息网络的特点，对数据资产、硬件资产和软件资产的风险关系进行展示。

(1)数据资产风险关系

数据资产中，给资产直接造成破坏的威胁有：Web 站点入侵、拒绝服务攻击、未授权人员操作、流量过载、窃取或窃听信息、资源滥用通信服务故障或渗透 6 项直接风险，以及因硬件资产、软件资产受破坏后带来的连带风险。风险连带关系如下：

应用软件存在漏洞(脆弱性)—Web 站点入侵/拒绝服务攻击(威胁)—数据风险(资产)；

操作系统存在漏洞(脆弱性)—Web 站点入侵/拒绝服务攻击(威胁)—数据风险(资产)；

未使用防火墙(脆弱性)—Web 站点入侵/拒绝服务攻击(威胁)—数据风险(资产)；

缺乏入侵检测软件(脆弱性)—Web 站点入侵/通信服务故障(威胁)—数据风险(资产)；

防火墙策略不当(脆弱性)—Web 站点入侵/拒绝服务攻击(威胁)—数据风险(资产)；

共享技术广播信息(脆弱性)—未授权人员操作/窃听、窃取信息(威胁)—数据风险(资产)；

工作人员素质不高(脆弱性)—未授权人员操作/窃听、窃取信息(威胁)—数据资产(风险)；

工作人员缺乏法律意识(脆弱性)—未授权人员操作/窃听、窃取信息(威胁)—数据资产(风险)；

数据访问控制缺失(脆弱性)—未授权人员操作/窃听、窃取信息(威胁)—数据资产(风险)；

无硬件访问控制(脆弱性)—未授权人员操作(威胁)—数据风险(资产)；

缺乏物理安全措施(脆弱性)—未授权人员操作/通信服务故障(威胁)—数据风险(资产)；

通信未加密(脆弱性)—未授权人员操作/窃听、窃取信息/资源滥用(威胁)—数据风险(资产)；

无备份系统与设施(脆弱性)—流量过载(威胁)—数据风险(资产)；

无软件使用控制(脆弱性)—资源滥用(威胁)—数据风险(资产)；

不易辨认身份真伪(脆弱性)—通信服务渗透或故障(威胁)—数据风险(资

产)；

无消息发送或接受证据(脆弱性)—通信服务渗透或故障(威胁)—数据风险(资产)；

未标识信息来往双方(脆弱性)—通信服务渗透或故障(威胁)—数据风险(资产)。如图2-3所示。

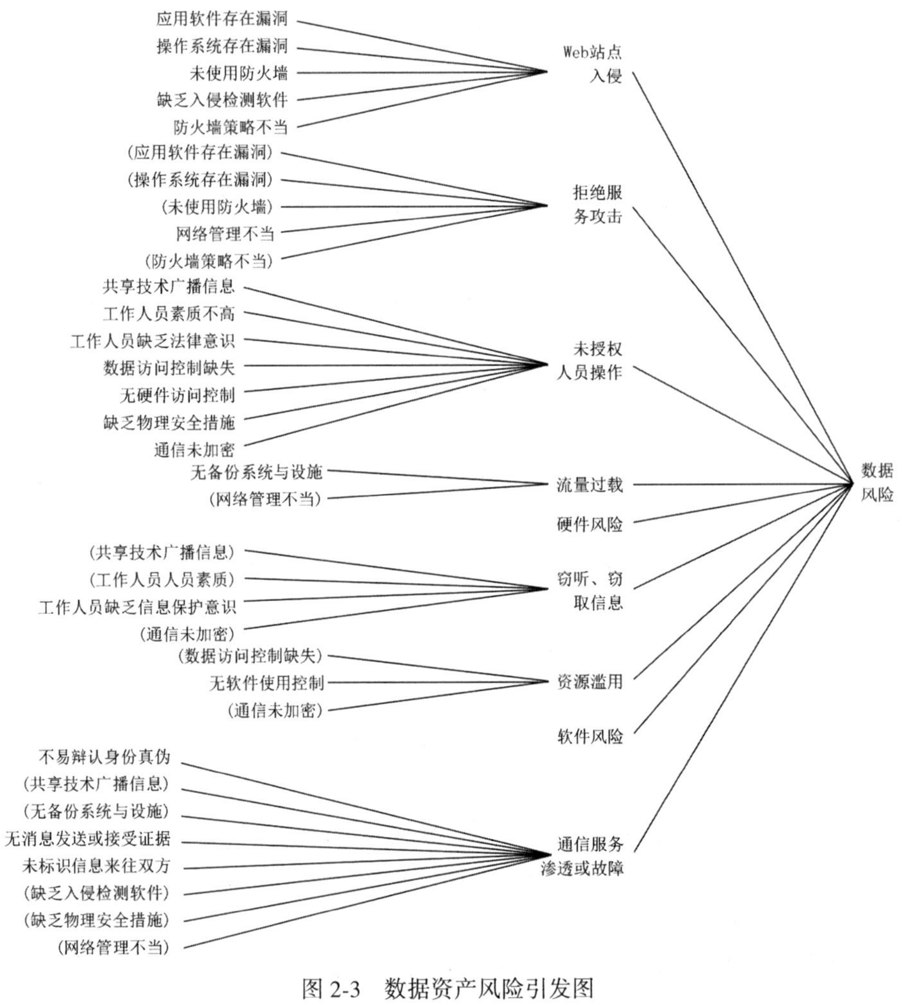

图2-3 数据资产风险引发图

(2)硬件资产风险关系

给硬件资产造成直接破坏的威胁有7项，包括维护不当、偷盗、内部员工蓄意破坏、存储介质故障、硬件操作失误、硬件维护失误、网络部件技术故障。风险的连带关系如下：

工作人员缺乏资产维护意识或能力(脆弱性)—维护不当/硬件维护失误/网络部件技术故障(威胁)—硬件风险(资产)；

缺乏物理安全措施(脆弱性)—偷盗/内部员工蓄意破坏/网络部件技术故障(威胁)—硬件风险(资产)；

工作人员素质不高(脆弱性)—内部员工蓄意破坏(威胁)—硬件风险(资产)；

设备易损坏(脆弱性)—存储介质故障/硬件操作失误(威胁)—硬件风险(资产)；

无硬件访问控制(脆弱性)—硬件操作失误(威胁)—硬件风险(资产)。如图 2-4 所示。

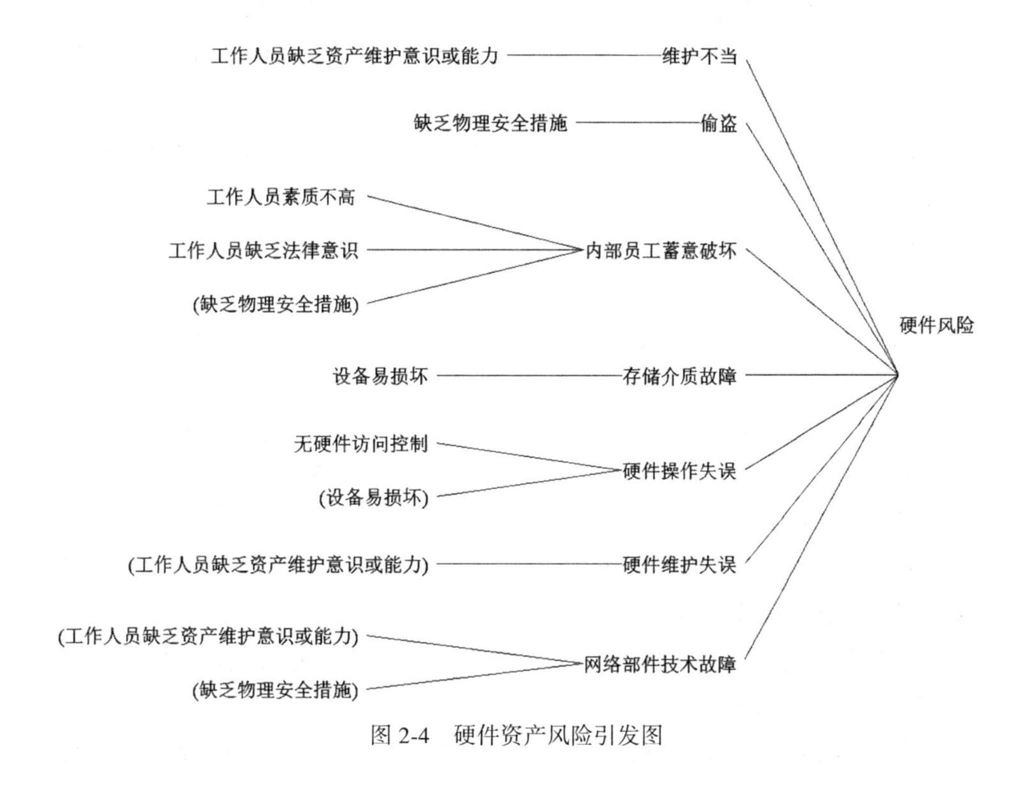

图 2-4　硬件资产风险引发图

(3)软件资产风险关系

软件资产的侵害路径较多，共10个主要威胁，包括供应故障，恶意代码，破坏性攻击，系统入侵，系统渗透，系统篡改，软件误操作，软件运行、维护或设计错误，软件非法输入输出，非法更改软件。风险连带关系如下：

应用软件存在漏洞(脆弱性)—供应故障/系统篡改/软件运行、维护或设计错误(威胁)—软件风险(资产)；

操作系统存在漏洞(脆弱性)—供应故障/系统篡改/软件运行、维护或设计错误(威胁)—软件风险(资产)；

未使用杀毒软件(脆弱性)—恶意代码/破坏性攻击(威胁)—软件风险(资产)；

系统易受病毒感染(脆弱性)—恶意代码/系统入侵/系统渗透(威胁)—软件风险(资产)；

缺乏入侵检测软件(脆弱性)—恶意代码(威胁)—软件风险(资产)；

不易辨认身份真伪(脆弱性)—系统入侵/系统渗透(威胁)—软件风险(资产)；

信息不易辨认真伪(脆弱性)—系统入侵/系统渗透(威胁)—软件风险(资产)；

无逻辑访问控制(脆弱性)—系统入侵/系统渗透(威胁)—软件风险(资产)；

身份验证系统脆弱(脆弱性)—系统入侵/系统渗透(威胁)—软件风险(资产)；

无备份系统与设施(脆弱性)—系统篡改(威胁)—软件风险(资产)；

无软件使用控制(脆弱性)—软件误操作/软件非法输入输出/非法更改软件(威胁)—软件风险(资产)；

工作人员缺乏资产维护意识或能力(脆弱性)—软件运行、维护或设计错误(威胁)—软件风险(资产)；

无软件更新控制(脆弱性)—软件非法输入输出/非法更改软件(威胁)—软件风险(资产)。如图2-5所示。

从以上的因素影响分析可知，云计算环境下的网络结构、硬件资源、软件资源和信息资源风险管控是保障整体安全的基础，因而应围绕其关联关系进行安全风险识别和管控。

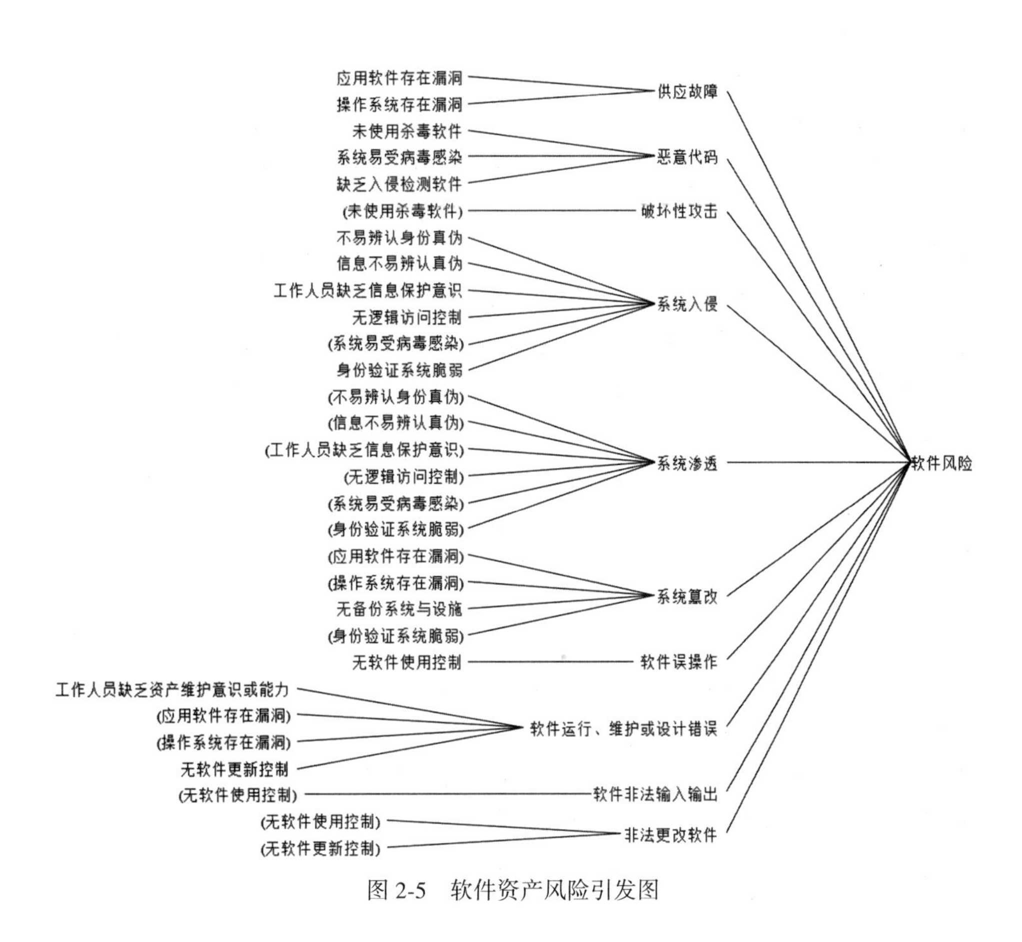

图 2-5　软件资产风险引发图

2.2　云服务安全风险传导及其对虚拟安全的影响

云服务安全风险传导是指风险形成及对网络资源服务与用户安全威胁和影响的扩展和延伸。这说明某一方面风险的形成必然影响其他方面乃至整个系统。

2.2.1　云服务安全风险传导特征

云服务安全风险传导因其产生条件和形成机理的差异，具有随机性、联动性、扩展性、动态性和不可逆性特点。

(1)随机性

云服务中，风险即具有不确定性，其产生和影响是一种概率事件，因而风险分析主要采用概率论与数理统计方法。事实上，风险的产生和风险因素之间的影响具有一定的随机性，加之网络信息活动的随机性，决定了风险传导方向、路径和影响的不确定性，从而加大了风险识别与控制的难度。风险传导的随机性主要体现在风险传导方向和作用往往无法准确预测，随着风险事件的扩展，风险释放的时间节点和程度难以控制，在时空形态上存在着从一种时空状态向另一时空状态转化的问题，表现为风险形态的变化。在不完全信息条件下，风险的产生和传导在很大程度上会导致并发风险的产生和新一轮的传导问题，进而导致在新的环节中面临安全风险，造成突如其来的影响。也就是说，风险流在迸发释放前会有蓄存过程，这个过程往往具有隐蔽性，而这个隐蔽性则决定了风险传导的突发性。对风险传导的随机性的展示，目的在于让人识别和防范具有随机性、突变性的风险。对于信息安全保障而言，风险防范具有重要意义。

(2)联动性

如果将云环境下的信息安全风险视为一种系统性风险，那么风险产生的多发性和多方面的联动传导需要充分重视。传导过程中风险流的多样性和复杂性决定了这一系统的复杂结构。其复杂之处表现在信息资源风险的多元结构和多方交互影响，风险流之间相互影响，具体表现为一个风险流的产生将导致另一个风险流的产生，如信息资源系统中的虚假性必然会影响信息系统的真实性，干扰信息交互中的信任关系，从而可能导致信息生态环境风险。这说明联动传导将导致另一个风险流的产生，而且这种影响可能形成多层次的回路，从而导致超循环。信息风险传导过程中风险流相互作用，其状态影响并非一种线性关系，而是呈非线性关联关系。由各种风险流所构成的系统，在开放过程中会出现自组织演化，各种风险流对信息安全的作用也不是均匀的，而是超越常规的。同时，随着云服务的发展，网络系统更新到一个新的状态时，在风险流传导中，将出现风险转移的可能，这正是风险识别和控制中应重点应对的问题。值得注意的是，随着风险传导中的风险流交互作用，风险的主次地位可能会发生变化，即原来的主要风险流可能变为次要风险流，而原来的次要风险流可能变为主要风险流。因此，对联动风险也应进行响应。

(3)扩展性

“路径依赖”是西方新制度经济学中的名词，指一个具有正反馈机制的体系，一旦在外部性偶然事件的影响下被系统所采纳，便会沿着一定的路径发展演进并形成一定的固有惯性，很难为其他潜在的甚至更优的路径或体系所取代。①

值得指出的是，云环境下的信息服务安全风险有可能凭借新的技术路径改变原有传导方式，进而进行风险的扩展性传导。由此可见，路径扩展是其中的重要影响因素之一。路径扩展作为风险传导的特征之一，可以概括为一定条件下的路径变化，对于信息安全风险传导来说，风险传导的启动决定路径变化，而路径变化又可能导致风险源中所蕴含风险的扩展释放，而对信息安全产生进一步的影响。信息风险传导系统的形成和运行循环是由许多因果链构成的，而这些因果链又受不同的风险源、风险事件、功能节点以及资源系统的影响。一方面，信息风险传导的过程中，正反馈机制的运行使整个风险传导系统影响扩大，从而放大了风险传导效应。另一方面，信息风险的传导路径一旦形成，其风险的演进、传导路径便会呈现相互依赖的特点，并且在传导中使风险影响进一步扩大。

虽然风险传导的路径具有一定的依赖性，但这种依赖也存在干扰和替代的可能性，因此可按每种风险不同的传导机制，对其实施相应的风险传导管控。

(4)动态性

在风险传导中，传导系统的整体作用由各子系统功能的融合来实现，这种融合能使整体传导功能增强，从而超出各子系统功能的各自发挥。如果把信息安全风险传导视为一个完整的系统过程的话，那么在云服务安全风险传导的过程中，风险流随着其所依附的传导功能节点性质的不同而发生质的改变，并由此形成不同的风险影响，而这些风险流会因为彼此节点间的关联而交互流动，沿着不同的传导路径蔓延。在传导过程中，这些风险流相互影响、相互作用，在时间序列上具有动态性。风险的叠加和倍增效应，使整个信息风险传导变得难以控制，其风险流流量急剧增加，进而导致整个风险影响的放大。另外，不同要素的风险在传导过程中的交互还会呈现出另一种风险形态，即传导后风险。在信息交互风险传导管控中，应通过安全管理流程，对节点的流动和传导、放大进行响应。

(5)不可逆性

可逆、不可逆是关于过程发生和影响的概念，一个物质系统从某一状态出发，经某一过程达到另一状态，如果存在另一过程，它能够使该系统和外界环境完全复原，则原来的过程为可逆过程。反之，如果用任何方法都不能使系统

① 胡翠萍. 企业财务风险传导机理研究[M]. 武汉：武汉大学出版社，2016：1-10.

和外界环境完全复原，则原来的过程为不可逆过程。对于云服务安全而言，如果事故发生后无法有效修复，则是不可逆过程；如果可以完全恢复并确保不会带来持续性影响，则是可逆过程。安全风险产生后，如果不实时识别和应对，必然导致安全系统的破坏，因而风险的影响是不可逆的。对此，可以从两个方面来解释：一方面，风险一经传导，便会使风险承受方的风险状态发生改变，外部环境和内部系统也会发生变化，而这一变化是无法完全复原的；另一方面，风险在服务链中传导，并蔓延到各流程和功能节点之中，使各节点的风险状态发生改变，这种风险传导所导致的风险状态的改变，也是无法完全复原的。事实上，正是因为不可逆过程的存在，才导致了风险的扩展和延伸。根据耗散结构理论，系统在远离平衡时，通过系统中的非线性作用可导致新结构的产生。显然，这些过程建立在不可逆的前提下，在于通过风险识别和控制形成新的防御体系。与此同时，信息安全风险的不确定性流动、传导一旦发生，将无法使状态完全恢复到风险发生之前，由此就提出了基于生态进化的信息资源安全风险识别和防范要求。

2.2.2 云风险传导对虚拟安全的影响

一方面，云计算环境下 IT 设施的规范性不断增强，虚拟化技术作为云计算按需分配资源的支撑技术，能够实现多租户环境下软件的增加和数据的共享，通过虚拟化云计算资源为用户提供可伸缩的建设和部署模式。因此，增强云计算服务安全，虚拟化安全保障是其关键的组成部分。另一方面，在虚拟化带来效益的同时，由于虚拟环境中的风险传导具有隐蔽性、潜在性和溯源上的障碍，风险传导的扩展效应和不可逆性会对虚拟化安全产生多方面影响。多租户环境下的云服务平台风险传导控制和安全保障的全面实施，面临着智能交互风险的威胁，因而需要进行安全保障机制的变革。进一步来说，增加云计算安全服务不仅仅是安全部署和系统运行安全问题，为适应其风险传导必须提出一个综合的云安全解决方法，不仅涉及必要的安全服务，而且必须应对交互中的风险传导。云计算环境下信息资源共享虚拟化安全的三个关键方面包括：

①必须加强云计算环境下信息资源网络应用程序的监管，防止网络应用程序包含恶意的软件传导，例如病毒、蠕虫、木马等威胁虚拟机的安全。特别是某些恶意软件可以伪装成合法软件或是隐藏自己的进程，逃避病毒扫描器或是打破检测系统的防护，从而破坏系统的完整性。网络防火墙技术主要是作用于物理网络连接的过滤机制，不能适用于大多数虚拟网络以及拓扑分享链接，可能遭受窃听攻击。很多程序是为了实现某种特定目标而设计的，缺乏隔离网络

应用程序的需求。此外，大多数的虚拟机隔离不能根据资源池安全监控的状态自适应调整。

②传统网络安全系统包括入侵检测系统、防火墙等需要被虚拟化部署在网络应用程序的执行环境中，现有的一些云服务商的硬件存在一些不足，部署安全系统的成本较高，而且不能适用于重复部署。为替代传统环境下的网络安全设备，虚拟安全设备已经成为新的方式并被快速封装和动态部署在分布式的IT 基础设施之中。虚拟安全设备很难在多个虚拟机共享的情况下达到最优性能，这个问题在部署网络入侵检测系统的过程中尤为突出。由于虚拟安全设备需要进行网络流量波动频繁的网络 I/O 操作，因此需要一种自适应机制处理虚拟化架构下固有的动态安全问题。

③基于风险传导应对策略的访问控制必须用于保护虚拟资源的安全，一些网络应用程序经常需要弹性大的计算能力，但是私有云中单独的资源池不能给大量用户提供足够的资源。因此为了实现特定的目标，需要基于多个资源池的合作，为了更好地访问其他的资源池，需要建立联合通信与授权机制。现有的混合云可以提供一个接口以访问其他的公有云，但不支持多个资源池联盟所引发的冲突问题的解决。

在虚拟化环境下云服务链中的信息资源共享的安全保障主要可以从三个方面进行：安全隔离、信任加载，以及监控与检测。随着虚拟化技术的发展，虚拟机被用于物理环境进行动态业务的逻辑隔离，虚拟化计算系统需要平衡和集成多种功能，如计算功能、应用效率的安全隔离。与此同时，来自网络的虚拟化攻击和系统漏洞时有发生，造成了用户信息安全方面的危险。虚拟化的创新来源于 IBM 早期通过分区隔离和利用虚拟机监视器技术创建的在相同的物理硬件、操作系统独立运行的虚拟机。在虚拟化环境中，虚拟隔离的安全保障是虚拟机相互独立运行，互不干扰，虚拟机的隔离程度是整个虚拟化平台安全保障的关键要素。①

目前主要的虚拟化安全隔离研究以 Xen 虚拟机监视器为基础，开源 Xen 虚拟机监视器依赖 VNO 对其他虚拟机进行管理，容易被攻击者利用来攻击内部或外部的虚拟机。针对 Xen 虚拟机监视器的安全漏洞，基于 Intel VT-d 技术的虚拟机安全隔离设计方案可以较好地实现 Xen 虚拟机监控器宿主机与虚拟

① Wen Y, Liu B, Wang H M. A safe virtual execution environment based on the local virtualization technology[J]. Computer Engineering & Science, 2008, 30(4): 1-4.

机之间的安全隔离。通过安全内存管理(SMM)和安全 I/O 管理(SIOM)两种手段可实现客户虚拟机内存和 VMO 内存之间的物理隔离。在 SMM 架构中，所有客户虚拟机的内存分配都由 SMM 负责。为了增加内存管理的安全性，SMM 在响应客户虚拟机内存分配请求的时候，利用 TPM 系统生成和分发虚拟机加密、解密的密钥，虚拟机通过加密分配虚拟机内存，SMM 辅助 Xen 虚拟机监控器的内存管理，如图 2-6 所示，为 Xen 虚拟机监控器在实际的安全隔离环境中的应用提供了较高的安全保障。① 此外，在硬件协助的安全 I/O 管理(SIOM)架构中，每个客户虚拟机的 I/O 访问请求都会通过虚拟机的 I/O 总线，只有通过 I/O 总线才能访问到物理的 I/O 设备，通过部署 I/O 控制器，使每个客户虚拟机都有虚拟专用的 I/O 设备，实现 I/O 操作的安全隔离。

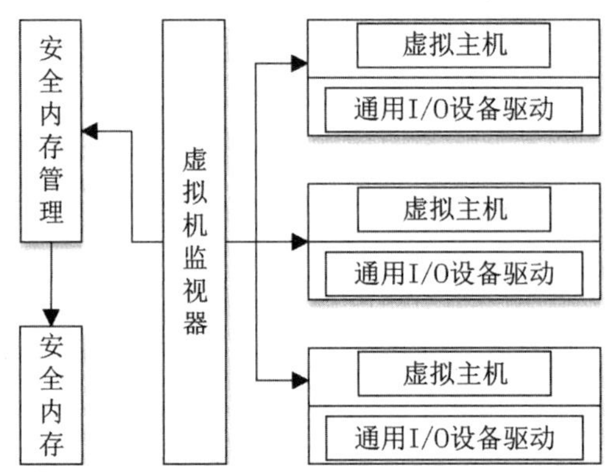

图 2-6 基于风险传导的虚拟机安全风险控制

对于云计算环境下信息资源虚拟化安全，可信加载是保障其虚拟化安全的重要组成部分，不可信系统产生的根本原因在于恶意软件和代码对系统完整性的破坏。因此，保障云计算环境下应用软件来源于可信方是十分重要的，完整性度量是一种证明提供方和来源可靠的方法，在虚拟化安全管理中同样可以采用完整性测量对用户应用程序和内核代码进行完整性测量。② 虚拟化的完整性

① 林昆，黄征. 基于 Intel VT-d 技术的虚拟机安全隔离研究[J]. 信息安全与通信保密，2011，9(5)：101-103.

② Azab A M, Ning P, Sezer E C, et al. HIMA：A hypervisor-based integrity measurement agent[C]// 2009 Annual Computer Security Applications Conference, Hawaii, USA：IEEE, 2009：461-470.

保护包括完整性度量和完整性验证，完整性度量主要是基于可信计算技术来实现；完整性验证则是通过远程验证方进行系统安全可信验证，对虚拟机进行完整性保护，提高整个信息资源虚拟化平台的安全性和可靠性。以上关于虚拟机安全风险控制的内容，虽然仅限于物理环境风险传导场景下的安全保障，然而其基本构架原理也适用于软件和服务的各个方面。

虚拟机安全监控是保护云计算环境下信息资源虚拟化安全的另一个有效手段，利用虚拟机监视器可以对设备的状态和攻击行为进行实时监控。云计算环境下的信息资源虚拟化安全保障不仅包括内存、磁盘、I/O 等纯粹的监控功能，还应该包括对于系统安全性的检测，如恶意攻击和入侵行为等。目前虚拟机安全监控的主流安全架构主要包括虚拟化内部监控和虚拟化外部监控。① 虚拟化内部监控通过将安全工具部署在隔离的安全域中，在目标虚拟机内部植入钩子函数，当钩子函数检测到威胁时，会主动通过虚拟机监视器中的跳转模块，将威胁信息传递给安全域，通过安全工具进行响应，从而保护虚拟机的安全。虚拟化外部监控同样是将安全工具部署在隔离的虚拟机中，不同的是虚拟化外部监控是通过监控点实现目标虚拟机和安全域之间的互通，监控点可以主动拦截威胁。通过虚拟化内部监控和外部监控，可以有效保障虚拟化平台的安全性。

云环境下信息安全风险传导是指风险源中释放的风险依附于风险载体，沿着利益链安全环节蔓延，从而影响服务的安全组织。从服务链组织关系、云服务网络架构、硬软件设施和分布信息资源结构上看，风险传导最易引发虚拟机安全问题，由此提出了云安全风险传导中的虚拟化安全应对要求。

2.3 云服务链信任安全风险与影响

云计算环境下的信息资源云服务链节点组织除了数字资源机构外，还包括

---

① Sharif M I, Lee W, Cui W, et al. Secure in-VM monitoring using hardware virtualization [C]// Proceedings of the 16th ACM Conference on Computer and Communications Security, Chicago, Illinois, USA: ACM, 2009: 477-487; Payne B D, Carbone M, Sharif M, et al. Lares: An architecture for secure active monitoring using virtualization [C]// 2008 IEEE Symposium on Security and Privacy(sp 2008), California, USA: IEEE, 2008: 233-247.

诸多网络资源信息提供者，由于节点组织都在云环境中，这就可能导致虚假信息或欺骗信息的传播。为了实现安全目标，服务提供方和用户之间，以及用户的社会化网络交互，往往通过彼此的信任来维护。从客观上看，如果出现信任风险，则有可能误伤他人，由此引发不可逆转的安全问题。基于这一认识，有必要对信任安全进行专门管控。

2.3.1 云服务链中的信任与信任风险

信任(Trust)研究可以追溯到很久以前，从最初的心理学领域开始，到如今的众多学科均有涉及。在经济社会不断发展的今天，信任理论也被逐渐运用到各行各业中。Marsh 主要对信任的形式化进行研究，在多 Agent 系统情景下解决信任与合作问题，为信任理论在计算机中的运用作出重要贡献。① 同时，Blaze 针对互联网中的网络安全，首次提出"信任管理"，并在分布式系统中运用具体运行机制。②

在服务链管理模式下，信任是组织协作的必要基础，服务链成员之间相互信任是共赢的前提，也是供应链健康发展必不可少的行为路径和治理机制。结合以往的研究，信任方面的研究成果较为丰富。Beth 等人建立了信任管理模型，该模型运用简单算术平均进行信任推导和综合计算。③ Josang 等人提出了主观逻辑的信任模型，运用证据、概念空间，以三元组(b, d, u)分析信任关系。④ Abdul-Rahman 等人综合信任与信誉，建立了分布式信任模型；在这里，信任是代理人以前的认知和经验，信誉则来源于其他代理人的观点和评价，据此计算得到一个信任值。⑤ 上述模型多运用数学分析方法来处理信任模型中的问题，无法正确识别非常规的非正常状况，而且对于恶意推荐的结果是不可信的。信任作为一种不确定性因素，具有风险性，对此可运用模糊理论来设定参

---

① Marsh S P. Formalising Trust as a computational concept[D]. Stirling: University of Stirling, 1999.

② Blaze M, Feigenbaum J, Lacy J. Decentralized trust management [C]//IEEE Symposium on Security & Privacy, IEEE Computer Society, 1996, 30(1): 164-173.

③ Beth T, Borcherding M, Klein B. Valuation of trust in open networks[C]//European Symposium on Research in Computer Security, Berlin, Heidelberg: Springer, 1994: 1-8.

④ Josang A. A logic for uncertain probabilities[J]. International Journal of Uncertainty, Fuzziness and Knowledge-Based Systems, 2001, 9(3): 279-311.

⑤ Abdulrahman A, Hailes S. A distributed trust model[EB/OL]. [2021-08-19]. http://www.nspw.org/2009/proceedings/1997/nspw1997-rahman.pdf.

与方的可信度。① 研究表明，将模糊推理方法运用于信任模型中是可行的，按照 Schmidt S 等人的研究理论，模糊推理过程分为三块：模糊化，模糊推理，反模糊。在得到判断结果的基础上，运用隶属函数得到对应的模糊集合，再通过数据计算得到参与方的可信度。随后，为解决数据稀少、信息不确定的问题，邓聚龙运用灰色系统理论研究信任机制。徐兰芳、张大圣等人也构建了主观信任模型，该模型基于灰色关联度计算参与方的综合信任值。②

在云计算环境下，用户的交互方式是开放的、分布式的，而不再是以往那种集中的、封闭的、可控的方式。互联网环境中的终端用户、服务运营商和数据拥有者，三者可描述为：用户，服务提供商集合，数据拥有者集合。刘亮、周德检建立了一种新型的信任评估模型，按照分类评价数据得到对服务的直接信任度，然后结合推荐信任在信任评估中的重要作用，得出最后的综合信任度。③ 胡春华、刘济波、刘建勋④提出了一种信任生成树的云服务组织方法，服务提供者与请求者的交互行为经演化后形成信任关系，形成基于信任的云服务集合，以使得恶意、虚假的服务被排除在信任生成树之外。方恩光、吴卿建立了一种基于证据理论的云计算信任模型：基于证据理论对信任及信任行为建立模型，由直接服务行为和间接第三方推荐形成信任，然后运用传递和聚合仿真方法，结果证明信任的不确定性能得到有效抑制。

以上研究表明，信任关系的建立存在风险，因而需要建立可信关系，避免非信任主体作为的影响。与此同时，如果信任关系确定不当，则会产生负面影响，因而需要进行信任风险识别与评估。

云计算环境下服务链信任模型有如下特点：

(1)信任的动态性

在云计算环境下，服务链单位若没有产生协作，信任还是会因各参与方的内在因素和外在因素而有所改变。不同于以往的研究，该模型将信任值看成一

---

① 唐文，陈钟. 基于模糊集合理论的主观信任管理模型研究[J]. 软件学报，2013，14(8)：1401-1408.

② 徐兰芳，张大圣，徐凤鸣. 基于灰色系统理论的主观信任模型[J]. 小型微型计算机系统，2007，28(5)：801-804.

③ Wang W，Li Z，Owens R，et al. Secure and efficient access to outsourced data[C]//Proceedings of the 2009 ACM workshop on Cloud computing security. Chicago，Illinois，USA：ACM，2009：55-66.

④ 胡春华，刘济波，刘建勋. 云计算环境下基于信任演化及集合的服务选择[J]. 通信学报，2011，32(7)：71-79.

成不变的，如此一来，服务链上的各个成员均能够为顾客提供更好的服务。

(2)信任的多重属性

以往的研究中，信任管理评估模型是基于评价者与被评价者两者之间的关系而构建的，围绕被评价一方的某一属性进行。因此，在云计算环境下的评估系统中，倘若不能有效地得到基于一个单位的某一特性的多种属性综合评估数据，那么得到评估主体的可信度也就无从谈起。所以，对服务链上的服务提供商的可信度评估要基于该提供商的综合评估数据。

(3)信任的多层次、多等级

在云计算环境下，由于复杂多样的需求问题，按照以前的方法围绕一个待测评方进行信任值评估是不可取的，因为随着环境的变化，信任值会发生动态变化。因此，在云计算大规模开放环境下，需要使用新的方法去解决多层级、多等级的信任问题。

按照云环境下关于服务链信任模型的研究介绍，可以构建信任评估模型，如图 2-7 所示。该模型主要围绕信任的描述、信任关系的评估和信任的进化(更新)进行设计。

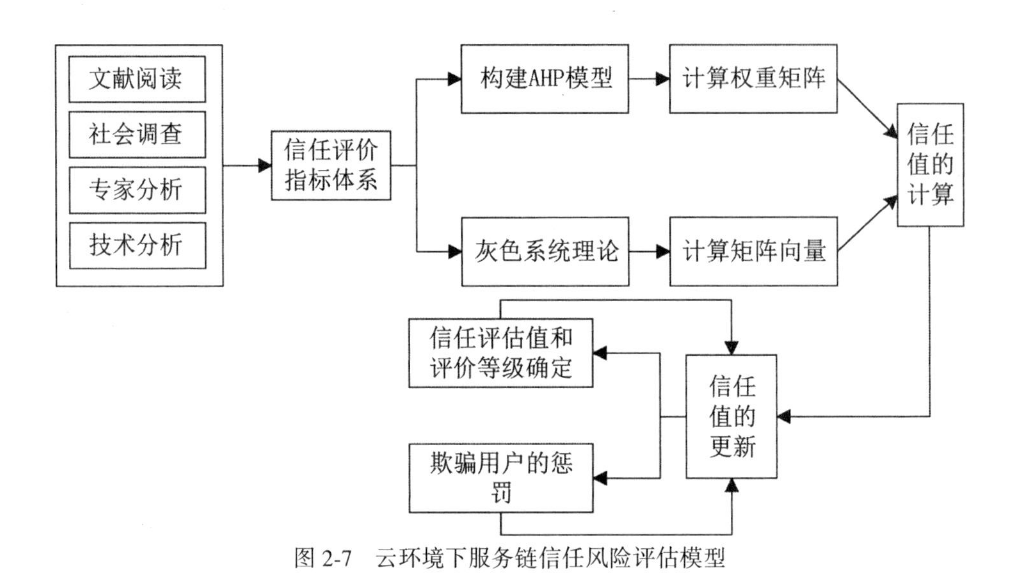

图 2-7 云环境下服务链信任风险评估模型

2.3.2 基于信任评价的风险影响分析

基于灰色 AHP(Analytic Hierarchy Process，层次分析法)的服务提供方信

任评估模型是对服务链节点实体的综合信任度进行评估。对服务链中的内容服务提供方的信任度进行综合评估，首先采用 AHP 计算行为信任证据的组合权重，然后利用灰色系统理论中的评估方法进行定性与定量的分析与比较。一般情况下，子证据的相对权重不会发生改变，但部分子证据的基础数值需要随着时间的积累才能计算出来。

云计算的特点就是按需提供服务，与云计算服务供应商的行为表现直接相关。供应商行为信任评估原则为“慢升”和“快降”，若云服务供应商之间的交互行为在合理范围内，则实体被认为是可信的，结果就是云服务平台将为供应商提供所需要的服务与支持。反过来，如果供应商之间出现了欺诈、失信等行为，则实体被认为是不可信的，云服务平台将停止对供应商的服务并按照惩罚策略对其进行相应的惩罚。如果供应商长时间不访问服务，则其信任值将趋向于初始信任值。

云环境下信息资源服务链节点组织信任安全风险评价遵循如下原则：

①“慢升”原则：即欺诈风险的预防，信任值的提升需要长期和频繁交易的积累，防止交易次数少的节点组织快速获取高信任度。

②“快降”原则：即欺诈风险的惩罚，通过快速降低对不信任的节点组织的信任度来达到惩罚的目的；信任随时间衰减，节点组织长期不进行交易，信任度趋向于起始信任度。

云计算环境下信息服务链中的各服务提供方都在云端，是“虚拟的”，服务提供方所提供的服务和内容的真实性无法得到有效保证。为改善信息资源云服务提供方之间的信任风险危机，针对传统信任模型的不足，以灰色系统理论为基础，将 AHP 与灰色评估法相结合，提出一种基于灰色 AHP 的信任风险评估模型。

(1)层次分析法应用

使用层次分析法进行信任安全风险评估，可分为四个步骤：

第一，明确要决策的问题，分析系统各个要素之间的关系，将各要素条理化、层次化，进而构建系统的递阶层次结构，其结构如图 2-8 所示。

第二，在递阶层次结构建立后，将同一层次的各元素关于上一个层次中某一准则的重要性进行两两比较，构造比较矩阵。

第三，由比较矩阵计算被比较元素对于该准则的相对权重。

第四，计算各层次元素对于系统目标的合成权重，并进行排序。

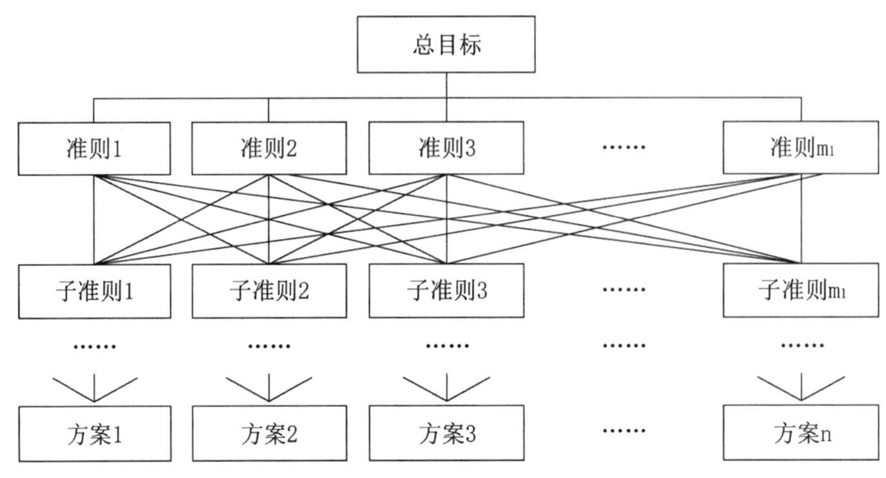

图 2-8　风险评估递阶层次结构

(2)灰色系统评估

灰色系统理论(Grey Theory)以“部分信息已知，部分信息未知”的“小样本”、不确定性系统为对象，通过对部分已知信息的生成、开发，提取有价值的信息，实现对系统运行行为、演化规律的正确描述和有效监控。如表 2-2 所示，该理论与概率论(Probability)研究“大样本不确定”数据，和模糊理论(Fuzzy Theory)研究“认知不确定”的不同之处在于，灰色系统理论的主要思想就是通过少量数据进行灰色生成，挖掘出少量数据中蕴藏的知识和规律。灰色系统理论体系是探索人工智能、求解不确定性问题的新的技术途径，对提高系统的智能化水平具有现实意义。①

表 2-2　灰色系统评估的逻辑关系

项目	灰色系统理论	概率论	模糊理论
内涵	小样本不确定	大样本不确定	认知不确定
基础	灰朦胧集	康托集	模糊集
依据	信息覆盖	概率分布	隶属度函数
手段	生成	统计	边界取值

① 冯建湘，唐嵘，高利. 灰色推理技术及其智能应用研究[J]. 计算机工程与科学，2006，28(3)：131-133.

续表

项目	灰色系统理论	概率论	模糊理论
特点	少数据	多数据	经验(数据)
要求	允许任意分布	要求典型分布	函数
目标	现实规律	历史统计规律	认知表达
思维方式	多角度	重复再现	外延量化
信息准则	最少信息	无限信息	经验信息

云计算环境下的服务链节点都在云中，其信任风险涉及大量不确定因素。待评价方的信任证据以推荐服务方信任证据为依据，通过灰色系统算法构建根矩阵向量，以得到待评价信任风险评估值。同时，结合云计算环境下信息资源用户需求的动态性特点，将内容服务方信任证据分成以下几个子类进行处理，以得出其信息风险值。

在云计算环境下，若干彼此依赖并能共同完成某个目标的任务就构成了服务流。服务流中主体的彼此信任是开展服务的基础，因而其信任风险评估主要体现在信息关系风险评估基础上，以此出发进行信任风险影响应对，并实现基于风险控制的信任安全保障。

在云计算环境下节点组织信任风险评价指标建立的问题上，结合云计算环境下的服务链构成，可引入两组云计算节点组织属性风险评价指标来衡量各节点提供的服务，并对数据进行规范化表示。通过对云计算环境下节点组织信任证据的分析，构建风险层次结构并确定各层次相应信任证据权值，评估依据则来源于推荐组织对待评价组织各信任证据的推荐信任值，利用灰色系统理论算法构建权矩阵向量，从而得到供应商所属灰类等级及供应商的信任评估值。信任评估值是随着服务的进行不断变化的，这里引入基于双滑动窗口的信任值更新和处理机制。首先构建时间校正函数，其次通过对窗口的初始化及确定大、小两个窗口的滑动条件，及时对信任风险进行更新处理。

2.4　基于事故树的云服务安全风险展示

由于云服务安全风险的多样性和复杂性，会有多种因素和路径导致安全事故的发生，而且安全因素之间的因果关系具有不确定性。为厘清云服务安全风险的形成机理，明确各类安全风险的影响因素、形成路径，拟采用事故树分析(Fault Tree Analysis，FTA)方法进行研究。

2.4.1 云服务安全风险事故树构建流程

事故树分析是一种演绎推理分析方法，以安全风险为对象，把可能导致该风险的各因素间的逻辑关系以树形图形式进行表示，进而通过对事故树的分析，确定安全风险的影响因素、风险形成路径、各因素在风险形成中的作用，从而为安全风险防控提供参考。该方法由美国贝尔电话研究所的 H.A.Watson 于 1961 年首先提出，并用于军事领域的安全风险分析。此后，哈斯尔(Hassle)等人对该方法进行了重大改进，并提出了计算机辅助分析方法。1974 年，美国原子能委员会应用该方法对核电站的安全风险进行分析，发布了《拉斯姆逊报告》，引起广泛关注。之后，该方法的应用逐步拓展至电子、电力、化工、交通、信息系统等领域，成为安全风险分析与评估的常用方法。

事故树构建是云服务安全风险分析最基础、最关键的环节，其完善程度直接影响最终分析结果的正确性，主要流程包括安全风险数据收集、顶事件确定、风险因素确定、事故树绘制、事故树简化五个环节，如图 2-9 所示。

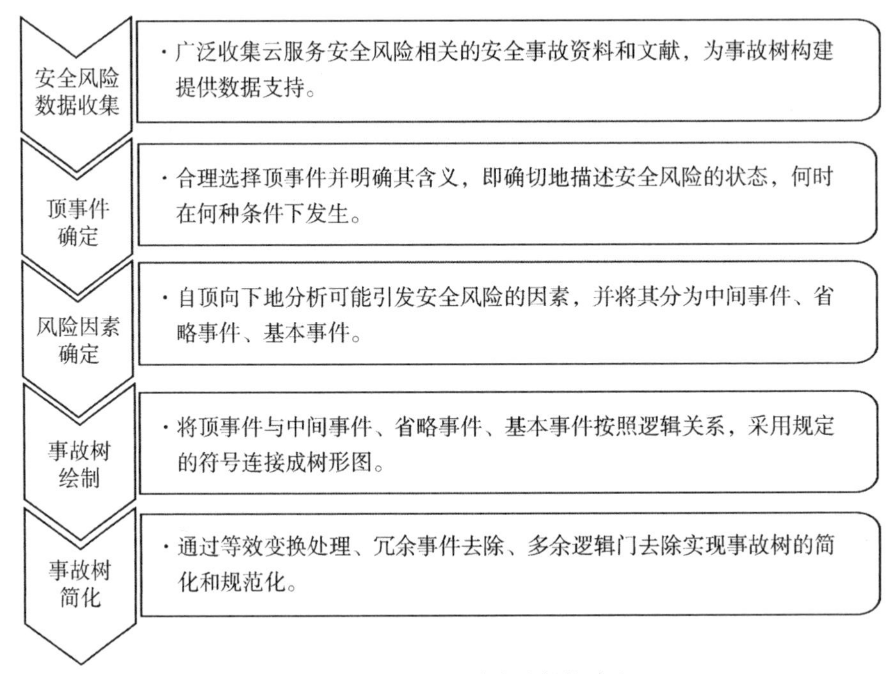

图 2-9 云服务安全风险事故树构建流程

①安全风险数据收集。广泛收集云服务安全风险相关的资料，可为事故树构建提供数据支持。资料收集范围包括所使用云服务以往发生的安全事故信息、同类型云服务曾发生的安全事故信息、国内外关于云服务安全风险的研究文献、云服务安全标准、云服务商及相关机构发布的安全报告等。

②顶事件确定。顶事件是指事故树构建中作为分析对象的安全风险。为避免事故树构建过于复杂，在顶事件选择中，可以结合既往安全事故的统计分析或专业人员的判断，优先选择发生频率高或者后果严重的安全风险作为顶事件，在有余力的前提下再对不太重要的安全风险进行分析。在分析过程中，必须要明确界定顶事件的含义，即确切地描述安全风险的状态，何时在何种条件下发生。

③风险因素确定。根据以往的事故数据分析或专业人员对安全风险的认知，自顶向下地分析可能引发安全风险的因素，如果某个安全风险因素是由其他因素引发的，且有必要对其引发因素进行进一步分析，则将其视为中间事件；如果没必要进行进一步分析，则将其视为省略事件；导致顶事件发生的最基本的、不能再往下分析的安全风险因素，则将其视为基本事件(或称为底事件)。在分析过程中，为避免所构建的事故树过于繁琐、庞大，需要合理确定安全风险因素分析的边界，即合理运用省略事件。

④事故树绘制。在完成分析的基础上，将顶事件与中间事件、省略事件、基本事件按照逻辑关系、采用规定的符号连接起来，就能够绘制出反映安全风险形成机理的事故树。此处的符号主要包括事件符号和逻辑门符号，前者用于表示不同类型的事件，后者用于表示关联事件的连接和逻辑关系，包括与门、或门、非门、条件与门、条件或门、限制门等。在编制过程中，必须要逐级进行，不允许层级跳跃，而且必须保持门的完整性，任何一个逻辑门都必须有输出，不允许门与门之间直接连接。

编制方法上，事故树既可以人工编制也可以计算机辅助编制，鉴于云服务的安全风险较为复杂，可以采用合成法(Synthetic Tree Method，STM)和判定表法(Decision Table，DT)等计算机辅助方式。

⑤事故树简化。初步绘制完成的事故树可能存在较多的冗余，不便于进行安全风险形成机理的分析。为此，可以遵循以下原则对其进行简化：首先，对逻辑门进行等效变换处理，将事故树变换为仅包含基本事件、结果事件以及与门、或门、非门三种逻辑门的规范化事故树；其次，去除明显的冗余事件，即将不经过逻辑门直接连接的事件去除，只保留基本事件或省略事件；最后，去

除明显多余的逻辑门，若相邻的两级逻辑门相同，则可以去除一级逻辑门和中间事件，从而减少逻辑门的层级。

2.4.2 云服务安全风险影响及形成路径分析

在完成事故树构建的基础上，可以按如下思路进行安全风险形成机理的分析：①云服务安全风险影响因素分析，一方面，事故树中的所有基本事件和省略事件均可以视为引发安全风险的基本因素；另一方面，若事故树中的中间事件本身也是云服务的安全风险时，可以直接将其视为影响因素，以反映风险之间的内在关联；②云服务安全风险形成路径分析，通过分析事故树的最小割集，可以得到云服务安全风险形成的多条最短路径，将每一条最短路径上的相关事件纳入进来，则可以得到云服务安全风险形成路径的全面认识；③云服务安全风险关键影响因素集合分析，通过分析事故树的最小径集，可以得到云服务安全风险不发生时的最小因素集合，进一步深化对云服务安全风险形成机理的认识。显然，云服务安全风险影响因素可以通过事故树中的基本事件、省略事件及中间事件直接获得，因此，进行云服务安全风险形成机理分析的关键是求解事故树的最小割集和最小径集。

(1)事故树最小割集求解方法

事故树中，能够引起顶事件发生的基本事件和省略事件的集合称为割集，也称截集或截止集。在事故树的所有割集中，凡不包含其他割集的，均称为最小割集。换言之，最小割集是去掉任意一个基本事件或省略事件后都无法引发顶事件的事件集合。求解最小割集时，如果事故树较为简单，则可以通过观察法直接求解；对于规模较大的事故树，则可以通过布尔代数法、行列法、矩阵法等算法进行自动求解，下面以布尔代数法为例进行求解过程说明。

一是事故树的布尔表达式构建。从顶事件开始，逐步用下一层事件的布尔表达式代替上一层事件，直至表达式中只有基本事件和省略事件时为止。

二是析取标准式转换。假设所构建的布尔表达式记为f，事故树中包含n个基本事件或省略事件，并将每一个基本事件、省略事件记为A_i($i=1$，2，3，…，n)，则可以将其转换为析取标准式，如下式所示。

$$f = \sum_{i=1}^{n} A_i$$

三是最简析取标准式转换。对所获得的析取标准式进一步处理，将其化简为最简析取标准式。所谓最简析取标准式，是指布尔项之和A_i中各项之间不存在包含关系的析取标准式。若最简析取标准式中含有 m 个最小项，则该云服务安全风险事故树有 m 个最小割集。

化简处理中，为提高处理效率，常用素数法、分离重复法进行处理。第一，素数法。首先，将每一个基本事件、省略事件用素数进行表示，并将每一个割集用所属事件的素数乘积进行表示；其次，按素数乘积大小，对所有割集进行排序，并将素数最小的割集视为最小割集，与该割集的素数乘积存在倍数关系的视为非最小割集；再次，剔除已确定的最小割集和非最小割集，并将剩余割集中素数乘积最小的视为最小割集，与其存在倍数关系的视为非最小割集；重复上述步骤，直至所有的割集均得到处理。第二，分离重复事件法。该方法的基本思路是，如果事故树中无重复的基本事件、省略事件，则其割集均为最小割集；如果存在重复的事件，则不含重复事件的割集为最小割集，包含重复事件的割集需要进一步化简处理。假设事故树中全部割集的集合为 N，包含重复事件的割集集合为 N_1，不含重复事件的割集集合为 N_2，全部最小割集为 N'，则求解步骤为：若不存在重复事件，则 $N'=N$；否则，将 N 分为 N_1 和 N_2，化简 N 为最小割集 N_1'，$N'=N_1'$。

(2)事故树最小径集求解方法

若一组基本事件、省略事件都不发生时，则事故树中的顶事件一定不会发生，则这组基本事件、省略事件称为径集，也称通集或路集。同一个事故树的多个径集中，不包含其他径集的，称为最小径集。换言之，最小径集是去掉任何一个事件后顶事件发生概率都大于 0 的径集。径集的求解方法主要包括布尔代数法和对偶法，下面以布尔代数法为例进行求解过程说明。

一是将事故树表示成布尔表达式，方法与基于布尔代数法的最小割集求解方法相同。

二是合取标准式转换。假设所构建的布尔表达式记为 f，事故树中包含 n 个基本事件或省略事件，并将每一个基本事件、省略事件记为 $A_i(i=1, 2, 3, \cdots, n)$，则可以将其转换为合取标准式，如下式所示。

$$f=\prod_{i=1}^{n} A_n$$

三是最简合取标准式转换。对所获得的合取标准式进一步处理，将其化简为最简合取标准式，其中最大项就是最小径集。若最简合取标准式中含有 m 个最大项，则该云服务安全风险事故树有 m 个最小径集。具体的处理过程与最小割集相似，不再详述。

2.4.3 基于事故树的云服务数据丢失安全风险展示

数据丢失是云服务中数据可用性风险的重要子类，一旦发生，将会对云服务用户造成重要影响，甚至可能导致业务中断。从形成机理上，引发该风险的因素较多，包括环境因素、硬件因素、软件因素、云服务商因素、用户自身因素、上游供应链因素等，因素之间的关系也比较复杂，导致风险形成路径认知困难。为此，拟采用事故树方法对其进行分析，系统、全面揭示云服务中数据丢失风险的形成机理。

为获得云服务中数据丢失风险的相关资料，从云服务中安全事故的报道、信息安全标准、相关研究文献三个方面进行综合收集，资料来源如表 2-3 所示。

表 2-3 云服务中数据丢失风险事故树构建相关资料

资料类型	资料来源
安全事故资讯	云计算数据丢失之殇：数据备份重于一切(https://baijiahao.baidu.com/s?id=1608065529596262784)
	从技术角度看腾讯云“数据丢失”事件(https://baijiahao.baidu.com/s?id=1608116078120468057)
	云计算危机四伏 数据丢失如何应对(http://www.west999.com/info/html/IDCzixun/xunizhuji/20180810/4466103.html)
	一场大火，让云计算巨头的数据中心化为灰烬(https://www.sohu.com/a/455410754_121033676)
信息安全标准	信息安全技术 大数据安全管理指南(GB/T 37973—2019)
	信息安全技术 信息安全风险评估实施指南(GB/T 31509—2015)
	信息技术 安全技术 信息安全风险管理(GB/T 31722—2015)
	信息安全技术 云计算服务安全指南(GB/T 31167—2014)
	信息安全技术 信息系统安全管理要求(GB/T 20269—2006)

续表

资料类型	资料来源
相关论文与著作	何思源，刘越男. 档案上云安全吗？——政务云环境中的档案安全风险分析[J]. 档案学研究，2021(3)：97-105.
	肖冬梅，孙蕾. 云环境中科学数据的安全风险及其治理对策[J]. 图书馆论坛，2021，41(2)：89-98.
	程慧平，金玲，程玉清. 云服务安全风险研究综述[J]. 情报杂志，2018，37(4)：128-134，200.
	陈驰，于晶，马红霞. 云计算安全[M]. 北京：中国工信出版集团，电子工业出版社，2020.

在获得相关资料的基础上，共分析得到了 1 个顶事件、14 个中间事件、29 个基本事件。之后，基于事件间的逻辑关系，进行了云服务中数据丢失风险事故树构建，如图 2-10 所示。

通过图 2-10 可知，云服务中引发数据丢失风险的直接原因是数据备份失效和系统数据丢失，而且只有当这两个条件同时发生时，才会造成数据丢失事故。通过对导致备份失效和系统数据丢失的原因进行层层分析，确定下来的基本风险要素包括数据无备份、备份周期/策略漏洞、备份中心数据丢失、软件故障、网络中断、传输数据丢失、数据写入错误、自然灾害、硬件老化、内部人员偷窃、外部人员偷窃、管理不当丢失、云服务商人员越权、云服务商权限滥用、云服务商人员操作不当、系统内部人员越权、系统内部权限滥用、系统内部人员操作不当、恶意的外部人员、恶意的内部人员、管理人员误操作、非法获取云平台权限、恶意代码攻击云平台、网络病毒入侵云平台、云平台植入电子逻辑炸弹、非法获取系统权限、恶意代码攻击系统、网络病毒侵入系统、系统植入电子逻辑炸弹 29 项。

通过对云服务中数据丢失风险事故树的最小割集分析可知，共有 78 条引发该风险的最短路径，如表 2-4 所示。

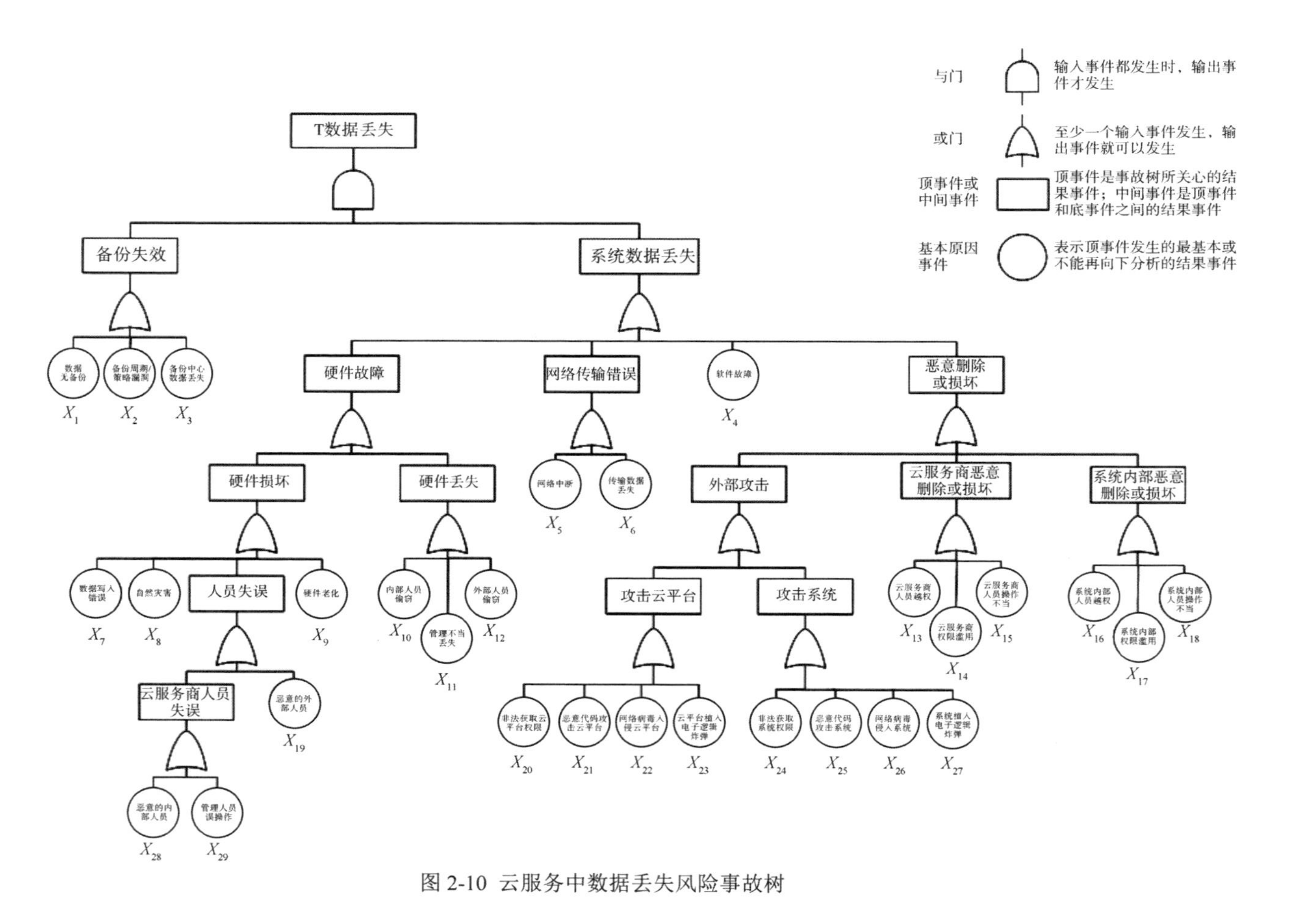

图 2-10 云服务中数据丢失风险事故树

表 2-4 云服务中数据丢失风险故障树最小割集列表

序号	最小割集	序号	最小割集	序号	最小割集
1	$\{X_1, X_4\}$	27	$\{X_2, X_4\}$	53	$\{X_3, X_4\}$
2	$\{X_1, X_5\}$	28	$\{X_2, X_5\}$	54	$\{X_3, X_5\}$
3	$\{X_1, X_6\}$	29	$\{X_2, X_6\}$	55	$\{X_3, X_6\}$
4	$\{X_1, X_7\}$	30	$\{X_2, X_7\}$	56	$\{X_3, X_7\}$
5	$\{X_1, X_8\}$	31	$\{X_2, X_8\}$	57	$\{X_3, X_8\}$
6	$\{X_1, X_9\}$	32	$\{X_2, X_9\}$	58	$\{X_3, X_9\}$
7	$\{X_1, X_{10}\}$	33	$\{X_2, X_{10}\}$	59	$\{X_3, X_{10}\}$
8	$\{X_1, X_{11}\}$	34	$\{X_2, X_{11}\}$	60	$\{X_3, X_{11}\}$
9	$\{X_1, X_{12}\}$	35	$\{X_2, X_{12}\}$	61	$\{X_3, X_{12}\}$
10	$\{X_1, X_{13}\}$	36	$\{X_2, X_{13}\}$	62	$\{X_3, X_{13}\}$
11	$\{X_1, X_{14}\}$	37	$\{X_2, X_{14}\}$	63	$\{X_3, X_{14}\}$
12	$\{X_1, X_{15}\}$	38	$\{X_2, X_{15}\}$	64	$\{X_3, X_{15}\}$
13	$\{X_1, X_{16}\}$	39	$\{X_2, X_{16}\}$	65	$\{X_3, X_{16}\}$
14	$\{X_1, X_{17}\}$	40	$\{X_2, X_{17}\}$	66	$\{X_3, X_{17}\}$
15	$\{X_1, X_{18}\}$	41	$\{X_2, X_{18}\}$	67	$\{X_3, X_{18}\}$
16	$\{X_1, X_{19}\}$	42	$\{X_2, X_{19}\}$	68	$\{X_3, X_{19}\}$
17	$\{X_1, X_{20}\}$	43	$\{X_2, X_{20}\}$	69	$\{X_3, X_{20}\}$
18	$\{X_1, X_{21}\}$	44	$\{X_2, X_{21}\}$	70	$\{X_3, X_{21}\}$
19	$\{X_1, X_{22}\}$	45	$\{X_2, X_{22}\}$	71	$\{X_3, X_{22}\}$
20	$\{X_1, X_{23}\}$	46	$\{X_2, X_{23}\}$	72	$\{X_3, X_{23}\}$
21	$\{X_1, X_{24}\}$	47	$\{X_2, X_{24}\}$	73	$\{X_3, X_{24}\}$
22	$\{X_1, X_{25}\}$	48	$\{X_2, X_{25}\}$	74	$\{X_3, X_{25}\}$
23	$\{X_1, X_{26}\}$	49	$\{X_2, X_{26}\}$	75	$\{X_3, X_{26}\}$
24	$\{X_1, X_{27}\}$	50	$\{X_2, X_{27}\}$	76	$\{X_3, X_{27}\}$
25	$\{X_1, X_{28}\}$	51	$\{X_2, X_{28}\}$	77	$\{X_3, X_{28}\}$
26	$\{X_1, X_{29}\}$	52	$\{X_2, X_{29}\}$	78	$\{X_3, X_{29}\}$

从顶事件出发，将包含相同逻辑门的风险进行路径合并，则可以得到如表2-5所示的 *X* 条典型路径。其中，第1条路径是备份失效路径，即数据无备份、备份周期/策略漏洞、备份中心数据丢失3项风险因素发生一项；其他 *X* 条路径是系统数据丢失的发生路径，如因网络中断或网络数据传输时数据包丢失，导致网络数据传输错误事件发生，进而引发系统数据丢失风险。

表2-5 云服务中数据丢失风险典型形成路径

序号	路 径
1	(无备份 or 备份周期/策略漏洞 or 数据中心数据丢失)→备份失效
2	(恶意的云服务商内部人员 or 云服务商管理人员误操作)→云服务商人员失误→硬件损坏→硬件故障→系统数据丢失
3	(内部人员偷窃 or 外部人员偷窃 or 管理不当丢失)→硬件丢失→硬件故障→系统数据丢失
4	(数据写入错误 or 自然灾害 or 硬件老化 or 恶意的外部人员)→硬件损坏→硬件故障→系统数据丢失
5	(网络中断 or 传输数据丢失)→网络传输错误→系统数据丢失
6	软件故障→系统数据丢失
7	(非法获取云平台权限 or 恶意代码攻击云平台 or 网络病毒入侵云平台 or 云平台植入电子逻辑炸弹)→攻击云平台→外部攻击→恶意删除或损坏→系统数据丢失
8	(非法获取系统权限 or 恶意代码攻击系统 or 网络病毒侵入系统 or 系统植入电子逻辑炸弹)→攻击系统→外部攻击→恶意删除或损坏→系统数据丢失
9	(云服务商人员越权 or 云服务商权限滥用 or 云服务商人员操作不当)→云服务商恶意删除或损坏→恶意删除或损坏→系统数据丢失
10	(系统内部人员越权 or 系统内部权限滥用 or 系统内部人员操作不当)→系统内部恶意删除或损坏→恶意删除或损坏→系统数据丢失

通过对故障树最小径集求解可知，云服务中数据丢失风险仅包含 2 个最小径集，分别为 $\{X_1, X_2, X_3\}$ 和 $\{X_4, X_5, X_6, X_7, X_8, X_9, X_{10}, X_{11}, X_{12}, X_{13}, X_{14}, X_{15}, X_{16}, X_{17}, X_{18}, X_{19}, X_{20}, X_{21}, X_{22}, X_{23}, X_{24}, X_{25}, X_{26}, X_{27}, X_{28}, X_{29}\}$。据此可知，为彻底消除云服务中的数据安全风险，必须做好数据备份工作，或者确保影响系统数据丢失的所有安全因素均不发生。

3 不完全信息条件下的云服务安全风险识别

云服务中的安全风险存在于服务链之中，包括网络虚拟空间风险、设施运行风险、信息资源风险和由此涉及的服务组织与利用风险，其风险产生既具有网络与服务链的脆弱性影响，又具有复杂因素的交互作用影响，呈现出复杂的交互结构。由于云服务运行中的信息不对称，因而需要在不完全信息条件下进行风险识别和针对风险的控制响应。

3.1 基于安全链的云服务安全风险识别机制

安全链是以人、环境、信息、物、技术、管理为要素体系，通过其与业务流程的有机结合，实现对特定要素风险的安全控制目标，① 这是一种以积极防御和全过程安全管理为核心的系统安全保障理论，在于以安全链构建为基础，进行系统性的安全风险识别，以实现服务过程安全目标。

3.1.1 云服务安全链节点构成与安全风险识别

云服务中，可以明确云服务安全的要素及业务流程，进而根据要素与流程、流程各环节之间的内在关联，构建全面覆盖网络信息资源采集、组织、存储、开发、共享、服务与用户等各个环节及方面的完整安全链，以便在风险管控上进行基于安全链的风险识别和响应。其结构模型如图 3-1 所示。

①基础环境安全风险识别。基础环境安全风险识别包括云平台所处的物理环境、硬件设备、虚拟化网络及其他基础服务的安全风险识别，与云服务商在

① 张向上. 海运危险品 6W 监管模型的研究与应用[J]. 中国安全科学学报，2017，27(3)：147-151.

IaaS 云服务模式下承担的安全保障范围相对应。显然，云平台的安全是基础，只有风险得到有效控制，其安全才能得到保障。另外，PaaS 和 SaaS 云服务以及架构于云平台之上的网络信息资源系统的安全，与网络虚拟化安全直接相对应，这是由于软件和数据、资源安全建立在虚拟安全基础之上，因而应强调网络接入的安全风险的同期识别和防范。

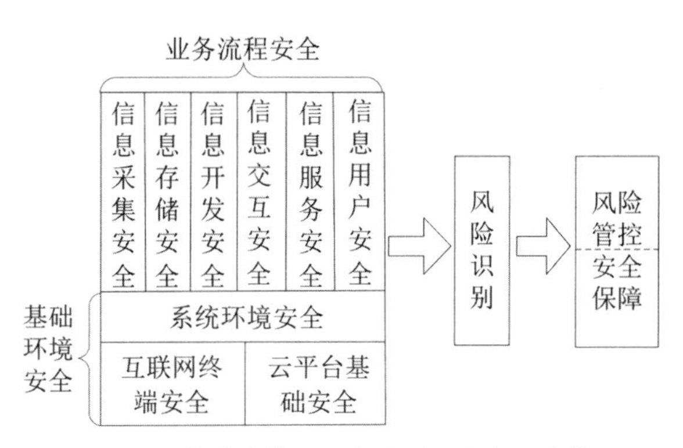

图 3-1　网络信息资源服务全过程安全风险模型

②互联网终端安全风险识别。其风险识别涉及网络信息资源系统接入模块，对于网络系统来说涉及互联网终端，因而需要部署相关安全措施。互联网终端安全需要保障的对象包括设备所处的物理环境、硬件设备，以及互联网终端运行的信息系统。其中，安全风险识别的重点是处于无人监控环境下的设备安全风险和应用环境风险。

③网络信息系统环境安全风险识别。系统环境安全风险主要包括部署于虚拟机的操作系统、基础软件和服务的安全，如数据库、应用程序开发运行环境等，显然这部分构成了网络信息资源及系统存储、运行的基础，其安全风险识别也是网络信息系统安全保障的重要环节。安全保障中，需要进行基于动态保障的网络信息系统逻辑边界安全监测和系统之间的通信安全风险识别。

④网络信息采集安全风险识别。互联网和大数据环境下，一些网络信息是通过自动采集的方式获取的，这就需要采取技术措施保障所采集信息的完整性、准确性和保密性。在保障中，需要关注数据完整性实时检测、数据准确性实时检测、数据安全传输监测等。这种情景性监测在于为安全风险的动态识别提供支持。

⑤网络信息存储安全风险识别。鉴于存储可分为动态存储和存储后的静态

保存，其安全保障也相应地需要分成两个环节，分别保障存储过程中网络信息资源的完整性、可用性和保密性。对此，应对存放于云平台上的数据库安全进行监测，通过风险管控确保其完整性、可用性和保密性不受到破坏。在这个环节，安全风险识别部署需要重点解决的问题包括海量数据完整性验证、可检索加密、数据安全传输检测等。

⑥网络信息开发安全风险识别。在安全链的这一环节，需要进行网络信息开发过程中的风险识别，其目的在于保障数据的完整性和可用性不受到破坏，同时还保障计算稳定性，即网络信息资源加工处理的有序进行。保障实施中，需要重点关注云环境下安全开发与利用机制、海量数据计算的完整性、信息资源跨系统安全共享等安全风险问题。

⑦网络信息交互安全风险识别。新一代信息技术环境下，信息价值的发挥离不开数据的交互流转，因此需要对该环节的安全风险予以有效识别。需要重点关注基于区块链的网络信息资源安全监管、大数据安全溯源、基于属性的访问控制、联邦机器学习、加密计算等方面的风险识别与控制。

⑧网络信息服务安全风险识别。这一环节的目标是既要保障网络信息资源服务的高可用性与完整性，也要保障不会因为服务的滥用对国家和社会造成安全威胁。安全风险识别中，需要重点关注海量数据计算完整性验证风险、网络信息资源安全传播控制风险、DDoS、服务负载均衡等问题。

⑨网络信息用户安全风险识别。网络信息服务的交互利用中，不可避免地会采集一些用户的个人信息，这些信息常常属于个人隐私的范畴，一旦出现安全事故，将影响用户的安全权益，因此应进行用户个人信息安全保障中的风险管控。保障实施中，需要基于用户信息的生命周期进行安全风险识别部署，使之全面涵盖各个环节，常用的安全技术包括采集环节的项目与精度控制、数据干扰、数据加密、访问控制与限制发布、可信删除等。

3.1.2 基于服务链的云安全风险识别流程

风险要素识别环节的目标是厘清影响安全风险的具体因素及其影响范围，以提供风险防范与应对支持，其具体内容包括两个方面：第一，结合现实情况，确定每类信息安全风险要素的具体内容，如具体的信息资产、信息资产所具有的脆弱性、面临的安全威胁、已经部署了的安全措施等；第二，在识别风险要素的基础上，对每个具体要素进行赋值，为后续的风险分析提供支持。其中，资产赋值中主要考虑的是其安全价值属性，即该资产的安全性遭到破坏后，可能引发的后果越严重，则其价值越高；威胁赋值主要考虑的是其出现概率，即若不采取有效措施，则该威胁未来转换为安全攻击的概率大小；脆弱性赋值主要考虑资产弱点的严重程度，即该弱点一旦被利用，资产的安全性可能遭受多大的破坏。

进一步地看，安全风险分析的核心任务是根据资产、安全威胁、脆弱性和安全措施四类要素，计算网络信息资源面临的安全风险值大小。根据四类要素的关联关系，安全风险分析的基本原理如图 3-2 所示。首先，结合安全要素识别及赋值分析结果，得到安全威胁出现频率、脆弱性严重程度及资产价值信息。在此过程中，需要考虑安全措施部署可能导致的威胁出现频率、脆弱性严重程度等方面的变化。其次，根据威胁出现频率和脆弱性严重程度预估安全事件发生的可能性，根据脆弱性严重程度和资源价值预估安全事件造成的损失大小。最后，根据安全事件发生的可能性和造成的损失预估，判断安全风险大小。

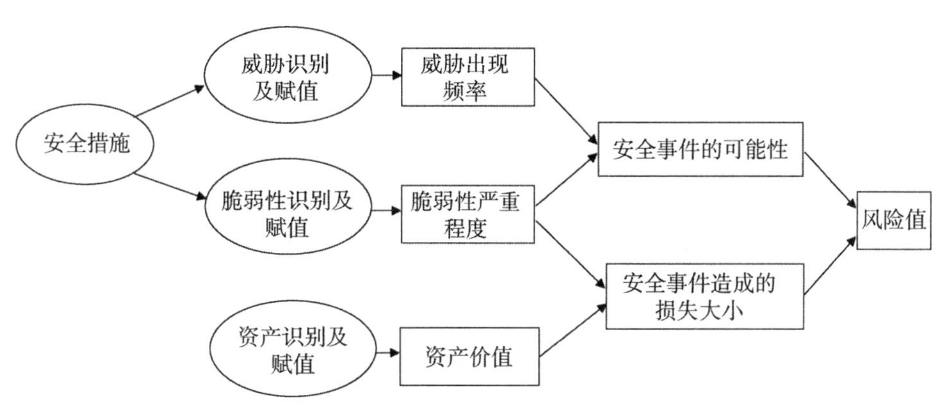

图 3-2　网络信息资源安全风险分析原理

(1)资产识别及重要性赋值

网络信息资源安全风险管理中，资产是指与网络信息资源运营主体拥有的网络信息资源，以及其安全相关的其他数据、软件、硬件、服务、人员等，其主要类型如图 3-3 所示。

云服务安全风险识别过程中，可将网络信息资源作为切入点，根据资产类型进行安全风险分析，界定清晰的资产边界。在识别资产的基础上，需要综合考虑资产在保密性、完整性和可用性三个维度上的安全风险，资产的安全价值赋值可分为五个等级，如表 3-1 所示。

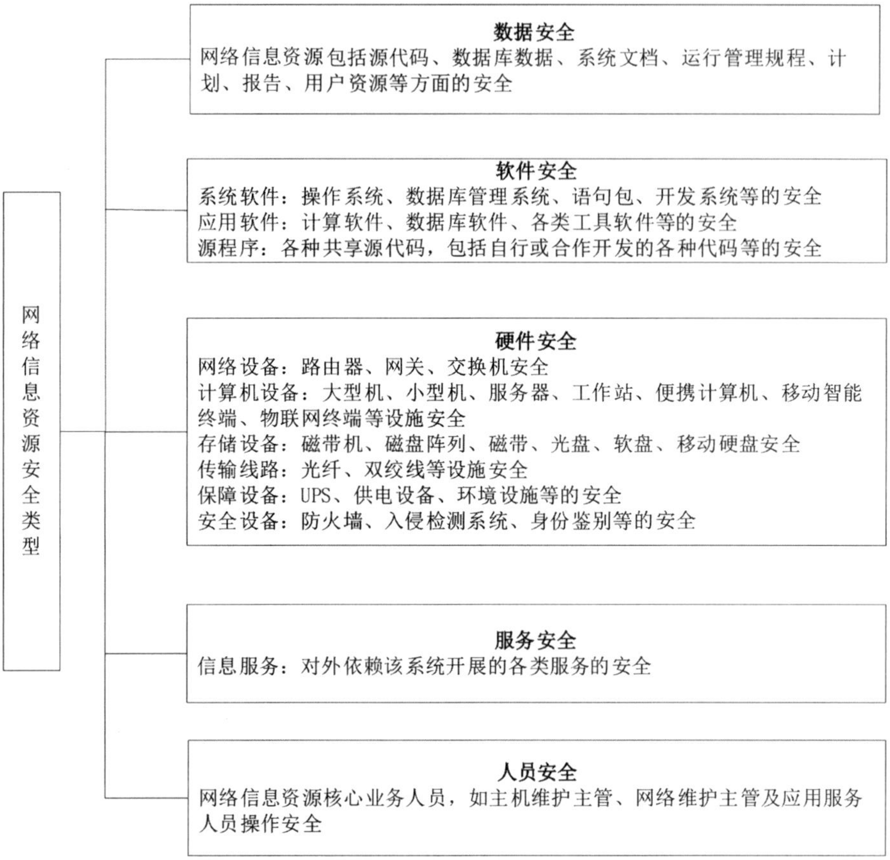

网络信息资源安全类型

数据安全
网络信息资源包括源代码、数据库数据、系统文档、运行管理规程、计划、报告、用户资源等方面的安全

软件安全
系统软件：操作系统、数据库管理系统、语句包、开发系统等的安全
应用软件：计算软件、数据库软件、各类工具软件等的安全
源程序：各种共享源代码，包括自行或合作开发的各种代码等的安全

硬件安全
网络设备：路由器、网关、交换机安全
计算机设备：大型机、小型机、服务器、工作站、便携计算机、移动智能终端、物联网终端等设施安全
存储设备：磁带机、磁盘阵列、磁带、光盘、软盘、移动硬盘安全
传输线路：光纤、双绞线等设施安全
保障设备：UPS、供电设备、环境设施等的安全
安全设备：防火墙、入侵检测系统、身份鉴别等的安全

服务安全
信息服务：对外依赖该系统开展的各类服务的安全

人员安全
网络信息资源核心业务人员，如主机维护主管、网络维护主管及应用服务人员操作安全

图 3-3　网络信息资源安全主体结构

表 3-1　资产等级及含义描述

等级	标识	描　述
5	很高	资产发生事故后可能造成非常严重的损失
4	高	资产发生事故后可能造成比较严重的损失
3	中等	资产发生事故后可能造成中等程度的损失
2	低	资产发生事故后可能造成较小的损失
1	很低	资产发生事故后可能造成很小的损失，甚至负面影响可以忽略不计

实施过程中，可以先按照表3-1对保密性、完整性、可用性分别赋值，按重要性从高到低分别赋值5、4、3、2、1。在此基础上可以采用取最大值法或者加权法确定资产的重要性权值。① 假设保密性、完整性、可用性的赋值分别为 V_{ac}、V_{ai}、V_{aa}，按照最大值法，其重要性取值为 $V_a = \max\{V_{ac}、V_{ai}、V_{aa}\}$；进一步假设保密性、完整性和可用性的权值分别为 W_{ac}，W_{ai}，$W_{aa}(W_{ac}+W_{ai}+W_{aa}=1)$，按照加权法，其重要性取值 $V_a = W_{ac}\times V_{ac}+W_{ai}\times V_{ai}+W_{aa}\times V_{aa}$，在此基础上可以进一步将其映射到相应的等级上。

(2)安全威胁识别及赋值

云服务面临的主要安全威胁存在于资源组织与服务链中的各环节，此处不再赘述。安全威胁识别的核心是合规进行安全风险数据采集和按安全等级的分析，结合具体情况，综合考虑安全威胁的不确定性、复杂性、长期性、远程性等属性，从中明晰各类资产面临的安全威胁。

在此基础上，根据未来可能发生的风险频率对安全威胁进行赋值。为便于操作，参照《信息安全技术 信息安全风险评估规范》(GB/T 20984—2007)中的方法根据未来可能发生风险的频率高低，将其分成如表3-2所示的五个等级。

表3-2 安全威胁赋值表

等级	标识	定　义
5	很高	平均每周发生至少1次；或大多数情况下都会发生；或既往实践中经常发生
4	高	平均每月发生1~4次；或多数情况下很有可能发生；或既往实践中多次发生
3	中等	平均每半年发生1~6次；或某种情况下可能发生；或既往实践中曾经发生过
2	低	具有一定的发生频率，但两次发生的平均间隔在半年以上；既往实践中未发生过
1	很低	发生概率几乎为零；既往实践中未发生过，且仅在非常罕见的情况下发生

在对安全威胁出现频率的判断中，可以综合评估者的经验、历史统计数据

① 汤永利，陈爱国，叶青，闫玺玺. 信息安全管理[M]. 北京：电子工业出版社，2017：78-80.

或外部统计数据进行判断：①近一两年内，信息服务机构通过检测工具或日志记录捕获到的攻击发生频率；②近一两年内，安全事件报告中该威胁出现的频率；③近一两年内，国际组织发布的信息安全报告中该威胁总体出现频次或在特定行业内的出现频次。

(3)脆弱性识别及安全分析

在安全等级基础上，可对云服务安全面临的主要脆弱性进行专门分析。由于脆弱性的隐蔽性较强，部分脆弱性难以在日常运行或测试中显现，因此系统、全面地识别脆弱性的难度较大。除了隐蔽性这个属性，还需要综合考虑脆弱性的敏感性、复杂性、潜伏性等相关属性。分析过程中，可以以资产为核心，结合脆弱性列表，逐项进行分析，也可以按照物理层、网络层、系统层、应用层等方面逐层推进；实施方法上，除了可以借助问卷调查、人工核查、文档查阅外，还可以采用检测工具、渗透性测试等技术方法。

在识别脆弱性的基础上，还需要采用等级方式对其影响程度进行赋值，如表3-3所示。同时，资产脆弱性程度还受安全管理脆弱性的影响，在赋值中对这一因素也要予以考虑。

表3-3　资产脆弱性严重程度赋值表

等级	标识	定　　义
5	很高	被威胁利用后将造成完全损害
4	高	被威胁利用后将造成重大损害
3	中等	被威胁利用后将造成一般损害
2	低	被威胁利用后将造成较小损害
1	很低	被威胁利用后将造成的损害可以忽略

(4)已部署的安全措施风险识别及有效性赋值

鉴于安全措施可以抵御安全威胁，部分或完全消除脆弱性，从而降低安全风险，与此同时，也可能会因为采用措施不当而引发新的安全风险，因此，在完成资产安全威胁和脆弱性识别基础上，还需要对已部署的安全措施进行系统性安全风险识别。在识别中，首先，需要针对资产风险来源分析已部署的安全措施以及安全措施的脆弱性；其次，分析安全措施的有效性。鉴于安全措施与安全威胁、脆弱性间可能是多对多的关系，在安全风险识别中，安全措施是通过脆弱性与安全威胁分析确定的，其中的安全措施风险不能忽视。故而，需要将安全措施脆弱性和安全威胁识别融为一个整体，以此分析已部署的安全措施的有效性。即对每一来源的安全威胁和资产脆弱性，在综合考量与其相关的安全措施风险的前提下，判断抵御安全威胁或消除脆弱性的风险程度，而无需针对每一个安全措施进行有效性评判。

此外，由于安全措施并不是绝对安全的，有可能会引发新的脆弱性，因此，在安全措施风险识别及分析中，需要同步判断其是否会引发新的脆弱性及其严重程度，并据此完善脆弱性识别及赋值分析结果。

3.2 基于矩阵法的云服务安全风险识别

在安全风险识别研究中已形成多种安全风险分析方法，如矩阵法、故障树、攻击树、Petri 网、云模型、博弈模型、粗糙集理论、层次分析法、贝叶斯网络、隐马尔可夫模型等。① 这些方法具有相应的应用场景。其中，矩阵法是应用较为普遍、发展较为成熟的方法之一，国际标准《信息技术—安全技术—信息安全风险管理》(ISO/IEC 27005—2018)和我国的国家标准《信息安全技术 信息安全风险评估规范》(GB/T 20984—2007)中均采用该方法进行安全风险值计算。

3.2.1 矩阵法应用与服务安全风险识别的基本构架

矩阵法适用于解决根据两个要素取值确定第三个要素取值的问题，利用该方法可以清晰展示要素的变化趋势，灵活性较强。实现思路上，首先根据两个要素的取值及关联关系确定二维矩阵；其次利用预先确定的函数关系确定行列交叉处的取值，即第三个要素的取值。

假设要素 x 取值为 $\{x_1, x_2, \cdots, x_i, \cdots, x_m\}$ (x_i 为正整数)，要素 y 取值为 $\{y_1, y_2, \cdots, y_j, \cdots, y_n\}$ (y_j 为正整数)，要素 z 的取值由函数 $f(x, y)$ 确定，则要素 z 可以通过矩阵法进行计算。首先，基于要素 x 和 y 的取值构建二维矩阵，如表 3-4 所示，矩阵的列取值为要素 x 的所有取值，行取值为要素 y 的所有取值；其次，根据 $f(x, y)$ 计算要素 z 的取值，并将矩阵内 $m \times n$ 个行列交叉点填充完整。

---

① 张炳，任家东，王苧. 网络安全风险评估分析方法研究综述[J]. 燕山大学学报，2020，44(3)：290-305.

对于 z_{ij} 的计算，可以采取以下计算公式：

$z_{ij}=x_i+y_j$；

或 $z_{ij}=x_i\times y_j$；

或 $z_{ij}=\alpha\times x_i+\beta\times y_j$，其中 α 和 β 为正常数。

表 3-4 矩阵构造

	y	y_1	y_2	…	y_j	…	y_n
x	x_1	z_{11}	z_{12}	…	z_{1j}	…	z_{1n}
	x_2	z_{21}	z_{22}	…	z_{2j}	…	z_{2n}
	…	…	…	…	…	…	…
	x_i	z_{i1}	z_{i2}	…	z_{ij}	…	z_{in}
	…	…	…	…	…	…	…
	x_m	z_{m1}	z_{m2}	…	z_{mj}	…	z_{mn}

z_{ij} 的计算需要根据实际情况确定，矩阵内 z_{ij} 值的计算不一定遵循统一的计算公式，但必须具有统一的增减趋势，即如果 f 是递增函数，z_{ij} 值应随着 x_i 与 y_j 的值递增，反之亦然。

在云服务组织中，由于资源安全风险的来源特征和脆弱性影响关系，决定了矩阵法在安全风险识别中的应用。云服务信息安全风险识别构架需要多次运用矩阵法才能获得最终的安全风险值。首先需要根据安全威胁、脆弱性和安全措施三个要素确定安全事件发生的可能性，其中安全威胁和脆弱性可以分别视为矩阵的行和列，但是在确定取值的时候，需要综合考虑安全措施部署后的影响；其次，根据资源、脆弱性和安全措施三个要素确定安全事件发生后的损失大小，其中矩阵的行和列分别为资源和脆弱性；最后，将安全事件发生的可能性和安全事件发生后的损失大小分别视为矩阵的行与列，进而计算安全风险值的大小。

3.2.2 安全事件可能性与损失矩阵构建

为保障安全事件可能性矩阵中每个元素都具有实际意义，需要先分析安全威胁与脆弱性之间的关系，获得有意义的(安全威胁，脆弱性)组合，即该安全威胁可以利用该脆弱性发起安全攻击；在此基础上，再利用矩阵法计算每一安全事件的可能性。基于前文建立的安全威胁与脆弱性列表，逐一分析与每一类安全威胁有关联的脆弱性，形成安全威胁与脆弱性对应关系表。

有了安全威胁与脆弱性对应关系表作依托，可以结合网络信息资源运营主体的实际情况，建立安全事件发生可能性矩阵。需要说明的是，在这一环节的安全威胁发生频率和脆弱性重要程度的赋值中，需要考虑安全措施的影响，即在既有安全措施的情况下每一类安全威胁依然会发生的频率和脆弱性依然可能造成的破坏程度。在此基础上，根据公式计算每一类安全事件发生的可能性；进而根据计算结果将其进一步离散化，划分为五个等级，以便于后续的总体安全风险值计算。

与安全风险矩阵类似，在安全事件损失矩阵构建之前，也需要先分析资源与脆弱性的关联，建立资源与脆弱性对应关系表，如表 3-5 所示。

表 3-5　云服务资源与脆弱性对应关系表

资源类型	脆　弱　性
硬件	受潮湿、灰尘、污染、灾害的影响，受温度变化的影响
	对电磁辐射的敏感、受电压波动的影响
	缺乏对建筑物、门、窗等的物理保护
	缺乏防护的存储
	维护不善、介质的错误维护、缺乏定期更换计划
	对废弃物处置缺乏关注
	不受控的复制
软件	软件缺陷、不可信的软件、不成熟或新的软件
	开发规范不清晰或不完整、缺乏技术文档
	Hypervisor 漏洞被利用、不受控的虚拟机
	缺乏源代码托管协议
	服务供应链存在的隐含依赖性
	缺乏审计痕迹
	错误的分配权限
	缺乏对注入攻击的防范
	缺乏有效的变更控制
	错误的参数设置
	广泛的分布式软件
	复杂的用户界面

续表

资源类型	脆　弱　性
网络	不安全的网络架构、单点失效等
	不受保护的公共网络连接
	错误的网络管理
	通信加密的脆弱性、不受保护的敏感信息的传送
	虚拟网络中的不充分控制
	使用弱的认证和授权方案
	缺乏保护的密码表、弱的密码管理、低熵随机数生成密钥
	缺乏会话劫持防范机制
	缺乏有效的变更控制
	不受控的下载和使用软件、缺乏证据的邮件发送和接收
	远程访问管理界面的漏洞
人员	人员缺乏安全意识
	缺乏监视机制、缺乏职责分离机制
	具备相关技术和管理知识储备的人员缺乏
	软硬件的不正确使用
	不充分或误配置的过滤资源
数据	缺乏对虚拟镜像的保护
	缺乏对加密数据的保护
	存在丢失数据的责任问题
	在介质的处置和再利用前没有正确地清除数据
	按时间点利用应用程序时导入错误数据
	对数据的非法访问
	云中的数据缺乏完整性监控
	无法充分使用数据
	数据的归档和传输过程的弱加密
	数据无法被完全删除

续表

资源类型	脆 弱 性
服务	启用不必要的服务
	服务等级协议条款冲突或协议中包含了过多的商业风险
	缺乏正式的用户注册和注销机制
	缺乏资源隔离机制、缺乏声誉隔离机制
	缺乏标准技术和标准解决方案
	证书方案不适用于云基础架构
	安全度量不可用
	缺乏访问权限评审过程(监督)、定期审计(监督)
	缺乏监视信息处理设施的程序
	与用户、员工、第三方的合同中缺乏关于安全的条款或条款不充分
	缺乏风险识别和评估
	缺乏对脆弱性评估过程的控制
	工作说明书中缺乏安全职责
	缺乏报告信息安全弱点的机制
	缺乏信息安全事件的记录处理过程
	缺乏正式的迁移计算机的方案
	缺乏对组织场所外设备的控制
	缺乏明确的信息安全违背监控机制
	不充分的服务维护响应
	缺乏取证准备
	缺乏保证知识产权的机制
	缺乏资产清单或清单不完整、不准确
	缺乏资产分类或分类不完整
	资产所有权不明确
	缺乏资源限制策略
	云服务商选择不当、缺乏云服务商冗余
	低劣的项目需求识别
	云服务商不遵守保密协议
	存在流量计费漏洞
	缺乏补丁管理或管理很差

安全事件损失矩阵构建中，在进行脆弱性严重程度赋值时，依然需要考虑既有安全措施的影响，进而根据公式计算安全事件发生后可能出现损失的大小，将计算结果进一步离散化，分成五个等级，以便于后续的总体安全风险值计算。

3.2.3 安全风险值计算及风险等级判断

在完成安全事件发生可能性矩阵和损失矩阵构建的基础上，可以进一步利用矩阵法进行安全风险值计算。计算过程中，只需要关注存在关联的(资源，脆弱性，安全威胁)三元组，避免要素过多，从而产生组合爆炸问题。同样地，为便于后续进行安全风险处置，也需要将计算结果进一步离散化成多个等级。

以下基于安全风险分析原理，具体说明使用矩阵法计算风险的过程。

(1)条件

假设有三类资源，分别记为R_1、R_2和R_3，其中资源R_1面临T_1和T_2两个重要威胁，R_2主要面临T_3这一安全威胁，R_3面临T_4和T_5两个重要威胁。安全威胁T_1可以利用资源R_1的V_1和V_2两个脆弱性；安全威胁T_2可以资源资源R_1的V_3、V_4和V_5三个脆弱性；安全威胁T_3可以利用资源资源R_2的V_6和V_7两个脆弱性；安全威胁T_4可以利用资源资源R_3的V_8这一脆弱性；安全威胁T_5可以利用资源资源R_3的V_9这一脆弱性。

变量赋值方面，资源R_1、R_2和R_3的价值分别为2、3和5；威胁$T_1 \sim T_5$的发生频率分别为2、1、2、4和4；脆弱性$V_1 \sim V_9$的严重程度权值分别为2、3、1、4、2、4、2、3和5。

(2)资源的风险值计算

利用矩阵法计算三类资源风险值的过程类似，下面以资源R_1为例对处理过程进行说明。

资源R_1主要面临T_1和T_2两个安全威胁，其中T_1可以利用资源R_1的两个脆弱性，T_2可以利用资源R_1的三个脆弱性，相对应地R_1存在5个风险值。各风险值计算过程类似，下面以三元组(R_1，T_1，V_1)为例，说明其对应的风险值计算过程。

①安全事件发生可能性计算

依据前面给定的条件，先构建安全事件发生可能性矩阵，如表3-6所示。

表 3-6　安全事件发生可能性矩阵

项目	脆弱性严重程度	1	2	3	4	5
威胁发生频率	1	2	4	7	11	14
	2	3	6	10	13	17
	3	5	9	12	16	20
	4	7	11	14	18	22
	5	8	12	17	20	25

之后，根据威胁 T_1 的发生频率为 2，脆弱性 V_1 的严重程度也为 2，可知其对应的安全事件可能性取值应为矩阵中 C_{22}单元格，由此可知其取值应为 6。

鉴于风险事件值计算中需要将安全事件发生可能性作为参数，为了构建风险矩阵，先对安全事件可能性取值进行等级划分，如表 3-7 所示。查表可知，安全事件可能性取值为 6 时，其对应的发生可能性等级为 2。

表 3-7　安全事件发生可能性等级划分

安全事件发生可能性值	1~5	6~11	12~16	17~21	22~25
安全事件发生可能性等级	1	2	3	4	5

②安全事件损失计算

为计算安全事件的损失，先需要构建对应的损失矩阵，如表 3-8 所示。

表 3-8　安全事件损失矩阵

项目	脆弱性严重程度	1	2	3	4	5
资源价值	1	2	4	6	10	13
	2	3	5	9	12	16
	3	4	7	11	15	20
	4	5	8	14	19	22
	5	6	10	16	21	25

根据前文给定条件，资源 R_1 的价值取值为 2，脆弱性 V_1 的取值也为 2，查表可知，其对应的安全事件损失值为 5。

鉴于风险事件值计算中需要将安全事件损失作为参数，为了构建风险矩阵，需要对安全事件损失取值进行等级划分，如表 3-9 所示。查表可知，安全事件损失取值为 5 时，其对应的发生可能性等级为 1。

表 3-9　安全事件损失等级划分

安全事件损失值	1~5	6~10	11~15	16~20	21~25
安全事件损失等级	1	2	3	4	5

③风险值计算

为计算风险值，先需要构建对应的损失矩阵，如表 3-10 所示。

表 3-10　风险矩阵

安全事件发生可能性	0	1	2	3	4	5
损失等级	1	3	6	9	12	16
	2	5	8	11	15	18
	3	6	9	13	17	21
	4	7	11	16	20	23
	5	9	14	20	23	25

根据前面计算结果，安全事件发生可能性和损失等级分别为 2 和 1，因此对照矩阵中的取值可知，安全事件的风险取值为 6。

重复上述过程，可以得到资源 R_1 的其他 4 个风险值，以及资源 R_2 和 R_3 对应的风险值，之后可以依据风险值进行风险等级判定。

(3)结果判定

假定风险等级划分方法如表 3-11 所示，风险值不大于 6 时，等级设定为 1；风险值位于区间[7，12]、[13，18]、[19，23]、[24，25]时，等级分别设定为 2、3、4 和 5。

表 3-11　风险等级划分

风险值	1～6	7～12	13～18	19～23	24～25
风险等级	1	2	3	4	5

按照上述方法，可以得到三类资源对应的各个风险值，并根据风险等级划分表，可以确定各方面风险的等级，如表 3-12 所示。

表 3-12　风险结果

资源	威胁	脆弱性	风险值	风险等级
资源 R_1	T_1	V_1	6	1
	T_1	V_2	8	2
	T_2	V_3	3	1
	T_2	V_4	9	2
	T_2	V_5	3	1
资源 R_2	T_3	V_6	11	2
	T_3	V_7	8	2
资源 R_3	T_4	V_8	20	4
	T_5	V_9	25	5

3.3　基于综合赋权法的云服务安全风险识别

在梳理信息系统脆弱性、威胁、资源关系的基础上，可利用系统动力学方法进行风险识别。风险识别包括两个环节，一是重要风险点赋权，由于信息系统的威胁时时存在，识别的主要目标是明晰当前最重要的威胁来源及其影响，即对威胁的重要性进行赋权，完成初步识别；二是将威胁的权值带入系统方程动力学进行模拟，观察威胁特性，对识别出的威胁及其相关的脆弱性进行具体的分析，为随后的风险管控提供依据。

3.3.1 风险点赋权方法的应用

威胁的权值，既是识别的依据，也是用来在系统中进行模拟的参数。赋权法可以分为两种，基于功能驱动的主观赋权法和基于差异驱动的客观赋权法，二者各有利弊，较为常用的做法是将两种方法统筹综合，确定最终权值。以下分别围绕方法的应用进行两种计算并统筹二者的综合赋权计算分析。

(1)基于功能驱动的赋权

基于功能驱动的赋权原理实际上是由专家评价一个要素相对于另一个要素的相对重要程度，以确定指标权重，其在自然资源合理并持续利用和环境安全性评价方面有较多运用,① 较多用于解决复杂系统问题的决策。应用较多的主观赋权法有层次分析法、G1 法等。层次分析法自 20 世纪 80 年代引入我国，在许多系统决策领域得到重要应用，优点是其计算过程简单易懂，在云服务安全风险识别中可以明确要素之间的作用关系；缺点是当要素过多时，一致性检验较难通过，且判断结果受标度选择影响。针对这一问题，王学军等提出了一种无需一致性检验，且不受标度选择影响的 G1 方法。② 鉴于此，在功能赋权中采用 G1 方法，方法应用步骤如下：

第一，确定指标排序。解析待评价的指标 x_1，x_2，x_3，…，x_m，进行赋权处理：

专家在所有评价指标$\{x_1, x_2, x_3, \cdots, x_m\}$中选出一个最重要的指标，记为 $x_1{}^*$；

专家在剩下的 $m-1$ 个指标中选出一个最重要的指标，记为 $x_2{}^*$；

专家在剩下的 $m-k-1$ 个指标中选出一个最重要的指标，记为 $x_k{}^*$；

循环这一选择过程，在选择了 $m-1$ 次后，最后一个指标记为 $x_m{}^*$。

排序完成，排序结果为$\{x_1{}^*, x_2{}^*, x_3{}^*, \cdots, x_m{}^*\}$。

第二，给出相邻指标的重要性之比。对于第一步的排序结果，很明显两个指标之间存在大于、等于的关系，即 x_{i-1} 比 x_i 重要或相等重要，“≥”表示两个指标之间的关系。记 w_{k-1} 为 x_{i-1} 的重要性，w_k 为 x_i 的重要性，r_k 为 x_{i-1} 和 x_i 的重

① 张彧瑞，马金珠，齐识. 人类活动和气候变化对石羊河流域水资源的影响——基于主客观综合赋权分析法[J]. 资源科学，2012，34(10)：1922-1928.

② 王学军，郭亚军. 基于 G1 法的判断矩阵的一致性分析[J]. 中国管理科学，2006，14(3)：65-70.

要性的比值，公式记为：$r_k=w_{k-1}/w_k$。按 r_k 的赋值使用比例标度，参考赋值如表 3-13 所示。

表 3-13 参考赋值表

r_k	含 义
1	指标 x_{k-1} 与 x_k 同等重要
1.2	指标 x_{k-1} 比 x_k 稍微重要
1.4	指标 x_{k-1} 比 x_k 明显重要
1.6	指标 x_{k-1} 比 x_k 强烈重要
1.8	指标 x_{k-1} 比 x_k 极端重要

第三，权重系数计算。若得到专家给出的理性 r_k 赋值，则 w_k 为：

$$w_k=\left(1+\sum_{k=2}^{m}\prod_{i=k}^{m}r_i\right)^{-1}$$

即对 r_i 的累乘结果进行累加运算，加 1 后取倒数，结果即为指标 x_k 的权重 w_k，反复运用该公式，即算出所有指标的权重。

(2)基于差异驱动的赋权

基于差异驱动原理的赋权法是一种客观赋值方法，指标权重的确认依据是考虑到指标的变异程度及对其他指标的影响，通过一个指标提供的信息量确认该指标的权重系数。基于差异驱动的客观赋权法包括熵权法、主成分分析法、变异系数法等。

熵是热力学的概念，是对系统无序程度的度量，在引入信息科学领域后得到了充分的应用。因为熵是无序的度量，信息是有序的度量，二者在绝对值相等的时候符号相反，当某指标值相差大，熵较小，则该指标提供的信息量较大，该指标的权重也应当较大。赋值的基本过程如下：

①计算 j 指标下 x_i 的特征比重：

$$p_{ij}=\frac{x_{ij}}{\sum_{i=1}^{n}x_{ij}}$$

式中，x_{ij} 为第 i 名专家对第 j 个指标的打分，分数大于等于零、小于等于 1。

②计算指标 j 熵值：

利用信息熵的公式进行计算，将 p_{ij} 代入公式：

$$e_j = -k \times \sum_{i=1}^{n} p_{ij} \text{In}\, p_{ij}$$

式中 $k>0$，$e_j>0$，$k = \frac{1}{\text{In}n}$。

③定义熵权 w_j：

指标 j 下的熵权 w_j 的计算公式为：

$$w = \frac{|1-e_j|}{9 - \sum_{j=1}^{n} e_j}$$

式中 $0<w_j<1$，w_j 为归一化的系数。反复运用这一公式，计算出所有指标的权重。

(3)综合赋权

基于功能驱动的赋权加入了专家个人意识，主观性较强，有时受随意性影响较大，基于差异驱动的赋权根据指标提供信息量的大小，更偏重于客观，但是缺乏风险管控决策者的主观信息。因此，综合赋权法考虑了二者的优点，同时体现了主、客观的权重，是一种较为全面的赋权法。运用综合赋权法计算第 j 项指标的权重 w_j 如下：

$$w_j = p_j \times k_1 + q_j \times k_2$$

式中的 p_j 是基于功能驱动赋权得出的指标 j 权值，q_j 是基于差异驱动赋权得出的指标 j 权值。k_1 和 k_2 为待定常数，且 $k_{1>}0$，$k_2>0$。此时系统的综合评价值为：

$$y_j = \sum_{j=1}^{m} w_j x_{ij} = \sum_{j=1}^{m} (p_j k_1 + q_j k_2) x_{ij}$$

综合赋权法要求 k_1、k_2 的取值可以使下式最大：

$$\sum_{j=1}^{n} y_j = \sum_{i=1}^{n} \sum_{j=1}^{m} (p_j k_1 + q_j k_2) x_{ij}$$

在满足 $k_1 + k_2 = 1$ 的条件下，应用拉格朗日极值原理，得到如下两式：

$$k_1 = \frac{\sum_{i=1}^{n} \sum_{j=1}^{m} p_j x_{ij}}{\sqrt{\left(\sum_{i=1}^{n} \sum_{j=1}^{m} p_j x_{ij}\right)^2 + \left(\sum_{i=1}^{n} \sum_{j=1}^{m} q_j x_{ij}\right)^2}}$$

$$k_2 = \frac{\sum_{i=1}^{n}\sum_{j=1}^{m} q_j x_{ij}}{\sqrt{\left(\sum_{i=1}^{n}\sum_{j=1}^{m} p_j x_{ij}\right)^2 + \left(\sum_{i=1}^{n}\sum_{j=1}^{m} q_j x_{ij}\right)^2}}$$

3.3.2 风险识别过程

云服务中最重要的资源是数据资源，因此应以数据资源的威胁为对象进行识别。对信息资源造成破坏的因素主要有 7 种：Web 站点入侵、拒绝服务攻击、未授权的操作、流量过载、窃取信息、资源滥用、通信服务故障。对此，笔者邀请了 10 名武汉某高校图书馆工作人员，对 7 种威胁进行打分，让其对自己认为的重要风险赋予高分。原始评分结果如表 3-14 所示。

表 3-14　系统威胁原始评分表

项目	通信服务故障	拒绝服务攻击	未授权的操作	流量过载	窃取信息	资源滥用	Web 站点入侵
A	0.2	0.3	0.5	0.4	0.3	0.2	0.4
B	0.3	0.4	0.5	0.4	0.2	0.2	0.3
C	0.4	0.3	0.3	0.4	0.5	0.4	0.4
D	0.5	0.4	0.4	0.3	0.4	0.3	0.4
E	0.4	0.5	0.6	0.4	0.5	0.4	0.4
F	0.4	0.3	0.6	0.4	0.4	0.5	0.3
G	0.3	0.4	0.5	0.5	0.4	0.3	0.4
H	0.4	0.3	0.4	0.4	0.3	0.3	0.4
I	0.3	0.4	0.3	0.3	0.3	0.4	0.2
J	0.4	0.4	0.3	0.3	0.4	0.4	0.3

(1) 基于 G1 方法的风险点赋权

根据专家意见，对风险指标进行排序。定义通信服务故障为 x_1、拒绝服务攻击为 x_2、未授权的操作为 x_3、流量过载为 x_4、窃取信息为 x_5、资源滥用为 x_6、Web 站点入侵为 x_7，$w_i(i=1, 2, \cdots, 7)$ 对应 7 种风险要素的权重。专家认为这 7 个脆弱性之间的重要性大小的排序为：

$$x_3>x_4>x_2>x_5>x_1>x_7>x_6=>x_1'>x_2'>x_3'>x_4'>x_5'>x_6'>x_7'$$

同时给出 $r_2=w_1'/w_2'=1.6$，$r_3=w_2'/w_3'=1.2$，$r_4=w_3'/w_4'=1.4$，$r_5=w_4'/w_5'=1.2$，$r_6=w_5'/w_6'=1.1$，$r_7=w_6'/w_7'=1.2$。

易得 $r_2\times r_3\times r_4\times r_5\times r_6\times r_7=4.258$，$r_3\times r_4\times r_5\times r_6\times r_7=2.661$，$r_4\times r_5\times r_6\times r_7=2.218$，$r_5\times r_6\times r_7=1.584$，$r_6\times r_7=1.32$，$r_7=1.2$。代入下式：

$$w_k=\left(1+\sum_{k=2}^{m}\prod_{i=k}^{m}r_i\right)^{-1}$$

得出 $w'_7=\left(1+\sum_{k=2}^{m}\prod_{i=k}^{m}r_i\right)^{-1}=1/(1+13.241)=0.07$。根据这一结果，按照公式 $w_{k-1}'=w_k*r_k$，计算其余指标，可得：

$w_6'=r_7\times w_7'=0.084$；

$w_5'=r_6'\times w_6'=0.092$；

$w_4'=r_5'\times w_5'=0.111$；

$w_3'=r_4'\times w_4'=0.155$；

$w_2'=r_3'\times w_3'=0.186$；

$w_1'=r_2'\times w_2'=0.298$。

因此主观 G1 赋权法下，通信服务故障的权重 $w_1=w_5'=0.092$，拒绝服务攻击的权重 $w_2=w_3'=0.155$，未授权的操作的权重 $w_3=w_1'=0.298$，流量过载的权重 $w_4=w_2'=0.186$，窃取信息的权重 $w_5=w_4'=0.111$，资源滥用的权重 $w_6=w_7'=0.07$，Web 站点入侵的权重 $w_7=w_6'=0.084$。

(2)基于信息熵方法的风险点赋权

依据前文所介绍的信息熵方法，在回收专家评分表的基础上，进行权重计算。首先，求出每一个威胁指标的平均得分，如表 3-15 所示。

表 3-15　威胁平均得分表

专家	通信服务故障	拒绝服务攻击	未授权的操作	流量过载	窃取信息	资源滥用	Web 站点入侵
A	0.2	0.3	0.5	0.4	0.3	0.2	0.4
B	0.3	0.4	0.5	0.4	0.2	0.2	0.3
C	0.4	0.3	0.3	0.4	0.5	0.4	0.4
D	0.5	0.4	0.4	0.3	0.4	0.3	0.4

续表

专家	通信服务故障	拒绝服务攻击	未授权的操作	流量过载	窃取信息	资源滥用	Web 站点入侵
E	0.4	0.5	0.6	0.4	0.5	0.4	0.4
F	0.4	0.3	0.6	0.4	0.4	0.5	0.3
G	0.3	0.4	0.5	0.5	0.4	0.3	0.4
H	0.4	0.3	0.4	0.4	0.3	0.3	0.4
I	0.3	0.4	0.3	0.3	0.3	0.4	0.2
J	0.4	0.4	0.3	0.3	0.4	0.4	0.3
$\sum x_{ij}$	3.6	3.7	4.4	3.8	3.7	3.4	3.5
$\frac{\sum x_{ij}}{j}$	0.36	0.37	0.44	0.38	0.37	0.34	0.35

利用上一步的结果，计算数据资源 7 个相关威胁的 $p_{(i,j)}$ 值。在此基础上，利用熵权公式，计算 7 个威胁的熵权 w_j，计算结果如表 3-16 所示。

表 3-16 基于信息熵的威胁权重表

项目	通信服务故障	拒绝服务攻击	未授权的操作	流量过载	窃取信息	资源滥用	Web 站点入侵
$p_{(i,j)}$	0.056	0.083	0.114	0.105	0.081	0.059	0.114
	0.083	0.111	0.114	0.105	0.054	0.059	0.086
	0.111	0.083	0.068	0.105	0.135	0.118	0.114
	0.139	0.111	0.091	0.079	0.108	0.088	0.114
	0.111	0.111	0.136	0.105	0.135	0.118	0.114
	0.111	0.083	0.136	0.105	0.108	0.118	0.086
	0.083	0.111	0.114	0.132	0.108	0.118	0.114
	0.111	0.139	0.091	0.132	0.081	0.088	0.114
	0.083	0.083	0.068	0.053	0.081	0.118	0.057
	0.111	0.083	0.068	0.079	0.108	0.118	0.086

续表

项目	通信服务故障	拒绝服务攻击	未授权的操作	流量过载	窃取信息	资源滥用	Web 站点入侵
e_j	0.989	0.993	0.986	0.988	0.987	0.987	0.991
w_j	0.141	0.090	0.177	0.153	0.168	0.164	0.108

(3)基于综合法的风险点赋权

至此，已完整算出 7 个威胁点的主观权重和客观权重。在此基础上，记 p_j 为威胁点的主观权重，q_j为威胁点的客观权重，将 p_j、q_j代入公式：$w_j = p_j \times k_1 + q_j \times k_2$，在 $k_1^2+k_2^2=1$ 的情况下，计算 k_1、k_2值，令 w_j最大。基于综合法的风险点赋权的公式，将 p_j、q_j分别代入：

$$k_1 = \frac{\sum_{i=1}^{n}\sum_{j=1}^{m} p_j x_{ij}}{\sqrt{\left(\sum_{i=1}^{n}\sum_{j=1}^{m} p_j x_{ij}\right)^2 + \left(\sum_{i=1}^{n}\sum_{j=1}^{m} q_j x_{ij}\right)^2}}$$

$$k_2 = \frac{\sum_{i=1}^{n}\sum_{j=1}^{m} q_j x_{ij}}{\sqrt{\left(\sum_{i=1}^{n}\sum_{j=1}^{m} p_j x_{ij}\right)^2 + \left(\sum_{i=1}^{n}\sum_{j=1}^{m} q_j x_{ij}\right)^2}}$$

求得，$k_1=0.5467$，$k_2=0.837$。利用已求出的两个值，确定每个威胁的最终权重，识别结果如表 3-17 所示。

表 3-17　威胁最终权重表

项目	通信服务故障	拒绝服务攻击	未授权的操作	流量过载	窃取信息	资源滥用	Web 站点入侵
q_j	0.141	0.090	0.177	0.153	0.168	0.164	0.108
p_j	0.092	0.155	0.298	0.186	0.111	0.07	0.084
w_j	0.168	0.160	0.311	0.230	0.201	0.176	0.136

因此，根据综合赋权法可以判定，数据风险的各个威胁的重要性排序为：未授权的操作>流量过载>窃取信息>通信服务故障>拒绝服务攻击>资源滥用>Web 站点入侵。可以理解为，人因风险将造成最大的问题，包括内外部人员

的误操作或蓄意破坏。其次是流量过载，会造成数据可用性破坏，用户无法获取信息。窃取信息威胁了系统中数据的知识产权，造成信息的非法使用。通信服务故障、拒绝服务攻击等分别从不同的角度破坏数据的完整性和可用性。

3.3.3 风险识别结果分析

将识别出的风险点和资源安全进行关联，利用系统动力学软件构建演化模型，展示识别的权重结果。在此基础上，可对风险运行结果进行模拟以考量重要的单因素作用，力求让识别结果更清晰。

按照风险因素关系，构建风险流程模型。以系统中的资源为核心，可以构建3个流程。本部分以数据资源为例，构建数据资源风险识别流程模型，如图3-4所示。

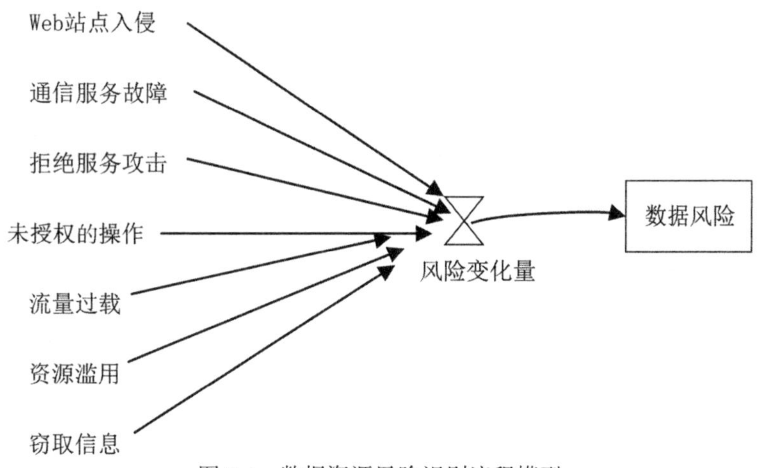

图3-4　数据资源风险识别流程模型

图3-4中，数据资源主要有7个方面的威胁，形成对数据资源的安全风险，如果没有及时的管控措施，这些威胁将随着时间推移进一步地破坏数据资源。因此，数据风险将在新一轮迭代中影响风险变化量，根据这一关系，在Vensim软件中可进行计算处置：

(01)　　FINAL TIME = 12

Units: Month

(02)　INITIAL TIME = 0

Units: Month

(03) TIME STEP=0.5

Units：Month

(04) Web 站点入侵=0.35、拒绝服务攻击=0.37、未授权的操作=0.44、流量过载=0.38、窃取信息=0.37、资源滥用=0.34、通信服务故障=0.36

(05) 数据风险= INTEG(风险变化量，0.1)

(06) 风险变化量=(Web 站点入侵×0.136+拒绝服务攻击×0.16+未授权的操作×0.311+流量过载×0.23+窃取信息×0.201+资源滥用×0.176+通信服务故障×0.168)×数据风险

考虑到云服务环境下，信息资源安全风险具有动态变化的特征，可在时间单位上以月度衡量，以半月为步长，评价一年内威胁对资源的影响趋势，数据资源风险仿真如图 3-5 所示。

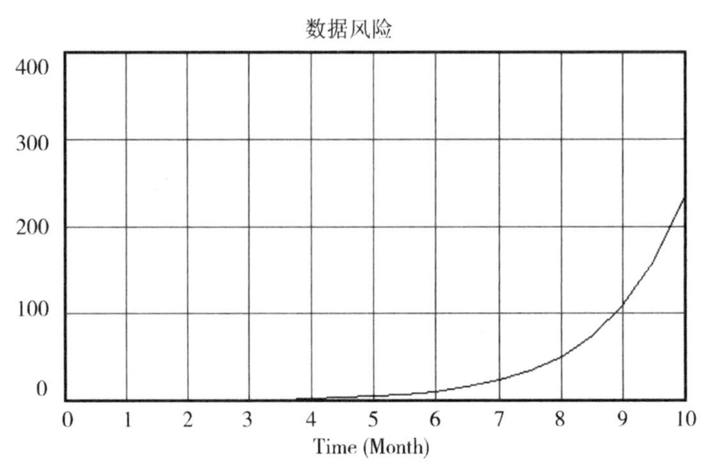

图 3-5 数据资源风险仿真图

可以看出，以半月为步长，即假定风险问题每半个月发生一次，在前两个月基本没有重大问题，系统数据方面的问题仍然可以接受，然而如果不及时治理，很容易发生所谓的破窗现象,① 资源的破坏程度会越来越大，且呈指数级

① Broken windows theory [EB/OL]. [2021-08-20]. https://en.wikipedia.org/wiki/Broken_windows_theory.

增长，之前遗留的问题将为后续的破坏行为留下问题和漏洞。本次模拟将风险初始值设为0.1，如果系统建成时既有较明显的漏洞，则问题的出现将更加快速，破坏力将更大。

根据识别结果，重点分析会带来破坏的威胁。根据之前的分析结果，识别出的威胁按照重要性降序排列为：未授权的操作、流量过载、窃取信息、通信服务故障、拒绝服务攻击、资源滥用、Web站点入侵。其排序和对数据安全性的影响如表3-18所示。

表3-18　威胁与数据资源安全要求对应表

威胁	重要性	数据保密性	数据完整性	数据可用性
未授权的操作	0.311	Ö	Ö	Ö
流量过载	0.23			Ö
窃取信息	0.201	Ö		
通信服务故障	0.168			Ö
拒绝服务攻击	0.16			Ö
资源滥用	0.176		Ö	Ö
Web站点入侵	0.136	Ö		Ö

未授权的操作是信息资源系统最重要的威胁，云信息系统是一个频繁调用访问的人机系统，严格的授权等级划分是保障数据的基础，外部未授权人员往往出于各种动机，如追逐利益或显示心理，对系统进行渗入及操控，破坏数据的保密性、完整性、可用性，窥探用户隐私，以及非法获取数据，侵害产权。另外，出于管理漏洞的内部用户越权误操作，虽然破坏力不如外部人员的大，但更不易被发现。

流量过载是指由于网络配置不当，内部防护工作欠缺等原因造成的网络流量过高。表现为网络流量产生不寻常的变化，并且可能涵盖多条链路或者路径导致某条链路或路径流量激增。也可能使IP地址的分布发生不同程度的改变,① 严重时会导致网络不可访问，服务器瘫痪。

① 左青云，陈鸣，王秀磊，刘波. 一种基于SDN的在线流量异常检测方法[J]. 西安电子科技大学学报，2015(1)：155-160.

窃取信息与未授权的操作有相似之处，都是由于一定的管理疏漏，导致内部或外部人员破坏了数据的保密性。不同之处是窃取信息有更大的目的性，造成的破坏更有隐蔽性和针对性，窃取的数据包括系统的业务数据，如所有分等级或付费才可获取的数据。

通信服务故障是由于系统硬件、软件及网络配置或服务未及时更新问题，导致系统通信服务失败，用户无法获取数据资源。通信服务是用户获取数据及信息服务的主要途径，通信问题要求在短时间内可以恢复。

拒绝服务攻击由于其操作简单、造成效果明显且难以追踪，已经成为一种最常见的网络攻击形式，其目的在于使系统无法提供资源或服务，① 而且攻击者可以利用网络上所有被控制的主机发动集中攻击，即分布式拒绝服务攻击。② 该攻击的影响较为严重，然而由于其较少发生在信息系统，故识别结果较靠后。

资源滥用多发生于内部人员的恶意行为，内部人员由于具有合法权限，其破坏行为有一定的隐蔽性，可以绕过入侵防护系统，对资源进行密级修改、越权读写等操作。③ 对于资源滥用需要从内部制定有效风险管理机制，针对内部人员进行异常行为识别和检测。

Web 站点入侵是较为频发的一种黑客入侵方式，多是利用系统漏洞来入侵系统，破坏行为包括对 Web 页面内容进行修改，将网页链接到虚假网站、广告网站，或窃取系统数据，等等。④ Web 页面访问是用户利用系统的重要方式，一旦 Web 站点遭遇入侵，在数据可用性遭到损害的同时也会损害组织形象，因此需要重点防护与注意。

在风险引发和响应中，威胁往往通过系统脆弱性造成破坏。因此在风险识别中需要根据风险引发机制，分析系统的脆弱性，针对脆弱性提出有效的安全管控方案。根据对系统风险相关因素的分析，重要威胁与脆弱性的对应关系，如表 3-19 所示。

---

① 陈秀真，李生红，凌屹东，李建华. 面向拒绝服务攻击的多标签 IP 返回追踪新方法[J]. 西安交通大学学报，2013，47(10)：13-17.

② Alomari E，Manickam S，Gupta B B，et al. Botnet-based distributed denial of service (DDoS) attacks on web servers：Classification and art[J]. International Journal of Computer Applications，2012，49(7)：24-32.

③ 王超，郭渊博，马建峰，张朝辉. 基于序列对比的资源滥用行为检测方法研究[C]//第四届中国计算机网络与信息安全学术会议(CCNIS2011)论文集，2011：1-7.

④ 温玉. Web 站点中的网络信息安全策略分析[D]. 保定：河北大学，2011.

表 3-19 重要威胁与脆弱性对应关系表

脆弱性	威胁
应用软件存在漏洞	未授权的操作、拒绝服务
无硬件访问控制	攻击、Web 站点入侵
无消息发送和接受证据	未授权的操作、通信服务
无软件使用控制	故障、资源滥用、流量过载、通信服务
无备份系统与设施	故障、拒绝服务
未使用防火墙	攻击、Web 站点入侵通信服务
未标识往来双方信息	故障、流量过载、通信服务
网络管理不当	故障、拒绝服务
通信未加密	攻击
数据访问控制缺失	未授权的操作、窃取信息、资源滥用
缺乏物理安全措施	未授权的操作、资源滥用
缺乏入侵检测软件	未授权的操作、通信服务
共享技术广播信息	故障
工作人员素质不高	未授权的操作、通信服务
工作人员缺乏法律意识	故障、Web 站点入侵
防火墙策略不当	未授权的操作、窃取信息、通信服务
操作系统存在漏洞	故障
不易辨认身份真伪	未授权的操作、窃取信息

从表 3-19 中可以看出，脆弱性可以为多种威胁提供便利，威胁可以通过多种脆弱性发挥破坏作用。威胁时时存在于系统内外部，难以根除，但是脆弱性可以通过一定的方法进行管理和控制，切断威胁发生的路径，保证信息系统安全。

影响安全的脆弱性可以归纳为两部分：管理脆弱性和技术脆弱性。技术脆弱性包括软件访问控制问题、软件漏洞、操作系统漏洞、硬件访问控制问题、信息交换过程控制问题、网络安全措施部署问题，等等；管理脆弱性集中在人员管理方面，主要包括员工的安全能力和员工的安全意识。因此，针对脆弱性部署的风险识别与管控方案应该针对技术和管理两方面问题，这两方面问题伴随信息系统数据风险的全过程，需要建立针对数字资源全流程的安全保障控制措施，对事前的访问控制、事中的应对和预警、事后的容灾与恢复建立全方位的深度防御系统，以层层深入的方式保障信息系统安全。

3.4 云服务安全风险识别中的多因素分析

在云服务安全风险识别中，各层面关联因素的影响决定了多因素分析方法的应用。对此，王丽丽针对用户云安全风险识别问题，进行了多因素的影响研究，从而构建了安全风险识别中的多因素分析模型。通过实证，该方法具有反映数据准确、分析结果清晰的特点，因而可以此为例进行面向云服务安全风险识别的应用归纳。

3.4.1 云服务隐私安全风险识别中的关联因素分析

根据“自然界事物是多因素体系，即复杂系统”①可知，信息资源云服务作为多因素构成的体系，具备复杂系统的本质特征。信息资源云服务安全风险识别应置于复杂系统的情境中进行，各影响因素之间必然存在着系统化和层次化的结构关系。DEMATEL 分析法是复杂系统影响因素分析的重要方法。该方法能有效地描述问题间的关联强度，揭示主要问题、次要问题。解释结构模型(ISM)可视为另一种复杂系统的分析模型，常用于划分复杂系统的层次结构。对于风险识别，DEMATEL 在揭示因素之间的逻辑关系、找出关键影响因素方面作用突出，但却无法有效地表述因素间的层次结构。对此，周德群②等人立足 DEMATEL 和 ISM 的共性和差异，进行了优化的复杂系统层次划分，即集成 DEMATEL/ISM 方法。集成 DEMATEL/ISM 方法既可以弥补 DEMATEL、ISM 单一应用的不足，又能够做到优势互补，可揭示因素间的关联性和层次化。关于 DEMATEL 与 ISM 的具体算法已存在清晰、成熟的说明和解释，因此，利用集成 DEMATEL/ISM 方法对信息资源云服务安全进行风险因素分析和识别具有

---

① 马费成，宋恩梅. 信息管理学基础[M]. 武汉：武汉大学出版社，2011：180.

② 周德群，章玲. 集成 DEMATEL/ISM 的复杂系统层次划分研究[J]. 管理科学学报，2008，11(2)：20-26.

可行性，其实施步骤如图 3-6 所示。

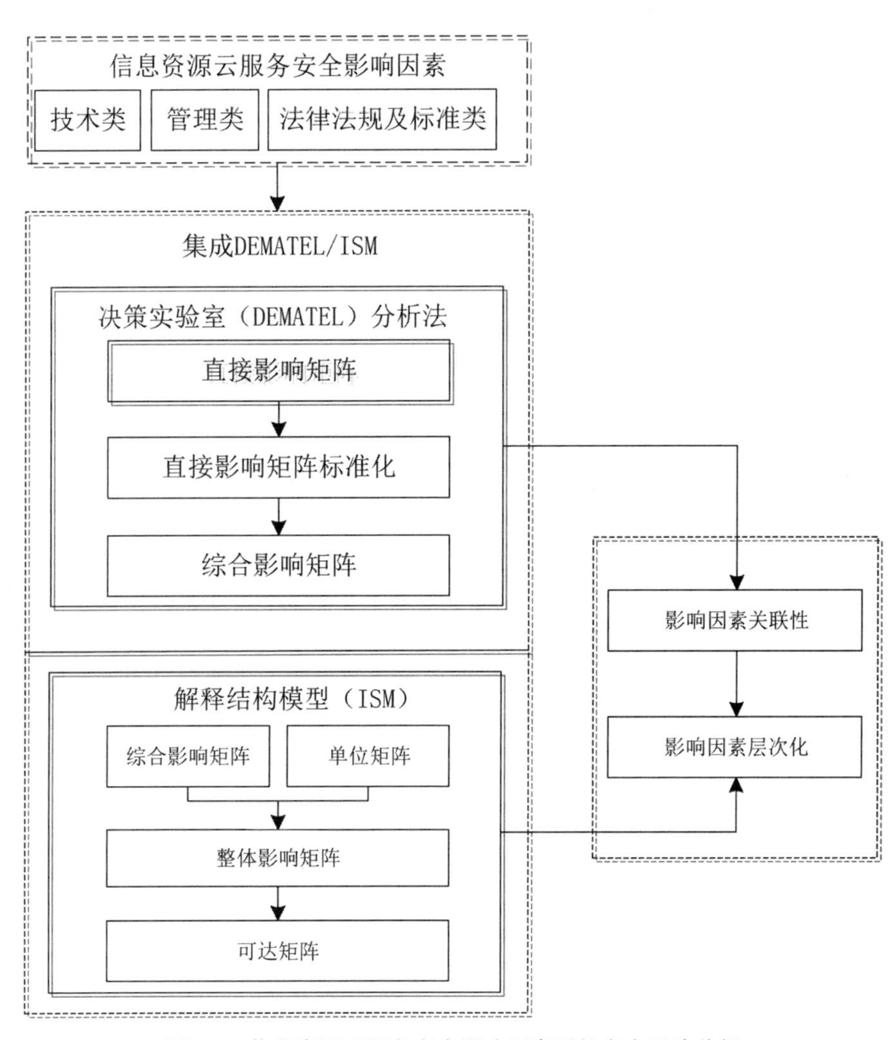

图 3-6　信息资源云服务安全影响因素下的安全风险分析

基于已建立的信息资源云服务安全风险识别中的因素指标体系，采用 0（无影响）、1（低影响）、2（中度影响）、3（较高影响）、4（非常高影响）的标度，以匿名调查的形式邀请领域专家、图书馆工作人员、计算机 IT 技术人员等与信息资源云服务应用领域密切相关的专业人员分别对信息资源云服务安全的技术类、管理类、法律法规及标准类影响因素的关系进行判定和打分。并在上述基础上，形成研究的初始数据集。

(1)技术类风险因素识别

在专家调研基础上得到信息资源云服务安全技术类风险因素的直接影响矩阵，如表 3-20 所示。

表 3-20 技术类风险因素的直接影响矩阵

因素＼因素	R_{11}	R_{12}	R_{13}	R_{14}	R_{15}	R_{16}	R_{17}	R_{18}	R_{19}
R_{11}	0	1.5	1.4	3.1	1.1	1.0	1.2	1.0	1.3
R_{12}	3.6	0	3.9	3.2	3.7	1.0	3.1	2.5	1.6
R_{13}	3.5	2.4	0	3.2	3.7	1.0	3.1	2.8	1.6
R_{14}	3.4	3.1	3.1	0	1.7	1.0	2.2	1.7	3.6
R_{15}	3.2	2.3	2.4	1.3	0	1.0	3.5	1.8	1.0
R_{16}	2.0	1.2	1.3	1.0	1.6	0	1.6	3.0	1.1
R_{17}	3.4	2.6	2.6	1.8	4.0	1.0	0	2.7	1.6
R_{18}	3.0	1.0	1.0	1.4	1.3	1.0	2.6	0	1.0
R_{19}	3.0	2.5	2.5	3.9	1.6	1.0	1.9	1.5	0

根据技术类风险因素的直接影响矩阵，依次计算得到综合影响矩阵(见表 3-21)、中心度和原因度(见表 3-22)以及因果关系图(见图 3-7)。综合表 3-22 以及图 3-7 可得，中心度的前五位依次为 R_{12} 身份认证、R_{13} 访问控制、R_{14} 外部恶意攻击、R_{17} 共享技术漏洞、R_{11} 数据丢失与泄露，这表明上述因素与其他因素的关联度较大，是信息资源云服务安全技术类中的关键影响因素。同时，从各项图表中可以看出，R_{12} 身份认证、R_{19} 不安全的接口、R_{16} 数据锁定、R_{13} 访问控制、R_{14} 外部恶意攻击、R_{17} 共享技术漏洞对其他因素影响较大，而 R_{11} 数据丢失与泄露、R_{18} 数据销毁/删除以及 R_{15} 数据隔离受其他因素影响最大。

表 3-21 技术类风险因素的综合影响矩阵

因素＼因素	R_{11}	R_{12}	R_{13}	R_{14}	R_{15}	R_{16}	R_{17}	R_{18}	R_{19}
R_{11}	0. 1764	0. 1794	0. 1859	0. 2496	0. 1749	0. 0975	0. 1811	0. 1549	0. 1489
R_{12}	0. 4505	0. 2225	0. 3768	0. 3643	0. 3779	0. 147	0. 3622	0. 304	0. 2341
R_{13}	0. 426	0. 2948	0. 2239	0. 3465	0. 3596	0. 14	0. 3452	0. 2994	0. 2229
R_{14}	0. 4091	0. 31	0. 327	0. 2318	0. 2832	0. 1354	0. 302	0. 2531	0. 2849
R_{15}	0. 354	0. 2476	0. 2646	0. 2359	0. 1863	0. 119	0. 3099	0. 2268	0. 166
R_{16}	0. 2517	0. 1652	0. 1779	0. 1751	0. 1931	0. 0607	0. 1982	0. 2282	0. 1359
R_{17}	0. 4001	0. 2843	0. 3002	0. 2828	0. 3533	0. 1325	0. 2186	0. 2816	0. 2072
R_{18}	0. 2829	0. 1589	0. 1676	0. 1891	0. 1821	0. 0978	0. 2277	0. 1158	0. 133
R_{19}	0. 3712	0. 2741	0. 2891	0. 3468	0. 2592	0. 1269	0. 2725	0. 2295	0. 1472

表 3-22 技术类风险因素的中心度和原因度

因素	影响度	被影响度	中心度	原因度
R_{11}	1. 5486	3. 1219	4. 6705	-1. 5733
R_{12}	2. 8393	2. 1368	4. 9761	0. 7025
R_{13}	2. 6583	2. 313	4. 9713	0. 3453
R_{14}	2. 5365	2. 4219	4. 9584	0. 1146
R_{15}	2. 1101	2. 3696	4. 4797	-0. 2595
R_{16}	1. 5860	1. 0568	2. 6428	0. 5292
R_{17}	2. 4606	2. 4174	4. 878	0. 0432
R_{18}	1. 5549	2. 0933	3. 6482	-0. 5384
R_{19}	2. 3165	1. 6801	3. 9966	0. 6364

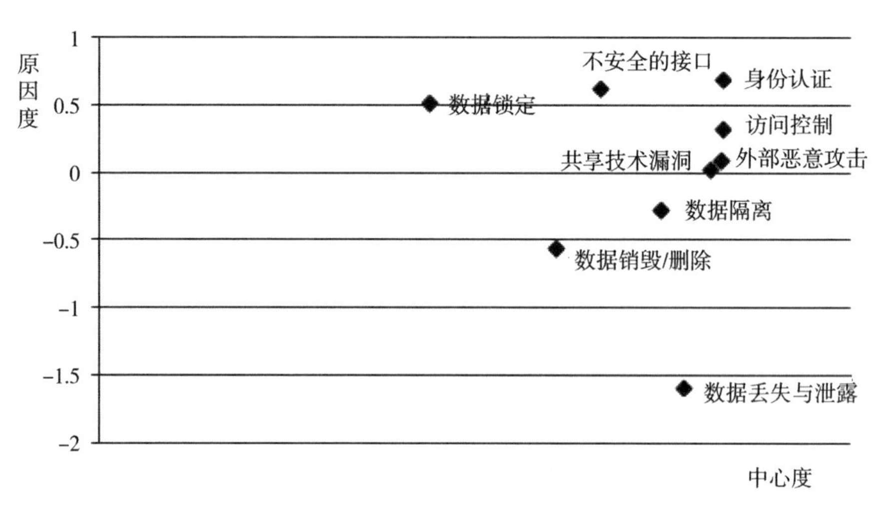

图 3-7 技术类风险因素的因果关系图

(2)管理类风险因素识别

信息资源云服务安全管理类风险因素的直接影响矩阵，如表 3-23 所示。

表 3-23 管理类风险因素的直接影响矩阵

因素＼因素	R_{21}	R_{22}	R_{23}	R_{24}	R_{25}	R_{26}	R_{27}	R_{28}
R_{21}	0	3.0	1.2	3.2	2.1	1.0	2.0	1.3
R_{22}	4.0	0	1.2	3.2	2.2	1.0	2.0	1.3
R_{23}	2.6	2.6	0	2.9	1.1	1.2	2.1	1.0
R_{24}	3.3	3.3	1.3	0	3.1	1.1	2.2	3.2
R_{25}	2.9	2.9	1.2	3.8	0	1.0	3.3	3.8
R_{26}	1.2	1.2	1.0	1.8	1.6	0	3.6	1.2
R_{27}	2.0	2.0	1.0	2.6	2.2	2.9	0	1.8
R_{28}	2.7	2.8	1.1	3.6	3.9	1.0	2.6	0

由表 3-23 计算所得的管理类风险因素的综合影响矩阵(见表 3-24)、中心度和原因度(见表 3-25)、因果关系图(见图 3-8)可知，R_{24}恶意的内部人员、

R_{25}可见性和控制问题、R_{22}用户身份管理风险和 R_{21}密钥管理风险、R_{28}不充分的尽职审查与其他因素的关联性最大，是信息资源云服务安全管理类的关键因素。在管理类的各项因素中，R_{23}操作失误、R_{28}不充分的尽职审查、R_{25}可见性和控制问题、R_{26}云服务被迫终止对其他因素影响较大，而 R_{21}密钥管理风险、R_{24}恶意的内部人员、R_{22}用户身份管理风险、R_{27}供应链失败受其他因素影响较大。

表 3-24　管理类风险因素的综合影响矩阵

因素＼因素	R_{21}	R_{22}	R_{23}	R_{24}	R_{25}	R_{26}	R_{27}	R_{28}
R_{21}	0. 3036	0. 4122	0. 1872	0. 4596	0. 3551	0. 1951	0. 3537	0. 2895
R_{22}	0. 4844	0. 3069	0. 196	0. 4811	0. 3756	0. 2042	0. 3705	0. 3035
R_{23}	0. 3977	0. 3829	0. 1274	0. 4314	0. 3009	0. 1976	0. 3442	0. 2618
R_{24}	0. 5133	0. 4945	0. 2239	0. 4113	0. 4618	0. 2348	0. 429	0. 4199
R_{25}	0. 5258	0. 5067	0. 2325	0. 5956	0. 3615	0. 248	0. 4959	0. 4666
R_{26}	0. 2992	0. 2882	0. 1555	0. 3471	0. 2891	0. 1317	0. 3758	0. 2447
R_{27}	0. 3901	0. 3758	0. 1817	0. 4417	0. 3648	0. 2776	0. 2798	0. 3135
R_{28}	0. 4988	0. 4841	0. 2196	0. 5669	0. 5000	0. 2361	0. 4527	0. 2990

表 3-25　管理类风险因素的中心度和原因度

因素	影响度	被影响度	中心度	原因度
R_{21}	2. 556	3. 4129	5. 9689	-0. 8569
R_{22}	2. 7222	3. 2513	5. 9735	-0. 5291
R_{23}	2. 4439	1. 5238	3. 9677	0. 9201
R_{24}	3. 1885	3. 7347	6. 9232	-0. 5462
R_{25}	3. 4326	3. 0088	6. 4414	0. 4238
R_{26}	2. 1313	1. 7251	3. 8564	0. 4062
R_{27}	2. 625	3. 1016	5. 7266	-0. 4766
R_{28}	3. 2572	2. 5985	5. 8557	0. 6587

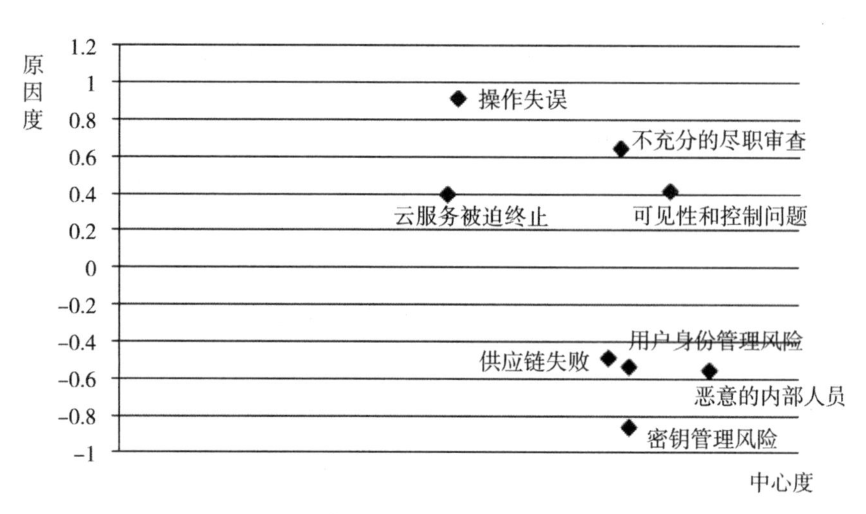

图 3-8 管理类风险因素的因果关系图

(3)法律法规及标准类风险因素识别

信息资源云服务安全法律法规及标准类风险因素的直接影响矩阵，如表3-26 所示。

表 3-26 法律法规及标准类风险因素的直接影响矩阵

因素＼因素	R_{31}	R_{32}	R_{33}	R_{34}	R_{35}	R_{36}
R_{31}	0	1.0	1.1	3.3	3.9	1.1
R_{32}	3.2	0	4.0	3.2	4.0	2.9
R_{33}	3.5	1.2	0	3.4	3.9	1.6
R_{34}	2.9	1.2	1.2	0	2.6	1.0
R_{35}	3.8	1.0	1.2	3.4	0	1.0
R_{36}	3.4	1.3	1.1	3.2	3.8	0

表 3-27 法律法规及标准类风险因素的综合影响矩阵

因素 \ 因素	R_{31}	R_{32}	R_{33}	R_{34}	R_{35}	R_{36}
R_{31}	0.234	0.1381	0.1672	0.3846	0.418	0.1553
R_{32}	0.5393	0.144	0.3767	0.5336	0.5886	0.3095
R_{33}	0.4633	0.1723	0.1407	0.4554	0.4901	0.2076
R_{34}	0.345	0.1379	0.1616	0.2056	0.3408	0.1419
R_{35}	0.4065	0.1382	0.1714	0.3885	0.2413	0.1511
R_{36}	0.4425	0.171	0.1912	0.4305	0.4688	0.1201

在直接影响矩阵(见表 3-26)基础上，计算得到法律法规及标准类风险因素的综合影响矩阵(见表 3-27)、中心度和原因度(见表 3-28)以及相应的因果关系图(见图 3-9)。综合各项结果可知，在法律法规及标准类的各项因素中，中心度大小依次为 R_{35}法规遵从、R_{31} PLA 支持、R_{34}传票/电子举证、R_{32}管辖权变更、R_{33}法律差异、R_{36}法律法规及标准缺失，中心度越大，表明该因素与其他因素的关联性越大，其关键影响因素主要集中在图 3-9 右端。其中，R_{32}管辖权变更、R_{36}法律法规及标准缺失、R_{33}法律差异为原因因素，对其他风险因素影响较大，而 R_{34}传票/电子举证、R_{35}法规遵从、R_{31} PLA 支持受其他因素影响较大。

表 3-28 法律法规及标准类风险因素的中心度和原因度

因素	影响度	被影响度	中心度	原因度
R_{31}	1.4972	2.4306	3.9278	-0.9334
R_{32}	2.4917	0.9015	3.3932	1.5902
R_{33}	1.9294	1.2088	3.1382	0.7206
R_{34}	1.3328	2.3982	3.731	-1.0654
R_{35}	1.497	2.5476	4.0446	-1.0506
R_{36}	1.8241	1.0855	2.9096	0.7386

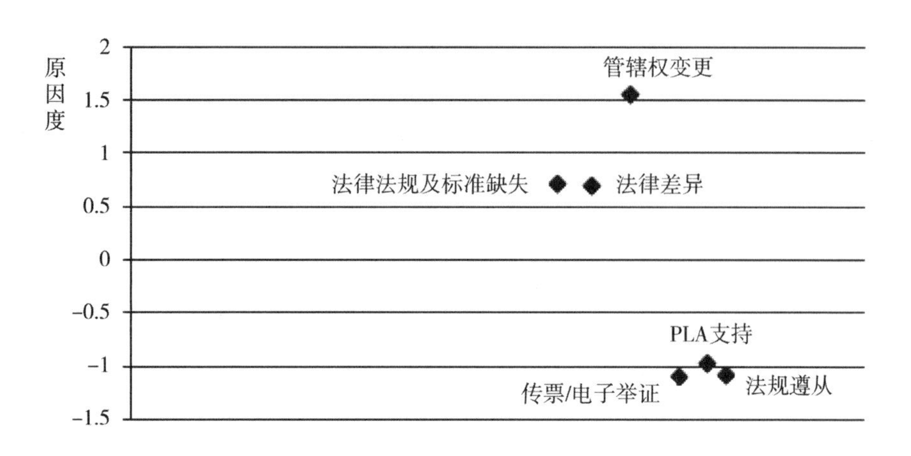

图 3-9 法律法规及标准类风险因素的因果关系图

3.4.2 信息资源云服务安全风险识别因素层次化分析

基于 DEMATEL 的综合影响矩阵，考虑各因素的影响来构建 ISM 的整体影响矩阵，然后，根据阈值 λ 和整体影响矩阵确定可达矩阵中的因素取值。可达矩阵中的因素取值为 0 或 1，若取值为 0，则表示两因素之间无相互影响关系；若取值为 1，则表示两者之间具有相互影响关系。在可达矩阵的基础上，验证对应因素是否满足下式，若成立则表示该因素为下层因素，以此类推，逐步建立多层递阶的因素层次结构。

$$R(S_i) \cap A(S_j) = R(S_i), \ (i = 1, 2, 3, \cdots, n)$$

式中，$R(S_i)$表示因素的可达集合，$A(S_j)$则表示因素的前项集合。

(1)技术类风险因素的层次结构

基于综合影响矩阵，得出技术类风险因素的整体影响矩阵，如表 3-29 所示，在多次验证之后最终确定阈值 $\lambda=0.35$，获得相应的可达矩阵，如表 3-30 所示。

表 3-29 技术类风险因素的整体影响矩阵

因素＼因素	R_{11}	R_{12}	R_{13}	R_{14}	R_{15}	R_{16}	R_{17}	R_{18}	R_{19}
R_{11}	1. 1764	0. 1794	0. 1859	0. 2496	0. 1749	0. 0975	0. 1811	0. 1549	0. 1489
R_{12}	0. 4505	1. 2225	0. 3768	0. 3643	0. 3779	0. 147	0. 3622	0. 304	0. 2341
R_{13}	0. 426	0. 2948	1. 2239	0. 3465	0. 3596	0. 14	0. 3452	0. 2994	0. 2229
R_{14}	0. 4091	0. 31	0. 327	1. 2318	0. 2832	0. 1354	0. 302	0. 2531	0. 2849
R_{15}	0. 354	0. 2476	0. 2646	0. 2359	1. 1863	0. 119	0. 3099	0. 2268	0. 166
R_{16}	0. 2517	0. 1652	0. 1779	0. 1751	0. 1931	1. 0607	0. 1982	0. 2282	0. 1359
R_{17}	0. 4001	0. 2843	0. 3002	0. 2828	0. 3533	0. 1325	1. 2186	0. 2816	0. 2072
R_{18}	0. 2829	0. 1589	0. 1676	0. 1891	0. 1821	0. 0978	0. 2277	1. 1158	0. 133
R_{19}	0. 3712	0. 2741	0. 2891	0. 3468	0. 2592	0. 1269	0. 2725	0. 2295	1. 1472

表 3-30 技术类风险因素的可达矩阵

因素＼因素	R_{11}	R_{12}	R_{13}	R_{14}	R_{15}	R_{16}	R_{17}	R_{18}	R_{19}
R_{11}	1	0	0	0	0	0	0	0	0
R_{12}	1	1	1	1	1	0	1	0	0
R_{13}	1	0	1	0	1	0	0	0	0
R_{14}	1	0	0	1	0	0	0	0	0
R_{15}	1	0	0	0	1	0	0	0	0
R_{16}	0	0	0	0	0	1	0	0	0
R_{17}	1	0	0	0	1	0	1	0	0
R_{18}	0	0	0	0	0	0	0	1	0
R_{19}	1	0	0	0	0	0	0	0	1

在可达矩阵的基础上，可得出信息资源云服务技术类风险因素的层级结构图，如图 3-10 所示。从图中可以看到，表层因素是 R_{11} 数据丢失与泄露、R_{16} 数据锁定、R_{18} 数据销毁/删除；中层因素为 R_{14} 外部恶意攻击、R_{15} 数据隔离、R_{19} 不安全的接口；深层因素为 R_{13} 访问控制、R_{17} 共享技术漏洞；根源层因素为 R_{12} 身份认证。

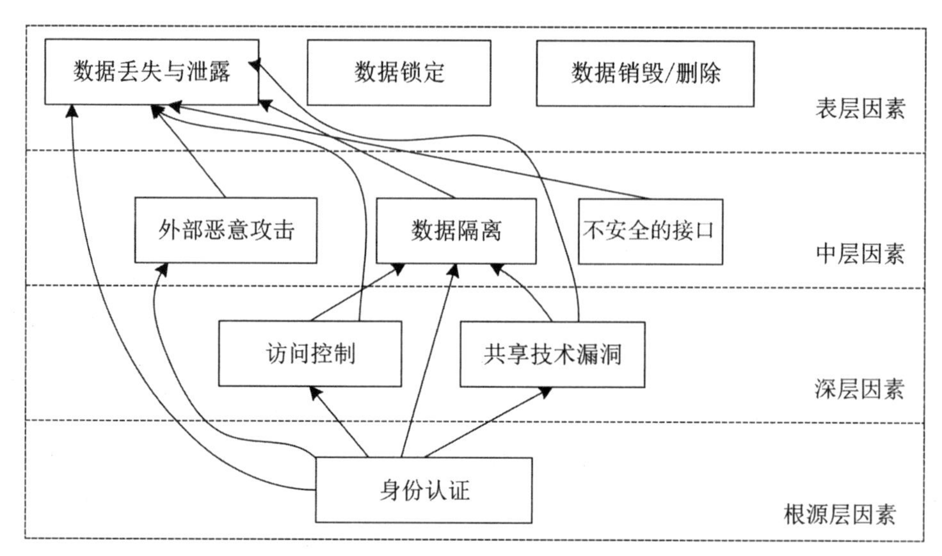

图 3-10 技术类风险因素的层级结构图

(2)管理类风险因素的层次结构

延续技术类风险因素层次化分析思路，管理类风险因素的整体影响矩阵如表 3-31 所示。根据阈值 $\lambda=0.47$，最终确定了管理类风险因素的可达矩阵，如表 3-32 所示。

表 3-31 管理类风险因素的整体影响矩阵

因素＼因素	R_{21}	R_{22}	R_{23}	R_{24}	R_{25}	R_{26}	R_{27}	R_{28}
R_{21}	1. 3036	0. 4122	0. 1872	0. 4596	0. 3551	0. 1951	0. 3537	0. 2895
R_{22}	0. 4844	1. 3069	0. 196	0. 4811	0. 3756	0. 2042	0. 3705	0. 3035
R_{23}	0. 3977	0. 3829	1. 1274	0. 4314	0. 3009	0. 1976	0. 3442	0. 2618
R_{24}	0. 5133	0. 4945	0. 2239	1. 4113	0. 4618	0. 2348	0. 429	0. 4199
R_{25}	0. 5258	0. 5067	0. 2325	0. 5956	1. 3615	0. 248	0. 4959	0. 4666
R_{26}	0. 2992	0. 2882	0. 1555	0. 3471	0. 2891	1. 1317	0. 3758	0. 2447
R_{27}	0. 3901	0. 3758	0. 1817	0. 4417	0. 3648	0. 2776	1. 2798	0. 3135
R_{28}	0. 4988	0. 4841	0. 2196	0. 5669	0. 5000	0. 2361	0. 4527	1. 2990

表 3-32　管理类风险因素的可达矩阵

因素＼因素	R_{21}	R_{22}	R_{23}	R_{24}	R_{25}	R_{26}	R_{27}	R_{28}
R_{21}	1	0	0	0	0	0	0	0
R_{22}	1	1	0	1	0	0	0	0
R_{23}	0	0	1	0	0	0	0	0
R_{24}	1	1	0	1	0	0	0	0
R_{25}	1	1	0	1	1	0	1	0
R_{26}	0	0	0	0	0	1	0	0
R_{27}	0	0	0	0	0	0	1	0
R_{28}	1	1	0	1	1	0	0	1

根据上式逐步验证各项因素的层次化关系，最终确定表层因素为 R_{21} 密钥管理风险、R_{23} 操作失误、R_{26} 云服务被迫终止、R_{27} 供应链失败；中层因素为 R_{22} 用户身份管理风险、R_{24} 恶意的内部人员；深层因素为 R_{25} 可见性和控制问题；根源层因素为 R_{28} 不充分的尽职审查，图 3-11 直观地显示了管理类风险因素的多级递阶的结构关系。

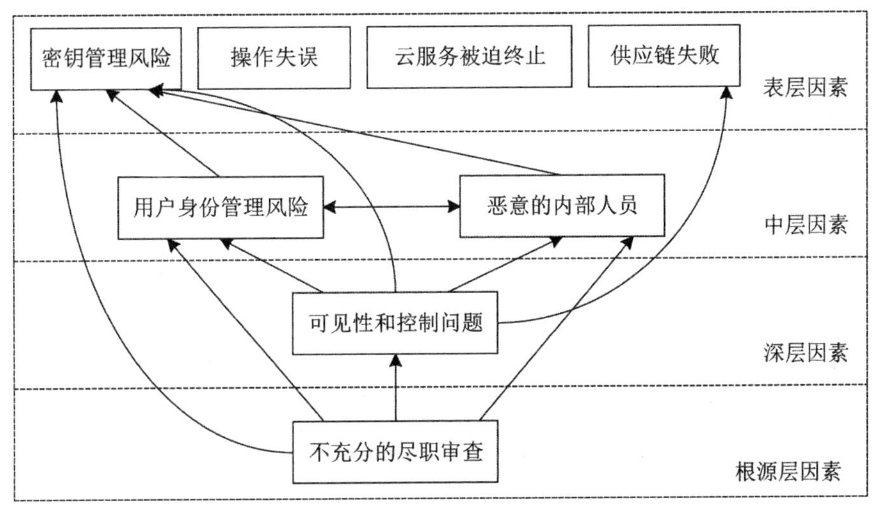

图 3-11　管理类风险因素的层级结构图

(3)法律法规及标准类风险因素的层次结构

基于综合影响矩阵，得出法律法规及标准类风险因素的整体影响矩阵，如表 3-33 所示。依据阈值 $\lambda=0.46$，计算得出法律法规及标准类风险因素的可达矩阵，如表 3-34 所示。

表 3-33 法律法规及标准类风险因素的整体影响矩阵

因素＼因素	R_{31}	R_{32}	R_{33}	R_{34}	R_{35}	R_{36}
R_{31}	1. 234	0. 1381	0. 1672	0. 3846	0. 418	0. 1553
R_{32}	0. 5393	1. 144	0. 3767	0. 5336	0. 5886	0. 3095
R_{33}	0. 4633	0. 1723	1. 1407	0. 4554	0. 4901	0. 2076
R_{34}	0. 345	0. 1379	0. 1616	1. 2056	0. 3408	0. 1419
R_{35}	0. 4065	0. 1382	0. 1714	0. 3885	1. 2413	0. 1511
R_{36}	0. 4425	0. 171	0. 1912	0. 4305	0. 4688	1. 1201

表 3-34 法律法规及标准类风险因素的可达矩阵

因素＼因素	R_{31}	R_{32}	R_{33}	R_{34}	R_{35}	R_{36}
R_{31}	1	0	0	0	0	0
R_{32}	1	1	0	1	1	0
R_{33}	1	0	1	0	1	0
R_{34}	0	0	0	1	0	0
R_{35}	0	0	0	0	1	0
R_{36}	0	0	0	0	1	1

根据上式逐步验证各项因素的层次化位置，结果显示法律法规及标准类风险因素的层次结构主要由两层构成，表层因素为 R_{31} PLA 支持、R_{34} 传票/电子

举证、R_{35}法规遵从；根源层因素包括R_{32}管辖权变更、R_{33}法律差异、R_{36}法律法规及标准的缺失；图 3-12 清晰地揭示了法律法规及标准类风险因素的层次关系。

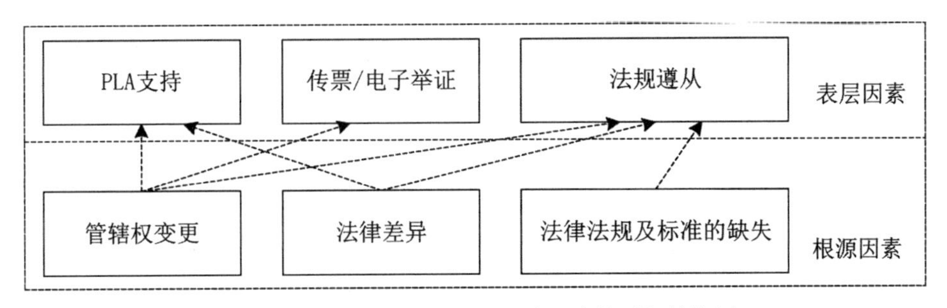

图 3-12 法律法规及标准类风险因素的层级结构图

从以上分析可知，信息安全风险识别中的影响因素层次分析具有针对性和适应性，因而是一种应用方便、处理数据相对完整的方法。

4 云服务安全风险监测与预警

为全面预警安全风险，云服务用户在安全监测中既要关注影响云服务用户信息系统及数据的直接安全风险，也需要注重对外部环境安全风险的监测，从而为安全风险的全面、及时应对提供支持。

4.1 云服务用户环境安全风险监测

云服务用户系统及数据都不是孤立存在的，而是处于一定的环境之中。显然，外部环境的脆弱性可能将云服务用户的系统及数据暴露出来，成为安全威胁攻击的切入点；外部环境中存在的安全威胁也可能会将云服务用户的系统及数据作为攻击对象。为此，云服务用户需要将外部环境纳入安全风险监测的范围。

4.1.1 安全视角下云服务用户环境构成及风险监测范围

云环境下，用户的信息系统、数据所处的环境相较于传统 IT 环境具有显著变革，厘清安全视角下云服务用户环境要素的构成，从整体上对安全风险监测范围和实施产生影响。

从环境要素与云服务用户信息系统、数据的关联关系出发，可以将其分为系统环境要素、行业/区域环境要素和社会环境要素。如图 4-1 所示。

第一，系统环境要素。此类要素是指与云服务用户信息系统及数据具有直接关联的环境要素，包括云平台/云服务、操作系统、基础软件(系统运行/数据处理所必需的，如数据库、中间件等)、终端以及网络(连接终端与云服务)等。需要说明的是，此处的终端仅限于个体用户及机构类用户访问。这些环境要素一旦存在未被安全措施所覆盖的脆弱性，可能导致云服务用户的信息系统或数据的暴露；而其一旦被外部威胁攻破，则同样可能导致云服务用户的信息系统或数据遭受损失。

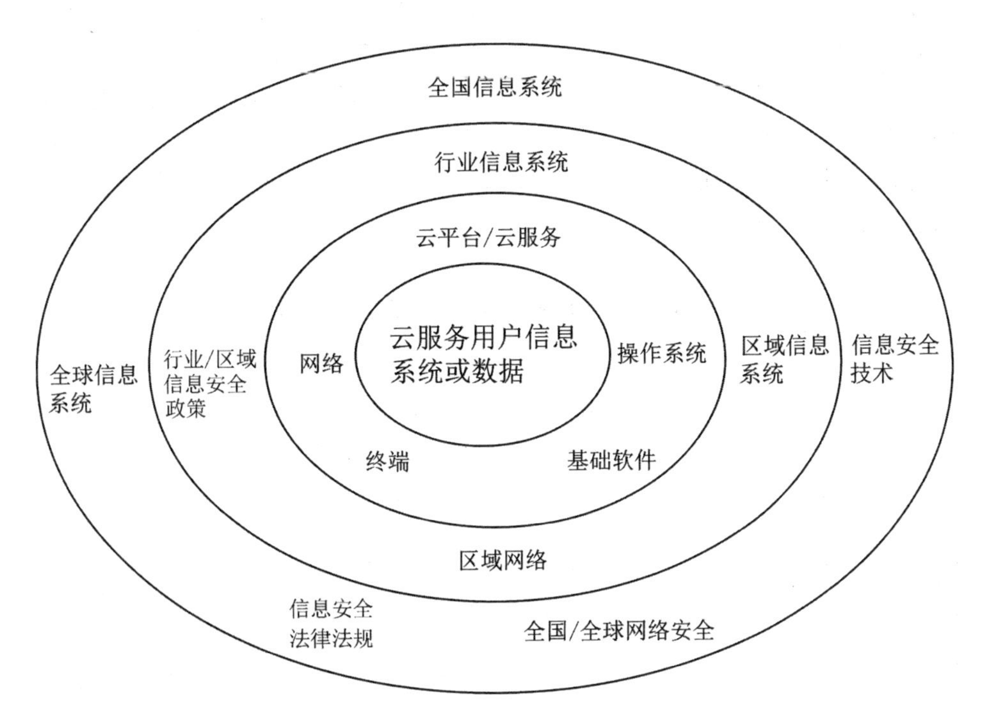

图 4-1 安全视角下云服务用户环境构成

第二，行业/区域环境要素。此类要素主要包括区域网络、区域信息系统、行业信息系统、行业/区域信息安全政策。其中，行业信息系统属于逻辑上较为相似的一类操作系统，其具有相近的脆弱性，易受同一群体或同类安全威胁的攻击；区域信息系统属于物理上较为相近的一类操作系统，易受同一群体或同类安全威胁的攻击；区域网络是指云服务用户信息系统或数据物理存储区域的网络情况，其也具有同质化特点，可能具有相近的脆弱性，易受同一群体或同类安全威胁的攻击；行业/区域信息安全政策是指针对本行业或本区域信息安全政策，其颁布也可能会引发新的安全风险。

第三，社会环境要素。社会环境要素包括全国信息系统、全球信息系统、信息安全法律法规、全国/全球网络安全、信息安全技术 5 类。需要说明的是，之所以将信息安全技术纳入进来，是因为其发展可能会为安全攻击带来新的技术手段，如智能攻击等，进而形成安全风险。

鉴于各类环境要素与用户系统、数据关联的方式不同，相应地，安全风险监测的目的、重点也具有差异。对于行业/区域环境等宏观环境来说，安全风险监测的重点是帮助云服务用户掌握总体安全态势，以发现安全脆弱性或活跃的安全威胁，为云服务用户做好防护应对提供参考；对于系统环境来说，安全风险监测的重点除了涵盖这些要素的脆弱性和面临的新威胁外，还需要特别关注云平台/云服务、网络、终端的安全状况，因为其一旦出现安全问题，则可能导致云服务用户的信息系统、数据出现安全事故。各类要素具体的安全风险监测范围如表 4-1 所示。

表 4-1　云服务用户环境安全风险监测范围

<table>
<tr><th colspan="2">环境要素</th><th>安全风险监测范围</th></tr>
<tr><td rowspan="5">系统环境</td><td>云平台/云服务</td><td>安全状态、安全漏洞、云平台/云服务安全态势、可能引发安全风险的云平台/云服务变更</td></tr>
<tr><td>操作系统</td><td>新的安全漏洞、新的安全威胁</td></tr>
<tr><td>基础软件</td><td>新的安全漏洞、新的安全威胁</td></tr>
<tr><td>网络</td><td>安全状态</td></tr>
<tr><td>终端</td><td>终端自身、终端环境、终端外设、终端网络运行、终端运行、终端信息扩散等方面的安全状态与风险</td></tr>
<tr><td rowspan="4">行业/区域环境</td><td>区域网络</td><td>安全状态、被攻击情况</td></tr>
<tr><td>区域信息系统</td><td>新的安全漏洞、新的安全威胁、区域安全态势</td></tr>
<tr><td>行业信息系统</td><td>新的安全漏洞、新的安全威胁、行业安全态势</td></tr>
<tr><td>行业/区域信息安全政策</td><td>可能引发的新安全威胁、新脆弱性</td></tr>
<tr><td rowspan="5">社会环境</td><td>全国信息系统</td><td>新的安全漏洞、新的安全威胁、全国安全态势</td></tr>
<tr><td>全球信息系统</td><td>新的安全漏洞、新的安全威胁、全球安全态势</td></tr>
<tr><td>信息安全法律法规</td><td>可能引发的新安全威胁、新脆弱性</td></tr>
<tr><td>全国/全球网络安全</td><td>安全状态、被攻击情况</td></tr>
<tr><td>信息安全技术</td><td>可能引发的新安全威胁</td></tr>
</table>

系统环境安全风险监测中，云平台/云服务和终端安全需要特别予以关注。

云平台/云服务安全风险监测中，一是需要关注云平台及用户所用的云服务自身的安全状态，其本身处于不安全状态时，对于云服务用户的信息系统、数据会形成安全威胁；二是需要关注云平台/云服务的安全漏洞，这些都可能成为攻击云服务用户的入口；三是需要关注云平台及云服务的安全态势，包括DoS/DDoS攻击情况及变化趋势、高持续性威胁(ATP)攻击情况及变化趋势、云平台上的恶意程序状况(包括云平台上租户感染情况、恶意程序的数量及类型分布等)及变化趋势；四是需要关注云平台/云服务的变更情况，每次云平台或云服务的升级变更，都可能同时带来新的安全漏洞，或者对既有的安全措施作用产生影响，因此需要予以专门关注。

无论是云服务自身的管理，还是云平台上信息系统及数据的管理、使用，都必须以终端作为媒介，因此其安全与否也将对云服务用户信息系统及数据的安全产生重要影响。安全风险监测中，重点需要关注终端自身、终端环境、终端外设、终端网络运行、终端运行、终端信息扩散等方面的安全状态与风险。①终端自身安全状态与风险，主要关注密码口令、杀毒软件、漏洞、补丁等方面；②终端环境安全状态与风险主要是指终端网络运行环境风险、终端防火墙风险等；③终端外设安全状态与风险主要是指外设端口安全风险、外设设备安全风险、终端系统驱动风险、基本配置风险等；④终端网络运行风险包括网络设备运行风险、终端流量异常风险、终端违规网络访问风险、IP/MAC地址篡改风险等；⑤终端运行风险包括异常资源占用风险、违规软件安装风险、操作系统用户管理风险等；⑥终端信息扩散风险包括信息传输、移动存储介质违规使用、信息文档保护、信息非技术性泄露等安全风险。

行业/区域环境和社会环境安全风险监测中，最为重要的是新的安全漏洞、新的安全威胁和安全态势监测，其具体对象类型与云平台安全风险监测对象类似。在监测内容上，主要限于网络发展对信息安全的影响，同时识别行业/区域层面上的安全风险及安全响应等级变化。

4.1.2 云服务用户环境安全风险监测的实现

从现实可行性出发，多数环境要素的安全风险都需要通过安全情报进行获取，如操作系统的安全漏洞及新威胁、行业/区域/全国/全球信息系统的安全态势等；云平台/云服务相关的安全风险则还需要将云服务商的安全信息共享作为重要监测渠道，终端安全则需要综合采用安全情报、技术监测、安全检查的方式进行监测，各类环境要素对应的安全风险监测方法如表4-2所示。

表 4-2 各类云服务用户环境要素的安全风险监测方法

环境要素		安全风险监测
系统环境	云平台/云服务	云服务商安全数据
	操作系统	安全风险数据监测
	基础软件	安全数据处理
	信息安全产品	安全响应数据识别
	网络	云服务基础设施运行数据分析
	终端	技术监测、安全检测
行业/区域环境	区域网络	安全环境监测
	区域信息系统	安全运行控制
	行业信息系统	系统运行风险测评
	行业/区域信息安全处置	事故数据分析
社会环境	全国信息系统	云安全数据获取与分析
	全球信息系统	互联网交互安全分析
	信息安全法律法规	执行数据提取与分析
	全国/全球网络安全	全球化网络风险识别
	信息安全技术	技术指标分析

在基于安全情报的风险监测中，最为广泛的是环境安全监测，其通过反映整体安全情况的大数据来进行，在面向现实问题的分析中，展示安全态势，明确安全风险，为安全预案的形成提供支持。在进行环境安全风险监测时，一方面需要通过积累，建立和完善全面、权威的安全情报信息源数据体系；另一方面需要形成数据自动获取与分析能力，提升安全风险监测的自动化水平。

基于云服务商安全信息共享的风险监测，在云服务安全保障中是必不可少的。对于云平台的安全态势数据、云平台/云服务的安全漏洞数据、云服务商业务状况数据、云平台/云服务的升级变更数据等，云服务商与用户之间存在明显的信息不对称，而且除了云服务商共享之外，用户也很难获取此类数据。基于此，为实现对云平台/云服务的安全风险监测，需要云服务商加强安全信息披露与共享，减少云服务商与云服务用户间的信息不对称。

在基于技术监测的终端安全风险管控中，鉴于终端数量较多，且与云服务用户系统、数据交互频率较高，因此，为提升终端风险监测水平，需要以较高的频率实现全部终端的风险监测。为实现这一目标，必然需要采用技术手段进行终端安全风险的自动监测。但由于部分安全风险目前仍不具备自动化监测能力，故而形成了技术监测与安全检查相结合的终端安全风险监测构架，对于以下安全风险可以利用相关的技术工具进行自动化监测：终端自身安全风险中的密码口令风险、杀毒软件检查风险、终端应用软件检查风险、终端系统补丁风险；终端环境安全风险中的网络运行环境风险、防火墙风险；终端外设安全风险中的外设端口管理风险、外设设备管理风险、系统驱动风险、基本配置风险、流量异常风险、违规网络访问风险、IP/MAC 地址篡改风险；终端运行安全中的违规软件安全风险、异常资源占用风险、操作系统用户管理风险等；网络运行风险中的违规内联风险、违规外联风险；终端信息扩散风险中的信息传输风险、移动存储介质违规使用风险等。在监测的过程中，主要通过规则校验的方式进行。以密码口令风险为例，为保证安全性，一般要求密码具有一定的复杂性，且有必要定期进行更新，据此可以编写正则表达式对其进行判断，包括判断密码长度、包含字符类型数、距离上次更新时间等。在以上风险控制过程中，可能会因为例外情况导致自动化监测失灵，同时还可能存在部分技术难以监测的安全风险，如信息的非技术性泄露，这些都需要通过安全检查的方式进行监测。

4.2　云环境下基于入侵检测的信息系统安全风险监测

云计算环境下，信息资源面临着大量的安全风险，需要针对其类型设计安全风险监测方案，从而及时发现正在进行的安全攻击，进而以此为依据，设计不同的预警和响应策略。

4.2.1　基于入侵检测的信息系统安全风险监测框架

云计算环境下信息资源安全风险监测的定位是尽早发现正在进行的安全攻击。其含义包括两个方面，一是未发生攻击时的预测和防范，以及对已完成攻击的发现和破坏程度的分析；二是安全攻击的范围广泛，既包括外部恶意攻击者的安全攻击，也包括云服务商、用户、内部工作人员的安全攻击。因此，云计算环境下信息资源安全风险监测的运行机制是，通过对基于云平台的信息资源系统实时监测获得实时安全攻击数据，并对其持续监测和判断，实时将监测信息反馈给网络信息资源运营主体及相关主体。以此出发构建基于入侵检测的信息系统安全风险监测总体框架，如图 4-2 所示。

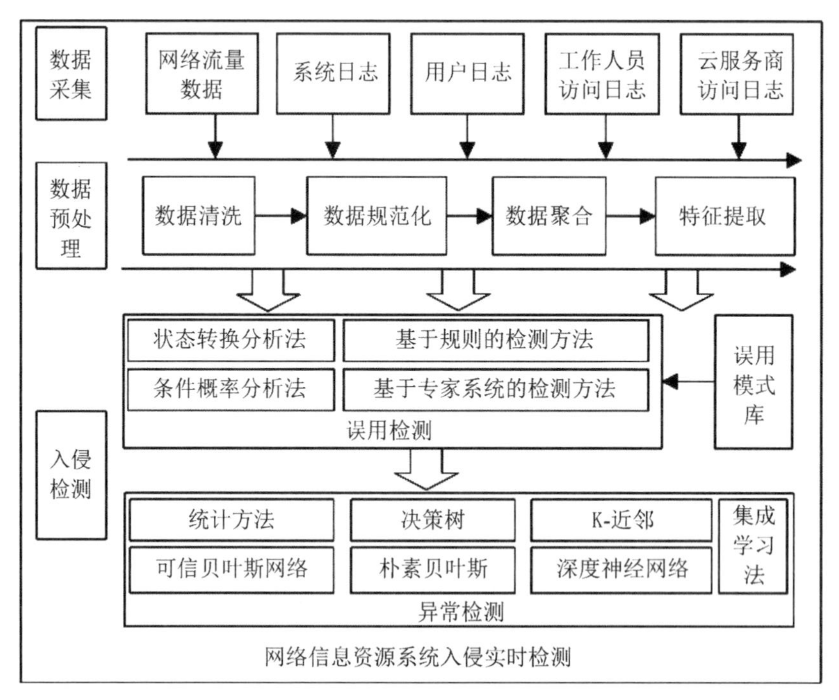

图 4-2 基于入侵检测的信息系统安全风险监测框架

网络信息资源系统入侵实时检测的作用是实时判断基于云平台的信息资源系统是否正在遭受攻击及攻击强度，包括数据采集、数据预处理、误用检测和异常检测的入侵识别三个环节。

数据采集环节是指实时获取网络信息资源系统的相关数据，作为入侵检测的输入信息，通过实时监控网络信息资源系统，获取访问流量数据、用户日志、系统日志、工作人员访问日志、云服务商访问日志，以及全面涵盖各类访问的信息，以此奠定数据分析基础。在采集过程中，需要确保所采集数据的完整性、准确性、全面性和实时性。

数据预处理环节是指对初始采集的数据进行规范化与特征分析，使其具备可分析性。规范化处理环节，一是进行数据清洗，剔除不准确的数据，填充不完整的数据；二是进行数据规范化，将待处理数据转换成预定义的格式，如将字符型数据转换为数值型数据，以及 IP 地址、端口、时间戳等规范格式。由于普通用户、网络信息资源系统工作人员、云服务商工作人员这些不同角色的访问行为差异较大，因此为便于分析，在数据规范化处理后，需要进行数据的分组聚合，包括区分整体网络流量数据，按照访问者类型、访问者具体信息将其聚合成不同的数据单元。然后针对分组后的数据进行特征提取处理，实现数据的内容提取与降维，以提升数据分析效果。

在完成数据预处理的基础上，① 基于所提取特征进行入侵检测实时分析。② 检测中需要综合利用误用检测和异常检测两种常见的入侵检测模式。前者通过判断网络信息资源系统访问者的行为是否符合典型的安全攻击的行为模式来识别其是否在进行安全攻击；③ 后者则通过判断访问者的行为是否不符合正常访问行为模式来判断其是否在进行安全攻击。④ 显然，前者有助于提高安全攻击识别的准确率，但覆盖率常常难以保证；后者则有助于发现新的安全攻击行为模式，但准确率常常欠佳。为应对云环境下安全攻击方式多样、大量攻击模式未知的问题，拟先采用误用检测模式对数据进行分析，筛选出高准确率的潜在安全攻击行为；再采用异常检测思路对筛选后的数据进行处理，从而提高安全攻击检测的召回率。

误用检测中影响效果的关键是模式库的构建。实施过程中，需要信息服务主体结合积累的背景知识和历史数据对用户进行分类分析，证实其正在发起安全攻击。以网络信息资源获取为例，典型的异常行为模式包括：一是访问流量剧烈变化，信息资源的访问虽然受时间影响呈波动态势，但短时间内相对平稳，如若出现剧烈波动，就可能遭受安全攻击；二是用户的信息需求突变，信息资源用户的需求在主题上较为稳定，常常集中在少量几个主题上，因此，如果其需求主题突变且有了大量的资源获取行为，就可能发生账户异常；三是登录位置异常，如受运动速度的限制，短时间内用户不会在多个距离遥远的位置登录访问；四是下载异常，正常访问的用户一般在短时间内不会下载过多的资

---

① Elgendi I, Hossain M F, Jamalipour A, et al. Protecting cyber physical systems using a learned MAPE-K model[J]. IEEE Access, 2019(7): 90954-90963.

② 刘海燕，张钰，毕建权，邢萌. 基于分布式及协同式网络入侵检测技术综述[J]. 计算机工程与应用，2018，54(8)：1-6，20.

③ Chiba Z, Abghour N, Moussaid K, et al. A survey of intrusion detection systems for cloud computing environment [C]// 2016 International Conference on Engineering & MIS (ICEMIS), Agadir, Morocco: IEEE, 2016: 1-13.

④ 卢明星，杜国真，季泽旭. 基于深度迁移学习的网络入侵检测[J]. 计算机应用研究，2020，37(9)：2811-2814.

源。以上罗列的是单个行为引发的异常模式，多个行为组合情况下既可以提高异常发现的准确率，比如用户需求主题突变与大量下载同时发生，还可能可以发现单个模式无法覆盖的异常情况。

异常检测根据云计算环境下安全攻击的不同，可以分为基于云主机资源的异常检测和基于用户行为的异常检测。云平台中的服务器承载着重要的系统运行工作，一旦攻击者成功入侵其中，将会产生服务中断、数据丢失等较严重的损失，因此需要针对运行整个信息资源系统的云服务器进行实时异常检测。通过对云服务器中资源使用情况进行实时监测，构建基于云主机资源数据的异常检测模型，从而发现可能存在的异常或者入侵行为。云服务器运行时资源数据的波动常常通过用户的操作实现，但当用户的身份信息被攻击者获取并加以利用时，攻击者可以冒用合法用户的权限操控系统内数据，进而造成严重的损失，因此，需要设计基于用户行为的异常检测模型，以便及时发现用户的异常行为并报警。

值得注意的是，网络信息资源系统安全风险监测中的误用检测在实现方式上较为简单通用，且存在只能检测已知攻击模式的局限性，在面对云计算环境下多样、大量、新型的攻击情况，其仅能作为补充纳入信息安全风险监测的总体框架之中，因而下文不做细致展开，主要针对异常检测中的两种方式进行详细阐述。

4.2.2 基于云主机资源数据的异常检测

云主机作为云环境下信息系统重要的资源，承载了系统开发与运行的功能。国家互联网应急中心(英文简称 CNCERT)发布的《2021 年上半年我国互联网网络安全监测数据分析报告》显示，现阶段针对我国互联网的攻击行为主要通过恶意代码传播、安全漏洞风险、拒绝服务攻击、网站安全等方面实现，云环境下大部分针对信息系统的安全攻击行为都是围绕云主机进行的，因此针对云主机进行异常检测有很强的必要性。

基于云主机的入侵检测主要针对网络终端进行，通过检测和分析云主机中的资源数据使用情况建立云主机资源使用情况基准模型，以此为标准，检测潜在的入侵行为。其中最为关键的问题在于特征量的选择。所选取的特征量既需要准确、全面地体现系统的特征，也要尽可能地做到以比较少的特征量涵盖系统的行为特征，从而降低基于特征量的异常检测模型的复杂性。需要注意的是，所构建的异常检测模型在云主机上运行时，不能影响信息系统的正常运行。

通过对典型的恶意软件如挖矿病毒、后门程序、木马、蠕虫等恶意行为的分析，发现这些恶意行为在云主机中均存在共同的行为特征，具体表现为对网络资源的占用、对系统中的进程进行改变、对云主机中的文件系统进行非法增删修改等。① 因此，可以选取云主机资源的使用情况作为异常检测的数据源，由此确定五个维度作为一级指标，表示云主机中资源消耗使用情况的动态特征，具体包括：计算资源、存储数据、网络运行指标、IO 数据、进程信息。同时，由于云主机中代表特征量的一级指标粒度较粗，为了设计更为详细的异常检测模型，还需要对这些一级指标进一步细化，形成一级指标之下的二级指标，如表 4-3 所示。

表 4-3 特征量指标体系

一级指标	二级指标
计算资源	CPU 使用率
	系统态时间占用百分比
	用户态时间占用百分比
	用户进程 CPU 使用率之和
存储数据	物理内存使用率
	虚拟内存使用率
	用户进程内存使用率之和
网络运行指标	开放端口数目
	网络连接数目
IO 数据	IO 读增量
	IO 写增量
进程信息	总进程数增量
	活跃进程数增量
	用户进程数增量
	线程数增量
	文件句柄数增量

① 杜享平. 基于软件行为模型的异常检测技术研究与实现[D]. 北京：北京邮电大学，2017.

表4-3中，计算资源即为云主机中CPU的使用率及各状态下的使用时长，存储数据可用云主机中内存的使用率情况表示。这两类数据共同代表了基于云平台的信息资源系统的整体性能，其指标的变化能够作为判断网络入侵行为的重要依据。一般情况下，入侵行为经常会引起云主机中资源的消耗，如当恶意代码在信息系统中执行时，经常会占用大量的CPU资源和系统内存，甚至导致计算和存储资源满负荷运行，从而造成系统死机。同时，云主机中资源的使用量变化受进程资源的使用情况影响，可以将云主机中进程资源的使用变化纳入到监测数据中，构建更为细致的异常检测特征。

从入侵行为的来源看，其大多是通过网络攻击信息系统中的关键资源，因此需要对系统中的网络资源进行实时监控。从统计数据来看，入侵行为经常伴随着异常的网络通信，包括开放端口数目的变化及网络连接数目的变化。基于此，应将开放端口数据和网络连接数目纳入到异常检测的指标之中。此外，入侵行为也体现在对云主机中文件系统的操作，在统计数据层面上表现为IO读或写的增量变化。

进程资源信息的变化也可以反映入侵行为，如当系统被迫运行恶意代码时，既可能通过新的进程执行恶意代码，也可能通过改变进程中的线程来实现。因此，需要获取更为细粒度的进程资源信息的特征，包括总体进程数目增量、活跃进程数目增量、用户进程数目增量、线程数目增量及文件句柄数目增量。

需要注意的是，在确定特征量指标并对各指标数据进行采集时，如果对指标数据的采集频率较高，所获取的数据变化波动会较为明显，相应的资源消耗也随之提高；而当数据采集频率降低时，资源消耗会明显降低，但采集的数据会更为平滑，可能存在不能反映数据变化的情况。因此，在设定数据采集的频率时，需要综合考虑系统资源的消耗情况、异常检测所需数据的灵敏度及异常检测的效果，设定每个指标数据的采集频率。

系统在正常运行中，各项指标数据的分布存在特定的规律，如在系统正常运行时，CPU的使用率呈正态分布规律。着眼于特定时间点时，很难根据指标数据判断系统是否出现异常，而通过统计一定时间窗口内指标数据的变化，并与系统正常运行时资源数据的使用情况对比，可以明显发现异常情况。因此可以通过统计规定时间窗口内云主机中各指标数据出现异常的频率，判断云主机资源的使用是否存在异常。具体实现步骤为：首先设定时间窗口的大小及步长，其次统计每一个窗口内云主机中各指标数据出现异常的频率，当规定时间窗口内异常出现的次数大于预先设定的阈值时，则表明云主机资源的使用存在异常，需要发出异常警报。造成云主机上资源使用异常的原因主要有两种，一是通过在系统中创建进程产生云主机中资源占用异常，二是通过网络攻击或网络扫描造成的云主机网络连接异常。因此，在产生异常警报时，还需对云主机中的进程信息和网络运行情况进一步分析，获取异常发生对应的原因。

根据以上分析可知，基于云主机资源数据的异常检测流程可以分为异常分类和异常分析两个部分，如图 4-3 所示。

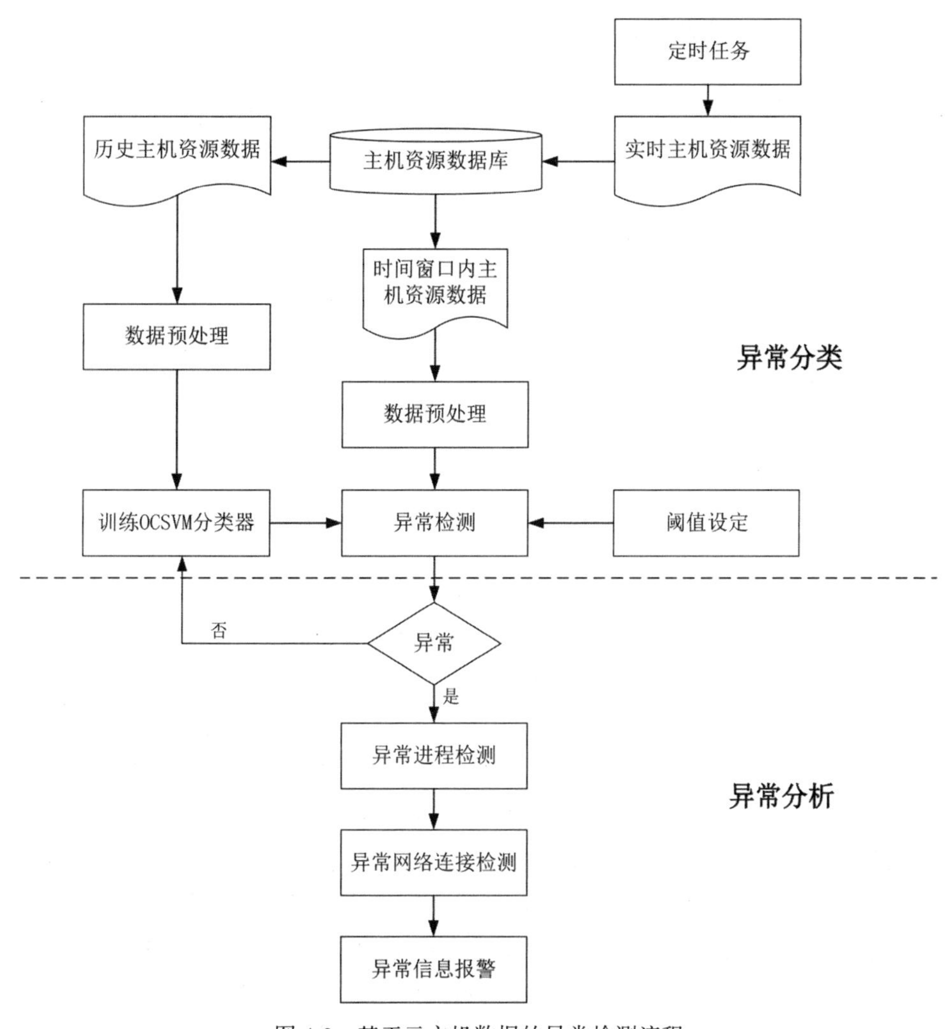

图 4-3　基于云主机数据的异常检测流程

(1)异常分类。异常分类部分通过利用机器学习的算法，对历史中正常的云主机资源使用数据进行训练，构建正常的云主机资源使用模型。进而对实时的云主机资源使用数据进行分类，判定实时数据中是否存在异常。其中，OCSVM(One-Class SVM，单分类支持向量机)模型能够在不预先设定阈值的情况下，判定正常数据与异常数据，具有较好的适用性。因此选用 OCSVM 算法作为分类算法，构建正常的云主机资源使用模型并进行分类。在实时异常检测任务中，通过设置定时任务，定期采集实时的主机资源数据，在此基础上读取一个时间窗口内云主机资源使用情况数据，然后使用训练好的 OCSVM 模型，对时间窗口内的待检测数据进行判定。如果窗口内数据正常，则将最新的时间窗口内数据加入到分类算法的训练集之中，进行分类模型的更新，以体现当前的云主机运行资源的情况；如果时间窗口内数据异常数量超过预先设定的阈值，则判定该时间窗口内数据存在异常，将进入异常分析环节。

(2)异常分析。异常分析的目的在于当规定时间窗口内数据被判定为异常时，通过异常分析部分获取异常产生的原因。一般采用基于规则的方法，通过设定网络连接异常检测规则、可疑进程检测规则，分别对网络连接情况及进程资源占用情况进行检测。当符合预先设置的规则时，应发出相应的异常信息报警；而当异常信息不能匹配预先设置规则时，则需要人工进行判定，同时将该时间窗口内的数据上报到相关管理人员处。

4.2.3 基于用户行为的异常检测

(1)用户认证异常检测

对于用户认证进行异常检测，首先需要实时地采集用户认证日志，进而将用户的认证事件与已生成的日志模板匹配，得到认证事件中的语义信息；在此基础上根据用户认证时的 IP 地址、用户名、登录时的 MAC 地址、位置信息等，检测用户登录时是否存在异常，具体流程如图 4-4 所示。

先获取到云主机上用户进行远程登录认证时产生的日志数据，用户认证从开始到结束即为一个完整的会话，根据这一会话可以得到完整的用户认证事件集合。一般来说，用户认证事件的数据是由固定的语句序列构成的，这些语句包含了不同的变量信息，如用户登录时的 IP 地址、所填用户名。根据这一特点，可以根据用户认证事件的语句序列特征对用户认证事件类型进行分类，如根据认证事件中的语句数目、语句中词的数目等，最终得到隶属于不同类别的认证事件。从总体上看，认证事件的类型为有限的几类，每类事件具有的日志语句相似，可以将其视为日志模板，以此为依据形成用户认证日志模板库。

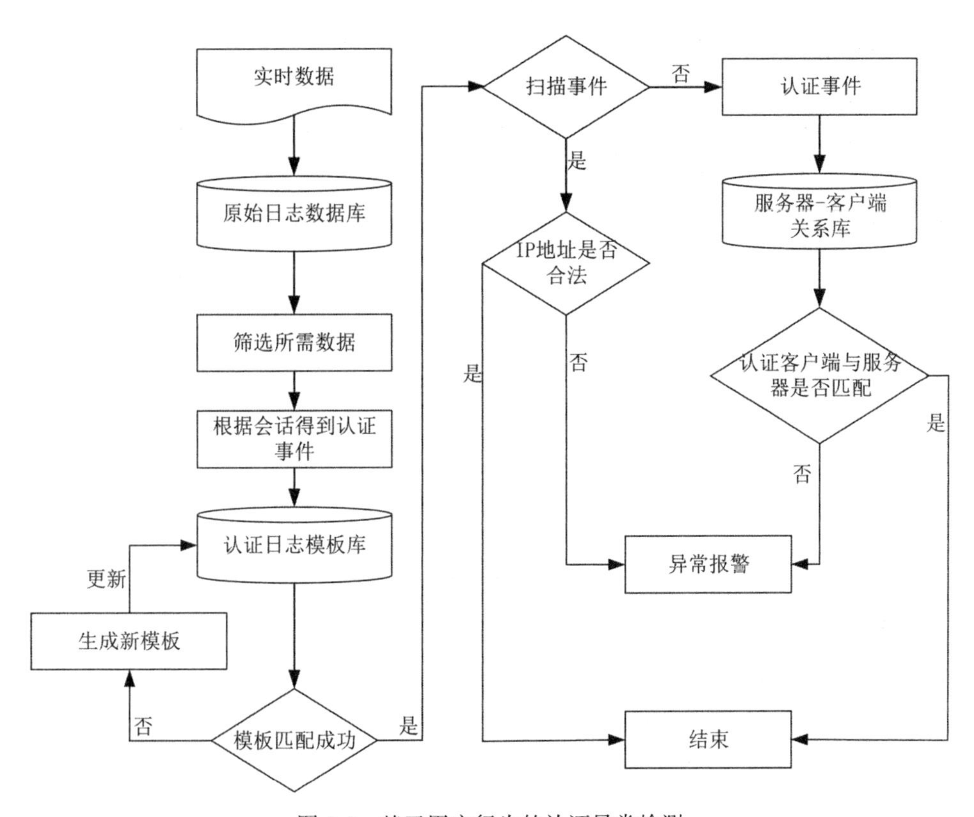

图 4-4 基于用户行为的认证异常检测

当进行基于用户行为的认知异常检测时，用户认证的实时数据库被更新到原始日志数据库之中，经由数据筛选及基于会话的处理，形成认证事件，在此基础上将其与认证日志模板库中的模板进行匹配，如果匹配不成功，需要据此生成新模板更新到认证日志模板库之中；如果模板匹配成功，则需要进一步判断该事件是否为扫描事件；如果属于扫描事件，则主要根据扫描行为的 IP 地址是否合法，判断是否存在不合法的 IP 地址扫描云服务器的端口，并对相应的情况发出警报；如果不属于扫描事件，则需要对认证事件进行进一步区分，根据预先构建的服务器—客户端关系库，对比用户发起认证行为的客户端与服务器是否匹配，如果匹配成功，则属于正常认证行为，否则说明存在用户利用新的设备发起认证行为，可能存在异常的情况，需要对其进行报警。

(2)用户伪装攻击检测

当用户的认证方式遭到泄露，恶意用户可能通过认证阶段，利用被泄露的身份进行系统操作，造成用户数据被窃取等危害。从用户对系统的操作行为上看，不同用户由于其目的不同，在系统中的行为序列也会存在不同，可以根据用户的行为序列对用户伪装攻击进行检测。

在进行基于用户行为的伪装攻击检测，可以将当前用户的行为序列与存储于云服务器上该用户的行为模型进行对比，通过检测行为序列的偏离情况，判断该用户的身份是否发生了改变，具体流程如图 4-5 所示。

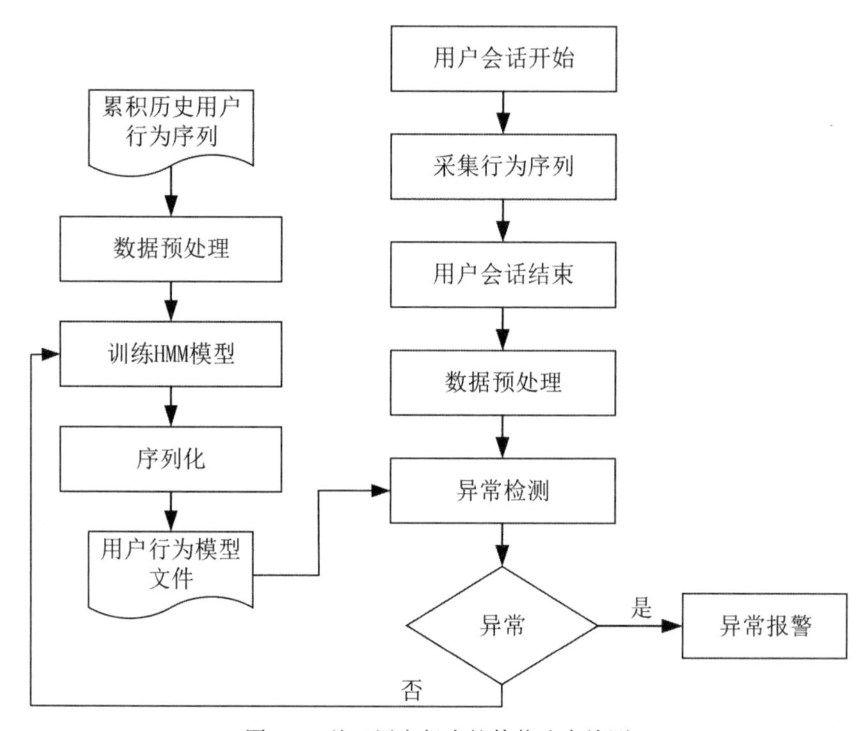

图 4-5　基于用户行为的伪装攻击检测

①构建用户行为模型。用户的行为序列是一系列有序的、存在关联的数据，体现了用户在系统中操作的习惯。用户的异常行为产生的行为序列与正常行为产生的序列间会存在明显差别。因此，进行基于用户行为的伪装攻击检测首先需要对正常的用户行为序列进行建模，以此为依据检验实时产生的用户行为序列是否存在异常。

HMM(Hidden Markov Model，隐马尔科夫模型)是在马尔科夫模型的基础上发展而来，HMM 模型中一条序列被称为状态序列，序列中的每个状态对应一个观测值，最终组成观测值序列，可以通过概率分布描述观测值与状态间的关系。可以将其应用于用户行为序列的异常检测之中，用户的行为序列是可以直接观测到的观测值序列，而用户的类别为不可观测道德状态序列，通过模型训练，获得观测值到状态间的统计概率模型。

在进行用户行为模型训练时，首先需要对用户行为序列进行预处理，在此基础上根据给定观测值序列、观测值取值个数和隐藏状态取值个数，训练HMM模型，得到基准的用户行为模型。

②异常检测算法实现。该算法的核心任务是基于用户历史行为数据构建用户正常的行为模型，然后根据该模型对用户最近一次行为序列进行检测，判断其是否偏离正常行为模型，从而发现异常。随着时间推移，用户行为数据会越来越丰富，因此用户行为模型也需要持续更新。具体实现流程为：用户会话开始时，实时采集用户行为序列；当前会话结束后，将采集到的行为序列进行预处理；从用户文件中进行反序列化操作得到其行为模型，并与前面所采集的用户行为序列进行比较分析，判断是否存在异常；如果异常，则进行异常预警；否则，将其作为训练数据进行用户行为模型更新，并序列化后保存到文件中，以待下次异常检测时使用。

需要指出的是，算法实现中会将训练得到的用户行为模型序列化为一个文件，之后进行异常检测时，直接读取该文件进行反序列化即可；之后每次对用户行为模型更新训练后，也同步更新该文件。采用这种方法，就不必每次检测前都进行用户行为模型的训练，提升算法运行效率。

4.3　云服务中数据完整性与保密性安全风险监测

云服务用户的数据存储在云平台上，面临着完整性、可用性和保密性安全风险，即数据可能会被篡改或丢失、可能无法访问、可能被未授权用户调用。鉴于可能失去数据上的控制权，云服务用户难以在安全攻击之前监测到安全风险，而对保密性的监测有限，只能针对典型场景下的保密性安全风险进行监测。技术实现上，对于可用性安全风险，可以通过对用户请求的响应监测实现；对于完整性安全风险，拟通过挑战—应答协议检测云服务用户数据的完整性；对于保密性安全风险，可以通过入侵检测实现安全风险监测。

4.3.1　基于响应协议的数据完整性安全风险监测

数据完整性安全风险监测中，除了验证云服务商能否提供用户数据完整性的安全证据外，还需要有效应对伪造攻击、替换攻击和重放攻击三类安全攻击，以辨别安全证据的真伪。其中，伪造攻击云服务商为了通过安全风险监测验证，通常伪造用户数据块的标签生成证据；替换攻击是指云服务商为了通过安全风险监测验证，使用其他可用且未损坏的数据块和对应的标签来代替被挑战的数据块和标签；重放攻击是云服务商为了通过安全风险监测验证，使用之前验证通过的证据返回给用户。

从技术实现角度来说，数据完整性安全风险监测既可以由云服务用户完成也可以由可信第三方机构来完成。云服务用户主导的完整性安全风险监测是指用户在取回很少数据的情况下，利用某种形式的挑战—应答协议，并通过基于伪随机抽样的概率性检查方法，以高置信概率判断数据是否完整。① 该方式的优势是云服务用户可以随时验证自身数据的完整性是否面临风险，但在某些情况下，云服务用户的计算资源和能力有限，无法顺利完成验证过程。可信第三方机构主导的完整性风险监测的基本思路是云服务用户将数据上传至云平台，同时委托可信的第三方机构(通常是政府或其他可信机构)充当验证者向云服务商发起验证挑战，之后根据云服务商返回的证据判断完整性是否受到破坏，并将结果返回给云服务用户，如图 4-6 所示。

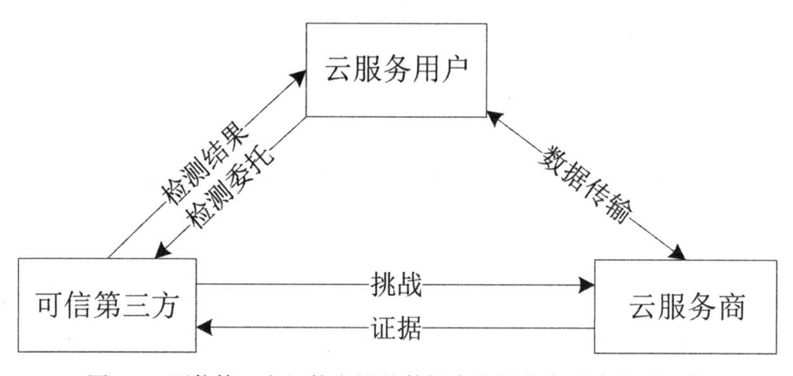

图 4-6　可信第三方机构主导的数据完整性安全风险监测机制

基于挑战—应答协议的数据完整性安全风险监测，在技术实现上遵循统一的技术思路，但在具体环节上国内外学者近年来又提出了多种技术方案。因

① 刘婷婷，赵勇. 一种隐私保护的多副本完整性验证方案[J]. 计算机工程，2013，39(7)：55-58.

此，下面将首先对基于挑战—应答协议的数据完整性安全风险监测总体框架进行说明，其次选择用户主导的安全风险监测思路下较具有代表性的 Ateniese 等提出的基于 RSA 的完整性监测模型，以及可信第三方机构主导的安全风险监测思路下较具有代表性的 Boneh 等提出的基于 BLS 的完整性监测模型，进行实现原理的具体阐述。

(1)基于挑战—应答协议的数据完整性安全风险监测

无论是云服务用户主导的安全风险监测，还是可信第三方机构主导的安全风险监测，都遵循挑战—应答的基本框架。首先随机抽取部分样本数据进行云存储中数据的完整性检测；其次根据检测结果推测全部数据的完整性，从而判断数据是否面临完整性风险。如图 4-7 所示，技术实现可分为挑战准备和挑战验证两个阶段。挑战准备阶段用于完成挑战所需要的密钥生产和数据块标签生成；挑战验证阶段负责生成发送挑战、接收云服务商返回的证据信息，并根据证据判断数据是否完整。

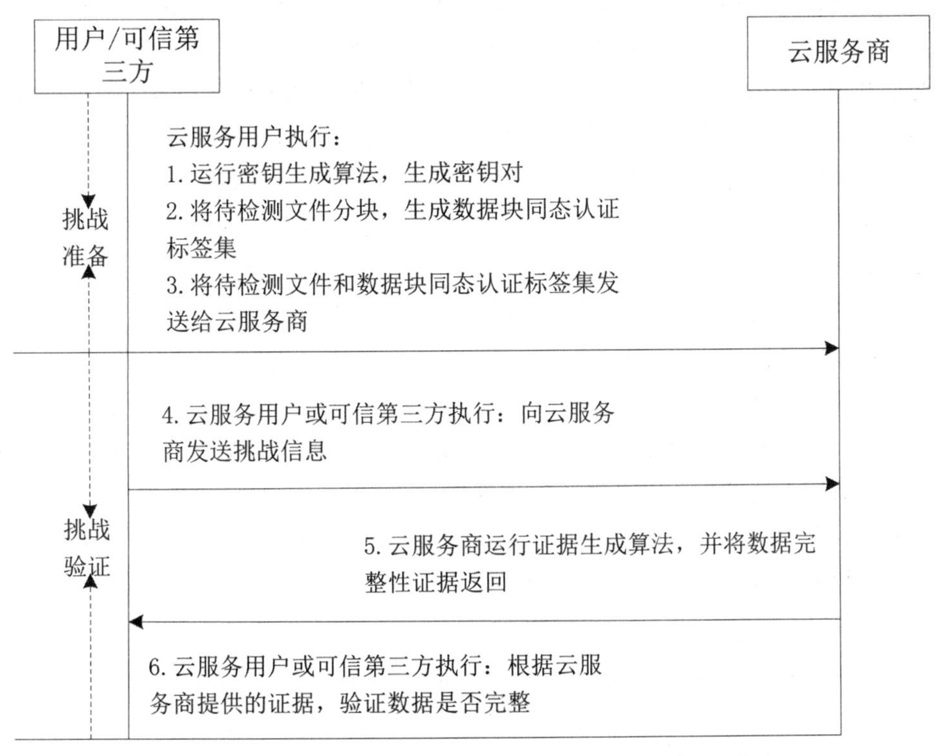

图 4-7　基于挑战—应答协议的数据完整性安全风险监测框架

挑战准备阶段。该阶段用于生成完整性监测所需的基础数据，包括密钥生成和数据标签生成两个步骤，均由云服务用户在本地执行。在密钥生成环节，云服务用户输入系统安全参数，并利用密钥生成算法，获得密钥对，为之后的验证提供支持；在数据标签生成环节，云服务用户输入私钥和待检测的数据文件，进而为每个数据文件生成同态认证标签集。

挑战验证阶段。该阶段通过发起挑战，接收云平台的应答，并对应答结果进行分析，以监测云平台上的数据是否面临安全风险。首先，由云服务用户或可信第三方执行挑战生成算法，生成需要云服务商应答的挑战信息；其次，云服务商接收到挑战后，以公钥、待检测的数据文件及其数据标签集、挑战请求为参数运行证据生成算法，生成数据完整性证明的应答证据；最后，云服务用户或可信第三方运行证据验证算法，其参数为公钥、挑战请求和云服务商返回的证据，进而得到所检测数据的完整性是否已遭受破坏的判断。

(2)基于 RSA 的数据完整性安全风险监测

该方法在数据准备环节，采用 RSA 算法生成密钥对，以支持安全风险的多次检测，提高安全监测的准确性，并且为了降低标签生成代价，减少计算和通信开销，采用数据文件分块的思想，而且利用同态认证标签将多个数据的标签聚合成一个值；验证时，采取随机抽样的方法对云端数据进行完整性验证，通过对部分数据块的检测来推测整体数据的完整性，总体框架如图 4-8 所示。①

由于采用了同态加密技术，基于 RSA 的云服务用户数据完整性安全风险监测算法具有良好的性能，但是采用基于概率的检测方法存在出错的可能性。

(3)基于 BLS 签名机制的数据完整性安全风险监测

BLS 签名机制是一种具有同态特性的短消息签名机制，在同等安全条件下，RSA 的签名位数大幅短于 BLS 的签名位数，例如，RSA 需要采用 1024 位的签名时，BLS 达到同样的安全要求仅需采用 160 位的签名。此外，BLS 签名机制具有同态特性，可以将多个数据块的值聚合成一个值，因此基于 BLS 的 PDP 验证机制有效地降低了存储和通信开销，可以减少系统与云平台的通信开销，提升安全风险监测的效率。②

---

① Atenieseg, Burnsr, Curtmolar, et al. Provable data possession at untrusted stores[M]//Proceedings of the 14th ACM Conference on Computer and Communications Security, New York: ACM Press, 2007: 598-610.

② Boneh D, Lynn B, Shacham H. Short signatures from the Weil pairing[M]//Advances in Cryptology Asiacrypt 2001, Berlin, Heidelberg: Springer Berlin Heidelberg, 2001: 514-532.

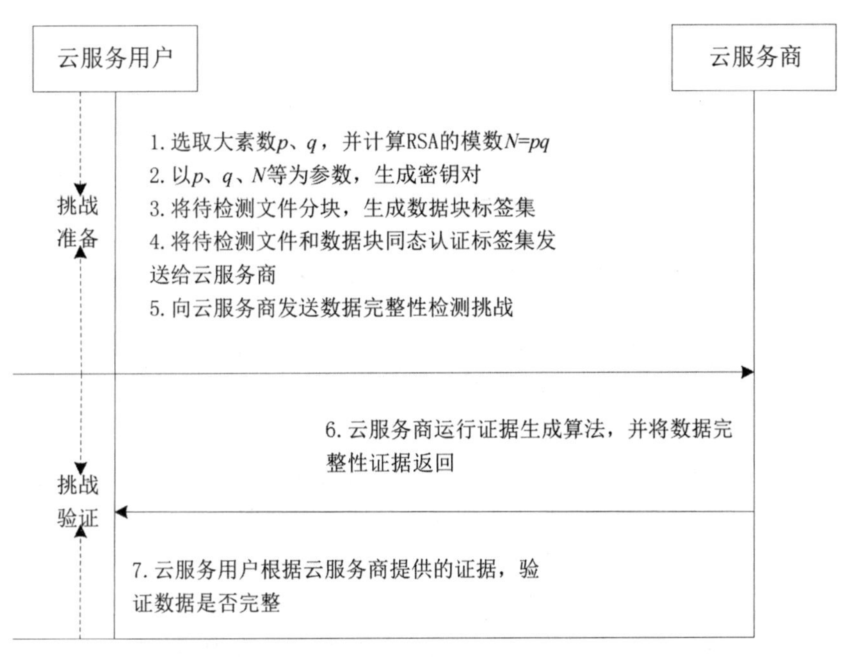

图 4-8　基于 RSA 的数据完整性安全风险监测算法

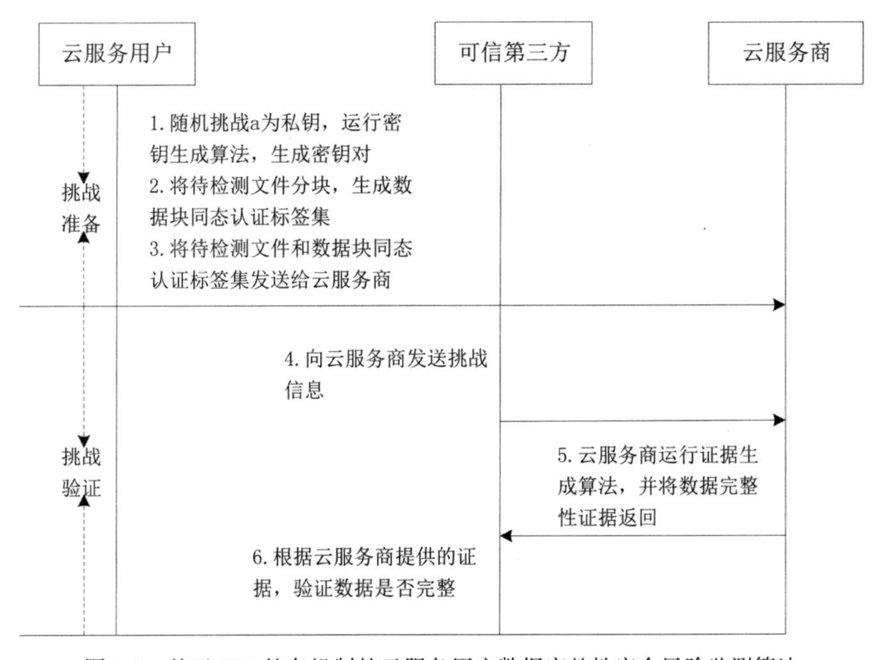

图 4-9　基于 BLS 签名机制的云服务用户数据完整性安全风险监测算法

需要说明的是，可信第三方机构主导的安全风险监测实现了“公开监测”，即对数据完整性进行监测的对象不再局限于数据拥有者本身，任何第三方都可以参与完成，大大降低了云服务用户的负担。但是，第三方机构本身成为新的安全风险，其可能会破坏数据的保密性，因此在选择第三方时必须找安全可信的。

4.3.2 基于可验证数据删除的保密性安全风险监测

进行云端数据存储时，为了确保数据的安全性，用户在将数据传至云端之前会对数据进行加密处理，云服务商对加密的数据进行存储。然而，当用户对存储于云端的数据执行删除操作时，云服务商可能存在为了潜在的利益并没有按照用户要求彻底删除该数据及备份数据，仅将其设置为用户不可见。在此情况下，若数据密钥被攻击者通过非法途径窃取，并获取了用户的原始数据，导致用户已经删除的数据遭到泄露。在对已删除数据的安全风险监测中，一种可行思路是执行删除操作时进行监测，若能确认云服务商执行了删除操作，则可以确认其不存在数据泄露风险，否则可以认为数据存在泄露风险。云环境下，用户合法访问数据流程如图 4-10 所示。

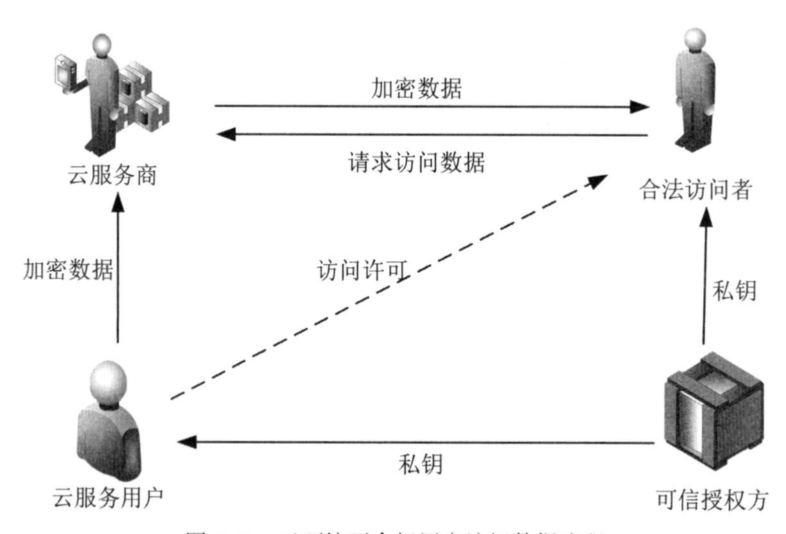

图 4-10　云环境下合规用户访问数据流程

云服务用户为数据的最终所有者，需要对原始数据采用一系列属性加密策略生成密文数据后，再将其上传至云平台，云服务商负责对上传的数据进行存储。可信授权方为数据拥有者及其他合规用户分配私钥，以便正确解密所需的数据。合规的数据访问者通过向云端存储的数据发起访问申请，进而获得加密数据及对应的密钥，通过使用所获私钥解密密文数据，按需进行读取查看所需数据。

当用户删除存储于云端的数据时，希望能够在其发出删除指令之后，云端存储的数据得以确定性删除，此前得到授权的所有用户都不能再次获取该数据，因此需要设计一个数据可验证的确定性删除方案，通过验证云服务商是否确实执行了删除操作来监测云存储中数据保密性风险。参考薛靓的研究成果,① 构建基于可验证删除的保密性安全风险监测方案，处理流程如图 4-11 所示。删除数据时，云服务用户向可信授权方发送数据删除请求，获得可信授权方返回的重加密密钥；之后，用户发送删除密钥给云服务商，执行完删除操作后，云服务商返回删除证据给用户；用户可以利用该证据验证数据删除操作的正确性，进而实现数据保密性安全风险监测。

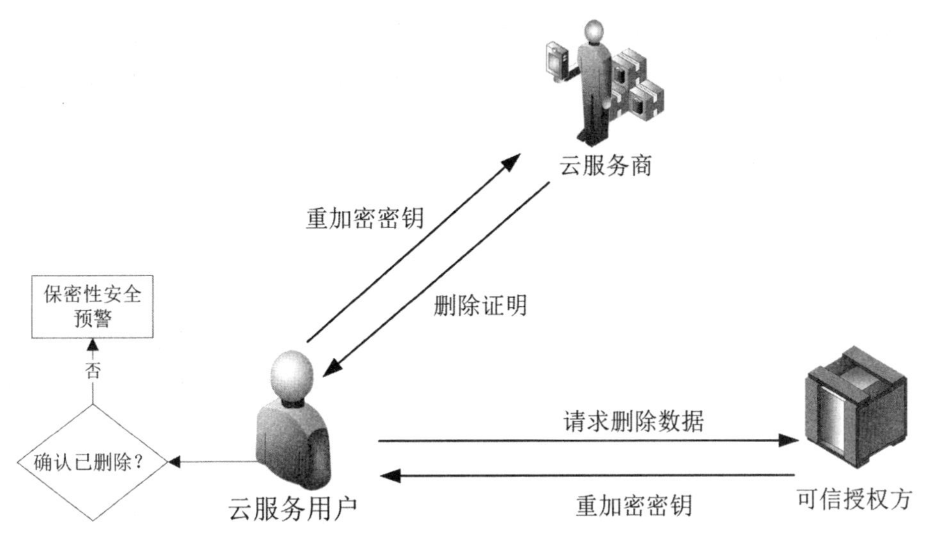

图 4-11　基于可验证数据删除的保密性安全风险监测流程

技术方案设计中，为实现数据删除的可验证，私钥中包含的访问结构设置为与门。同时，在属性集合中引入一个称为可用性的特殊属性，其取值包括可

① 薛靓. 云存储中的可证明数据删除研究[D]. 成都：电子科技大学，2018.

用和不可用两个。默认情况下，可用性属性被包含在用户的访问结构中及密文的属性集合中；通过改变密文中这一属性的取值，将使得密文不能满足用户私钥总的访问结构，从而实现数据删除的目的。具体构成上，该方案包括初始设置算法、密钥产生算法、加密算法、解密算法、删除请求算法、重加密密钥产生算法、重加密算法以及验证算法 8 个算法。其中，前 4 个算法是执行可确定删除的基础，后 4 个算法用于实现可验证的确定性删除及保密性风险监测，各算法功能如下。

①初始设置算法。由可信授权方运行，输入安全参数后，生成密钥对，公钥被公开发布，主私钥由授权方自己保存。

②密钥生成算法。由可信授权方运行的概率算法，输入参数包括系统公钥、主私钥和访问结构，输出为访问结构嵌入其中的私钥。

③加密算法。由云服务用户运行的概率算法，输入参数包括系统公钥、属性集合和消息 M，输出为 M 对应于属性集合的密文，并输出对应的数据签名。

④解密算法。同样由云服务用户运行，输入参数包括系统公钥、密文和用户私钥。如果参数正确，可以实现数据的解密，否则提示用户密钥出错。

⑤删除请求算法。由云服务用户运行，输入参数为属性集合，输出数据删除请求消息。

⑥重加密密钥产生算法。由可信授权方运行，用于根据用户提交的数据删除请求和主密钥，输出重加密密钥。

⑦重加密算法。由云服务商运行，其输入为用户拟删除数据对应的密文、重加密密钥，输出为重加密后的密文和 Merkle 哈希函数的根。

⑧验证算法。由用户运行，通过输入删除请求、辅助认证消息和服务器端返回的 Merkle 哈希函数的根进行数据确定性删除验证，并根据输出结果向用户发出提示。

4.4 云服务安全风险监测与预警平台构建

在完成云服务安全风险监测基础上，需要建立风险预警机制，及时向云服务用户报告危险情况，以避免安全事故在不知情或准备不足的情况下发生，及时做出适当应对。同时，需要构建云服务安全风险监测与预警一体化平台，提升监测预警的信息化、智能化水平。

4.4.1 云服务安全风险预警机制

在通过环境安全风险监测、系统安全风险监测和数据安全风险监测全面感知云服务安全风险状况的基础上，进行分析研判，若需要进行预警，则需判断安全风险预警等级、明确预警对象与预警内容、选择预警方式进行预警，并对预警状态进行跟踪，如图 4-12 所示。

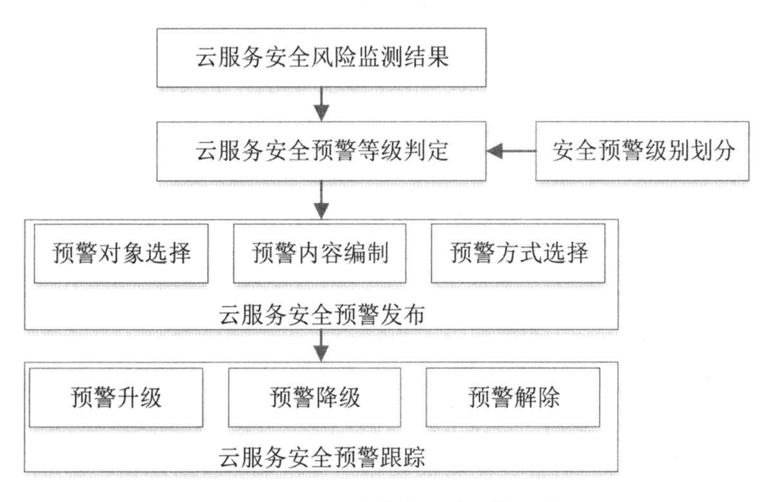

图 4-12　云服务安全风险预警机制

(1) 云服务安全风险预警等级划分

参考《信息安全技术 网络安全预警指南》(GB/T 32924—2016) 中的网络安全预警分级思路，拟根据云服务安全风险涉及对象的重要性和可能受到的损害程度，进行安全预警等级划分。对于前者，可以根据风险涉及对象所承载业务对国家安全、经济建设、社会生活及云服务用户生存发展的重要性，以及业务对涉及对象的依赖程度，划分为 3 个级别：特别重要、重要和一般重要。对于后者，根据受保护对象遭受损失的可能性及损害程度预期，将其划分为 4 个级别：特别严重、严重、较大和一般。综合安全风险所涉及保护对象的重要性和可能受到的损害程度，可以将安全预警等级分成 5 级，如表 4-4 所示。

一级预警指发生特别严重的安全事故的风险很高，可能会对国家安全、社会秩序和经济建设造成极其恶劣的影响，或者对云服务用户的生存发展具有特别重大的影响，即很可能对特别重要的安全保护对象产生特别严重的损害。

表 4-4 云服务安全风险预警等级划分表

安全保护对象的重要程度	安全保护对象遭受损害的预期			
	特别严重	严重	较大	一般
特别重要	一级预警	二级预警	三级预警	三级预警
重要	二级预警	三级预警	四级预警	四级预警
一般	三级预警	四级预警	五级预警	五级预警/不预警

二级预警指风险发生概率较高或很高，预计会对国家、经济社会产生恶劣影响，或者对云服务用户的生存发展具有比较重要的影响，即较大可能对特别重要的安全保护对象产生特别严重的损害，或者很可能对特别重要的安全保护对象产生严重损害，或者很可能对重要的安全保护对象产生特别严重的损害。

三级预警指安全风险预期可能会对国家、社会产生负面影响，或者对云服务用户生存发展产生重要影响，即可能对特别重要的安全保护对象产生较大或一般的损害，或者可能对重要的安全保护对象产生严重或较大的损害，或者可能对一般重要的安全保护对象产生特别严重的损害。

四级预警是指安全风险预期可能会对国家、经济社会产生轻微负面影响，或者对云服务用户生存发展产生负面影响，即可能对重要的安全保护对象产生一般的损害，或者可能对一般重要安全保护对象产生严重的损害。

五级预警是指安全风险预期对云服务用户产生轻微负面影响，即可能对一般重要的安全保护对象产生较大或一般的损害。

(2)云服务安全风险预警等级判定

云服务安全风险预警等级判定中，需要综合采用自动判断与人工判断相结合的方式进行。对于具有明确判定规则的，可以推进预警等级判断的自动化，如监测到终端的密码未及时更新、轻微的异常用户行为(如短时间内异地登录)等，则可以自动将其预警等级判断为五级。对于情况较为复杂，难以转变为清晰的判断规则的，则需要人工进行预警等级的判定。人工判定中，对于低等级、常见的安全风险，可以由安全人员和相关业务部门工作人员自行进行等级判定，并将研判结果上报安全部门管理人员或负责人进行审核；而对于高等级的、复杂的安全风险，则需要由安全部门和相关业务部门负责人联合进行判定，并将研判结果上报高层管理人员进行审核。

(3)云服务安全风险预警对象选择

云服务安全风险不但可能对机构安全人员及其他机构工作人员产生影响，

也可能对其用户、国家和经济社会产生影响，因此可能的预警对象类型也较为多样，总体上可以分为云服务用户的高层管理人员、相关业务部门负责人及工作人员、安全管理部门负责人及安全管理人员，云服务租户及相关用户，云服务商，以及网信部门。

一般来说，预警等级越高，涉及的预警对象类型越复杂、预警范围越广，预警等级越低，涉及的预警对象类型越集中、预警范围越窄。其中，一级预警和二级预警的对象可能涵盖机构高层管理人员、相关业务部门负责人及工作人员、安全管理部门负责人及安全管理人员、云服务租户及相关用户、云服务商和网信部门。三级预警和四级预警的对象则可能仅包括机构安全人员、相关内部工作人员和云服务租户及相关用户。五级预警则一般只涉及风险相关的机构内部工作人员和云服务租户及相关用户。

(4)云服务安全风险预警内容

云服务安全风险预警不仅需要告知风险，还应对风险相关信息进行完整描述，提出应对建议，以便于预警对象对安全风险形成清晰的认知并做出适当的应对。因此，云服务安全风险预警的内容应包含预警级别、风险性质、引发风险的威胁、影响范围、涉及对象、影响程度、防范对策等。

(5)云服务安全风险预警方式

预警发布中，需要根据预警等级、预警对象特征、安全风险的性质进行预警方式的选择，包括发布公告(报纸、广播、电视、互联网等不同类型的媒介，同种媒介上的不同渠道，如机构官网、社交媒体等)、短信、即时通信消息、电子邮件、语音电话等。

(6)云服务安全风险预警的跟踪处置与解除

云服务安全风险处于动态演化之中，其走向受安全威胁、应急响应的综合影响，因此，云服务用户的安全人员应持续对云服务安全风险进行跟踪，根据动态变化情况及时升级或降级预警信息，当风险水平降低至五级预警级别以下时，还应及时解除预警。

4.4.2 基于等级防护的安全风险监测与预警平台构建

云服务安全风险监测与预警平台既涉及数据管理也涉及业务流程，是一个综合性系统平台。在安全风险监测方面，遵循数据管理平台的一般框架，从采集汇入、组织存储、分析挖掘、可视展示过程对安全风险数据进行管理；在安全风险预警方面，以风险监测结果为基础，从预警等级判断、预警信息发布、预警动态跟踪的预警流程方面进行管理。据此，可以将平台功能架构分成4个层次，包括采集汇聚层、数据存储层、分析挖掘层和业务功能层，如图 4-13 所示。

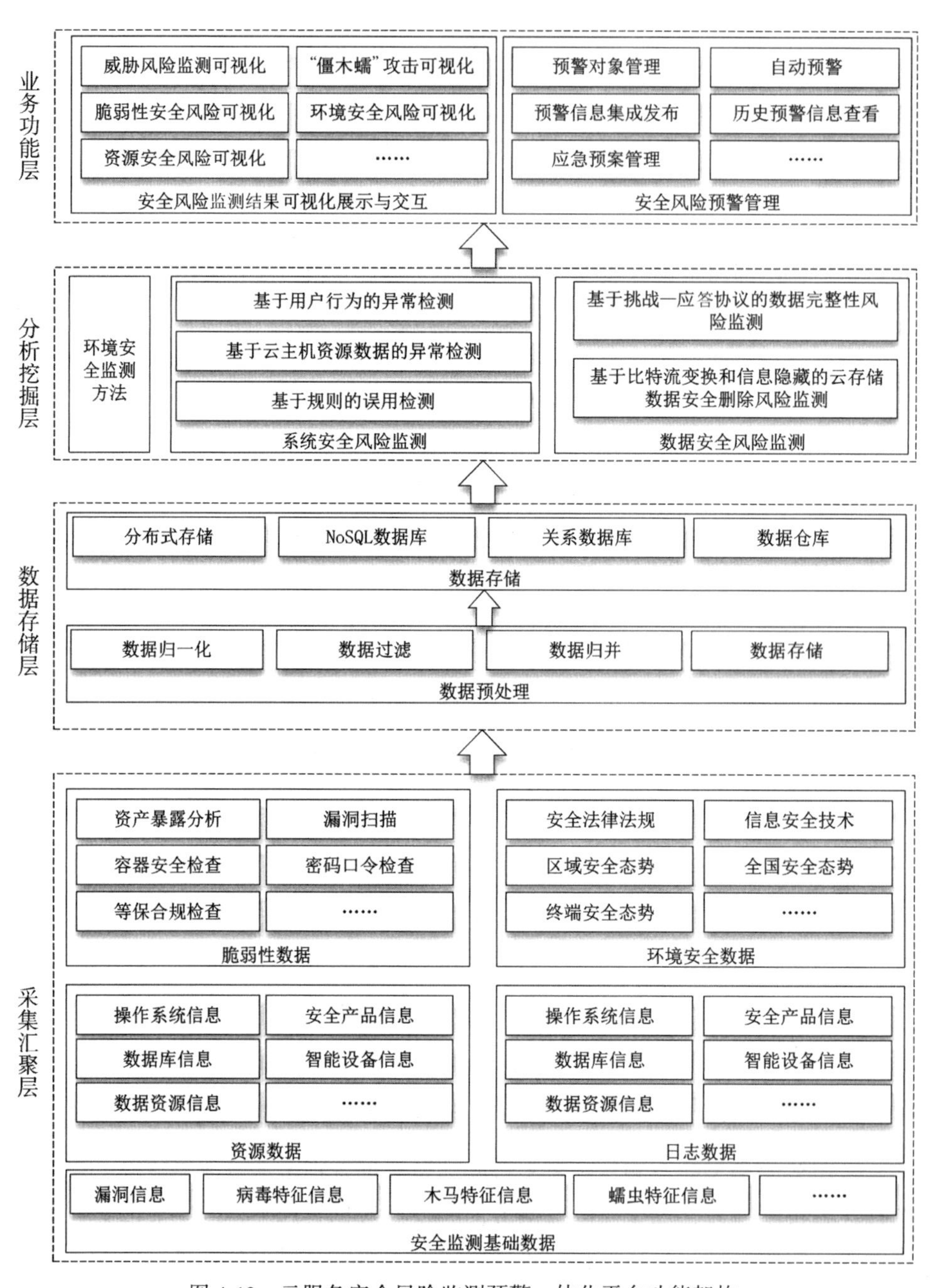

图 4-13　云服务安全风险监测预警一体化平台功能架构

(1)采集汇聚层

采集汇聚层用于实现安全风险监测预警所需的各类基础数据的采集、汇聚，包括利用脆弱性检测、威胁检测、行为审计三类探针进行云服务用户系统日志数据的采集，通过数据导入、开放 API、自动抓取技术进行安全监测基础数据和环境安全数据的采集。

①主动信息探测。通过系统主动发送特定的探测报文进行相关数据的获取，同时获取云服务用户信息系统脆弱性相关的基础数据，包括 IP、端口开启状态、域名、操作系统及版本信息、主机名称、漏洞存活情况等。如对 IP 进行批量探测，以判断对应端口是否开启；根据预先配置的漏洞验证报文对信息系统所在的云主机集合进行探测，验证其存活情况。

②日志数据采集。根据安全风险监测的需要，通过防火墙、系统日志记录等方式采集所需的日志数据，包括访问流量数据、用户日志、工作人员访问日志、系统数据处理与日志变更等；通过云服务商的信息共享，实现云服务账号日志的全面采集。

③基于 API 和自动抓取的安全风险监测基础数据采集。根据安全风险监测需求，从特定信息源进行定向数据采集，获得安全风险监测的基础数据和环境安全监测数据。前者主要是指各类脆弱性和安全威胁相关的特征数据，如操作系统、数据库、应用程序、安全产品、智能设备等软硬件相关的漏洞信息，木马、病毒、蠕虫、逻辑炸弹等信息安全威胁的特征数据，这些数据能够为安全风险分析提供支持。为实现此类数据的采集，系统需要支持代表性的国际国内信息安全数据交换标准，如能够正确解析遵循 STIX、TAXII、CybOX 等标准的安全威胁情报数据。后者主要是指云服务用户系统外部环境相关的安全信息，如信息安全政策法规、信息安全新技术、国家/区域/行业的安全态势与预警信息等。

(2)数据存储层

数据存储层需要实现结构化、半结构化、非结构化的数据转换、清洗与组织，并以适当的形式进行存储，从而为安全风险挖掘分析提供支持。第一，进行数据的归一化。由于各数据源的数据千差万别，需要对数据提供统一的数据表述和系统信息关联。其目的主要是通过数据的归一化，解决不同性质的数据问题，通过数据标准化处理，让所有关联的数据都在同一个分析级别上。第二，进行数据过滤。目的就是对采集的数据进行清洗，发现并纠正数据文件中可识别的错误，包括检查数据一致性、处理无效值和缺失值等。此外，需要清洗掉的数据还包括那些不符合要求的数据，包括不完整的数据、错误的数据、重复的数据等。第三，进行数据归并。就是把那些不属于关键特征的属性剔除掉，将同类型关键数据进行合并，从而得到精练的且能充分描述对象的属性集合。数据归并是在对发现的任务和数据内容理解的基础上，寻找依赖于发现目标的表达数据的有用特征，以缩减数据模型，从而在尽可能保持数据原貌的前提下最大限度地精简数据量。第四，进行数据存储。需要综合利用分布式文件存储、数据仓库、NoSQL 数据库等数据存储技术，实现对事实数据、结果数据、知识数据的存储。

(3)分析挖掘层

在分析挖掘层，要利用前文提出的基于规则的误用检测、基于云主机资源数据的异常检测、基于用户行为的异常检测等入侵检测方法发现云服务用户系统面临的安全风险，利用基于挑战—应答协议的数据完整性风险监测、基于KP-ABE 算法的云存储可验证安全删除监测发现数据安全风险，通过漏洞扫描、安全策略部署检测等安全基线检测技术发现云服务用户系统的脆弱性。

(4)业务功能层

业务功能层主要面向用户提供安全风险监测结果的可视化展示与交互、预警全流程管理。

①云服务安全风险监测结果可视化展示与交互。围绕这一方面，除了向用户进行安全风险监测结果的总体态势展示外，还支持用户从安全风险类型角度进行安全风险监测结果的浏览与交互，以及从资源角度进行安全风险监测结果的浏览与交互。在威胁监测的可视化展示方面，支持多维度、可视化展示安全攻击的情况。支持对安全攻击事件进行分类展示，具体包括事件类别、攻击来源、攻击手段、攻击事件、攻击目标 IP、攻击源 IP、攻击次数等。支持图形化展示攻击类型的分布、占比，支持列表下展示攻击类型统计详情等。对于外部的安全攻击事件，提供攻击地图展示功能，以地理地图为底图，图形化呈现来自区域外的攻击现象，支持攻击数据的实时展现和按时间周期的统计展现。对于内部的安全攻击事件，支持以组织机构分布展示的视角。

对于僵尸网络、木马、蠕虫等安全攻击行为，可以进行攻击状况的实时可视化展示，包括僵尸网络、木马、蠕虫攻击图谱、攻击行为类型、按运营商分布图；还可以对最近一段时间每天发现的攻击行为、攻击行为数量的变化趋势进行可视化展示，以体现趋势变化；支持按照区域地图展示最近一段时间内发现的僵尸网络、木马、蠕虫攻击行为分布、被攻击的重点区域的地理位置分布情况；支持按照运营商分布进行可视化展示，如展示最近 1 周、1 个月、3 个月发现的攻击行为排名统计、按照运营商及区域分布的情况。

为方便用户随时掌握各资产的名称、IP、保密性、可用性、完整性及脆弱性等数据，支持可视化展示资产的脆弱性、漏洞信息以及漏洞的变更历史、级别和状态。在资源角度的安全风险监测结果可视化展示方面，支持从资源视角出发进行安全风险监测结果的可视化展示，包括各类资源中安全风险的分布、变化趋势，单个资源的安全风险状况和变化趋势，以云服务用户系统拓扑结构为底图的安全风险监测结果等。

②云服务安全风险预警管理。预警管理方面，支持用户进行预警对象管理、自动预警、预警信息集成发布、历史预警信息查看、应急预案管理等。预警对象管理方面，支持用户进行预警对象的添加、删除、信息变更，支持对预警对象进行分组，以实现基于分组的预警信息推送。自动预警方面，鉴于四级和五级安全风险较低，涉及的对象类型较为有限，仅包括云服务用户的安全人员及风险直接相关人员，因此系统应支持这两类低级别安全风险进行自动预警，以提升安全预警的效率。对于高级别的安全风险，应当先向安全运维人员进行预警，由其进行初步分析后，再上报相关人员进行预警等级判断与处理。预警信息集成发布方面，系统应支持安全运维人员进行预警信息的在线编辑，并面向预警对象进行集成化发布。具体而言，应支持面向批量预警对象的预警信息精准发布，即安全运维人员通过系统选择一组或多个预警对象，向其精准发布预警信息；应支持预警信息的多渠道发布，如一键实现面向多种社交媒体的预警信息发布，同时通过短信和即时通信工具进行预警信息的发布等。历史预警信息查看方面，支持用户通过浏览、检索的方式查看历史发布的预警信息，支持按安全风险事件进行预警信息的聚合查看。应急预案管理方面，支持用户分风险进行应急预案的编制、上传、修改、删除管理，为预警信息的发布提供支持。

5　安全等级协议框架下的云服务安全风险处置

安全等级协议作为云服务的重要协议，具有全局上的风险识别与安全管控意义。在风险识别与管控框架下，云服务安全处置在于实现安全响应、系统维护、服务链运行和服务安全目标。其中，风险处理机制、框架等处于重要位置。

5.1　云服务安全风险分级分类处置机制

云服务安全风险应对和安全保障处置具有整体性，在分类管控基础上存在着方式选择和组织实现的问题。对此，可以从风险管理与安全目标出发，进行安全风险处置面向服务链的实施。

5.1.1　云服务安全风险处置方式与流程

在网络信息资源安全风险识别的基础上，需要采取适当的措施进行处置，实现信息安全的可防可控目标。

(1)信息安全风险处置方式

在基于风险管控的安全保障中，处置方式主要有规避、转移、降低和应对四种。网络信息安全风险处理实践中，需要综合利用多种处置方式，以获得最大化的信息安全效果。

①规避方式。规避方式即通过不使用有安全风险的资产来避免安全事故发生，例如不允许安全风险较高的信息资源系统上线运行。显然，这种方法可以完全阻止安全事故的发生，但也会因此限制网络的利用，因此也是一种消极的风险处理策略，毕竟在控制风险的同时也使得这些资源利用受限。一般情况

下，只有安全风险较高且无法有效控制时，或者资产信息安全要求较高且风险承受度较低时，才会选择该处置方式。

②转移方式。转移方式在于通过将风险资产转移到更安全的地方，来避免或降低风险。例如，网络信息资源运营主体安全防护技术力量不足时，可通过外包方式委托第三方机构代为防护，或者为相关资产购买保险等。需要说明的是，风险转移过程中，如果不能实现合作方的恰当选择和良好融合，可能容易引发新的安全风险或者法律纠纷。随着信息安全产业的发展，第三方进行安全防护的效果不断提升、成本不断下降，选择转移方式进行安全风险管理也是可以考虑的。

③降低方式。降低方式是指通过采取保护性措施来降低风险影响。从对象角度看，保护措施既可以针对安全威胁进行部署，如打击威胁源，以从源头上降低安全风险。采取的措施在于加大安全攻击的难度，使攻击者无法成功或被迫放弃等；也可以针对脆弱性进行部署，如减少脆弱性的暴露，通过灾备、安全恢复等减少安全事故的损失。在手段上，可以综合采用技术、管理、法律等多种手段，如通过法律手段打击安全犯罪，通过加强信息资源运营主体内部安全管理来减少脆弱性；通过身份认证、补丁更新等技术手段进行信息资源系统防护。目前，这种方式是较为常见的风险处置方式，几乎所有的信息资源运营主体均会采用，但采用该方式一般难以完全控制安全风险，故其作为常规处置方式，常与其他方式组合使用。

④应对方式。应对方式是指对风险不采取进一步的措施，接受风险可能带来的结果。适度安全管理框架下，需要综合考虑安全保障的投入、产出，进行安全风险控制方式的选择，那就可能出现接受当前的安全风险才是信息资源运营主体最佳的处置方式。一般情况下，只有确定了安全风险的等级、风险发生的可能性和潜在损失，并分析处置措施的可行性、成本收益后，方会认定某些功能、服务、信息或资产不需要进一步保护。

总体来看，四种安全风险处置方式各有其优劣势和适用场景，不同方式间的对比分析结果如表 5-1 所示。

表 5-1　不同安全风险处置方式比较分析

处置方式	风险控制程度	投入成本	适用情形
规避	完全控制	无投入，但机会成本高	安全风险特别高，或对安全要求特别高的情形

续表

处置方式	风险控制程度	投入成本	适用情形
转移	部分控制	投入高，主要是资金成本	机构内部不具备控制能力或代价过高
降低	部分控制	投入高，需投入多类资源	机构具备控制能力且投入产出比合理
应对	完全不受控制	无投入	风险损失预期大大低于收益

(2)全局视角下的信息安全风险处置流程

对于信息资源运营主体来说，投入到信息安全风险管理的各类资源是有限的，同时安全风险管理举措与安全风险间是多对多的关系，因此需要建立全局视角下的信息安全风险处置机制，实现安全风险管理的全局优化配置，如图5-1所示。

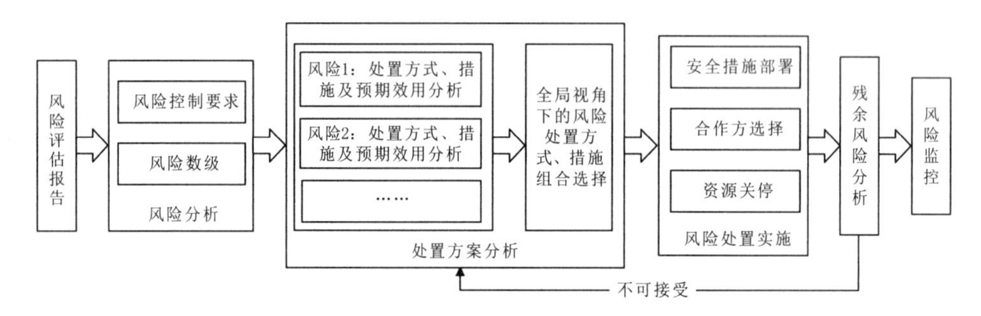

图5-1　全局视角下的信息安全风险处置

在全局视角下的信息安全风险处置中，先输入信息安全风险评估结果，从中明确云服务面临的安全风险结构、风险等级、对应的脆弱性、安全威胁和已部署的安全措施。在此基础上，对现存安全风险进行分析，设计风险处置方案并进行实施，对之后的残余风险进行识别，如果仍然不能满足风险控制要求，则需要重新回到处置方案设计环节，否则就会转入风险监控环节。

①安全风险分析。安全风险的重点是针对信息资源的每一风险，分析其安全控制要求，即安全风险需要下降到何种程度方可接受。分析过程中需要综合考虑资源的重要性、法律法规和强制性标准的要求、信息资源运营主体的内部管理要求等。在此基础上，根据安全风险的等级、风险发生的可能性、风险发

生后的预期损失，进一步明确安全风险控制的基本要求。

②安全风险处置方案分析。在方案分析中需要进一步明确单一安全风险的处置方案，在全局视角下进行安全风险处置方案的组合选择。首先，进行单个安全风险处置方案分析。即在达到安全要求的前提下，对每一种可能的处置方案(可能包含多种处置方式，每种处置方式可能包含多个具体措施)，包括方案包含的处理措施、措施的预期效用、措施的成本投入。其次，进行全局视角下的安全风险处置方案组合选择。在安全风险分析基础上，以信息资源安全风险管理的资源投入为约束条件，以安全风险管理效益最大化为目标，进行安全风险处置方案的组合。对单个安全风险来说，只有处置方案满足安全要求才能实现安全风险管理效益。因此，在安全风险处置方案组合选择中，基本单位是安全风险的一揽子处置措施；在所需安全资源的计算中，则需要对安全措施中的重复措施进行去重。

③风险处置方案的实施。实施环节，需要针对不同的措施设计不同的实施方案：对于风险降低中的技术防护措施，需要采购相关安全产品并进行部署，或是由安全技术团队实施技术防护方案；对于风险降低中的安全管理措施，则需要由安全管理部门主导，相关部门配合，协同推进；对于风险转移措施，需要由安全管理部门进行第三方的选择和管理；对于风险规避措施，则需要安全部门将相关资产封存下线，限制投入使用。

④残余风险分析。鉴于风险处置措施的实施效果可能不及预期，或者可能引入新的安全脆弱性，因此在风险处置措施实施后，需要进行残余风险分析。对未被完全消灭的安全风险，需要分析其是否达到残余风险可接受的标准，否则需要返回风险处置方案分析环节，进一步优化处置方案。

⑤安全风险监控。如果残余风险较低，属于信息资源运营主体可以接受的水平，则可以将信息资源及相关资源投入运行，但同时需要对残余风险进行持续监控，及时发现安全隐患并进行应急处理。

5.1.2 基于适度安全的信息资源安全风险控制

适度安全是指不追求绝对的信息安全，而是追求合理的信息安全保障投入产出比。落实到实践中，我国推进的信息安全等级保护制度、关键基础信息设施保护制度都是这一规定的具体体现，云服务安全保障组织需践行这一基本方略。

①推进安全保障视角下信息资源及相关业务的分级分类。这一工作是开展差异化安全风险管理部署的基础，也是开展合理的适度安全保障的基础。安全

等级划分中，需要考虑的维度主要是信息资源自身的敏感性和关联业务的重要性。从敏感性角度出发，可以将信息资源分为敏感信息和公开信息。前者指虽然不涉及国家机密，但与国家安全、社会稳定、经济发展，以及社会组织和社会公众利益密切相关的信息，其一旦出现安全事故，可能在较大范围或较大程度上损坏国家社会、企业公众的合法权益。除敏感信息外的非涉密信息属于公开信息，根据安全事故出现后的影响范围和程度，可以将信息资源运营主体的数字化服务业务的重要性分为一般、重要和关键。一般业务出现问题不会影响机构核心权益，对用户的影响也比较有限；重要业务出现问题就可能会产生一定影响，导致用户的工作难以正常开展，或者造成一定的财产损失；关键业务出现安全事故，则可能严重影响机构运转和服务提供，威胁国家和公众生命财产安全。相应地，可以根据关联业务的重要性对信息资源安全等级要求进行划分。结合敏感性和关联业务的重要性，可以进一步将信息资源的安全风险防控等级要求分成 6 类，显然，越靠近右上角，安全等级要求越高，如图 5-2 所示。

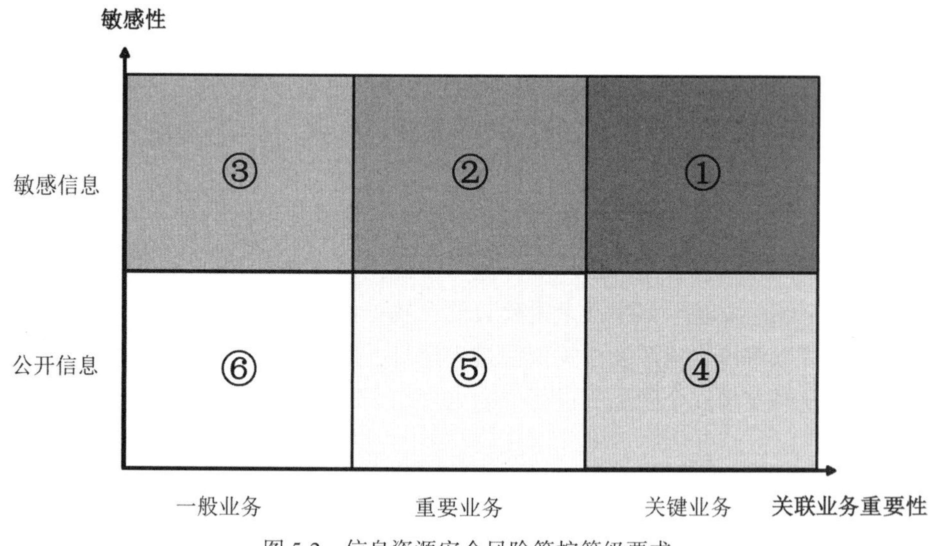

图 5-2　信息资源安全风险管控等级要求

②根据信息资源安全风险等级要求进行差异化安全措施部署。安全保障实施中，需要根据安全等级的要求，采取不同力度的安全风险响应技术手段。其中，力度的不同体现在两个方面：第一，采用防护能力不同的同类安全技术手

段，如破解难度不同的64位、128位、192位、256位、512位等加密算法，灾备恢复方案设计中对不同安全等级的信息资源及相关业务设置不同的恢复优先级；第二，在弱防护能力的安全技术手段的基础上，叠加其他安全技术手段，通过多种技术手段的协同提升安全风险管控能力，例如安全区域边界防护中，低安全等级的信息资源可以通过边界防护、访问控制、可信验证手段进行防御，而安全等级较高的信息资源则可以通过叠加入侵防范、恶意代码防范、安全审计等措施，获得更好的安全性。实践过程中，常常综合采用这两种策略进行安全措施的部署，以取得最佳的综合防御效果。

③安全等级不同的信息资源，需要采用不同的云服务安全风险管控部署模式。公有云、私有云和混合云是三种主要的云服务部署模式，其中公有云的优势集中在可扩展性强、运维成本低、资源利用率高、可选择范围广，而私有云的主要优势是安全性高、易于与现有业务系统集成。近年来，随着云计算技术的持续成熟，其安全性较以往也提高不少。故而信息资源系统在云服务部署中，可以将承载一般业务和重要业务的信息系统、与两者相关联的公开信息资源部署在公共云服务平台上；将关键业务、敏感数据、与关键业务关联的公开数据部署到私有云平台上，从而形成如图5-3所示的混合云风险管控模式。

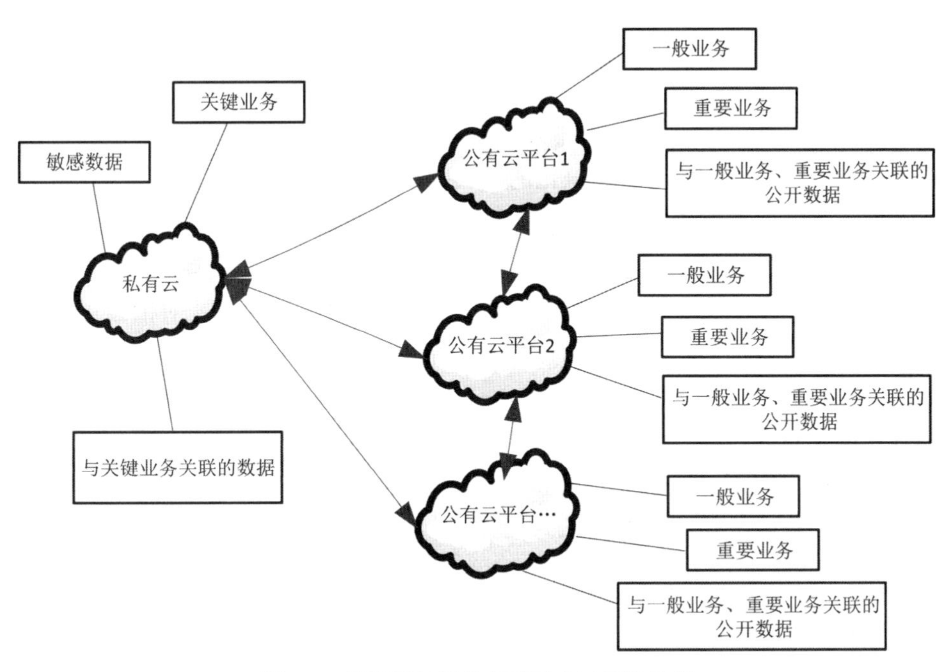

图5-3 云环境下信息资源混合云风险管控

如图5-3所示，云环境下的混合安全风险识别与管控是云服务安全保障的核心，其服务运行机制决定了安全风险的存在与分布式形式，因而应针对服务架构进行风险识别和控制。

5.2 面向云服务的安全风险防范架构升级

随着互联网智能化发展和基于云计算的大数据服务的社会化应用拓展，云安全风险结构及影响正发生新的变化，由此提出了安全风险管控的新要求。从这一现实出发，应进行风险防护的升级，在升级中推进深度防护的全面实现。

5.2.1 深度防护框架的形成

深度防护框架是美国国家安全局(National Security Agency，NSA)提出的一种信息安全保障战略，首次完整论述是在《信息安全保障技术框架》(*Information Assurance Technical Framework*，IATF)这一指导性文件中。① 尽管其最初是面向政府部门提出的，但是其基本原理适用于所有类型的信息系统或网络。

IATF是在美国军方的需求推动下产生的，自20世纪50年代计算机应用于军事领域开始，经历70年代网络化的初步发展，80年代密码标准的推出，到了90年代，信息产品的安全性逐渐受到重视，由此形成了信息安全风险防控的基本框架。当前，随着信息化的深入推进，大数据网络和智能服务已成为社会发展运行的重要领域，信息化相关的资源日益增加，而现有的技术无法完全杜绝随之产生的各种风险，人们的信息安全风险管控需求也日益强烈。在此背景下，美国国家安全局提出了《信息安全保障技术框架》，这对信息风险管控和安全保障具有现实意义。IATF的前身是网络安全框架(Network Security Framework，NSF)，其在最早的版本中对网络安全挑战提供了初步的指南，之后又添加了新的内容，将关注的内容集中于安全服务、安全强健性和安全互操作性。1999年8月，NSA正式发布IATF2.0，将安全解决方案框架划分为四个深度防御焦点域，同时将NSF正式变更为《信息安全保障技术框架》。2000年9月，IATF3.0正式发布，该版本将深度防御的表现形式和内容通用化，并将其使用范围大大拓展，不再局限于美国国防部的信息系统。2002年9月，

① NSA. Information assurance technical framework V3.1 [R]. 2002.

IATF3.1出版，其主要贡献是扩展了深度防御的内涵，着重强调了信息安全保障战略，并将关注重点集中于对手、动机、攻击类别以及信息安全保障这四个领域。在这个过程中，一方面，安全保障技术框架不断完善，表明了美国政府及军队各方对信息安全保障认识的不断加深；另一方面，其内容的深度和广度继续得到加强，使这个技术框架更加符合信息安全风险管控与安全保障需求，因而具备更加广泛的意义。

深度防御策略是IATF提出的信息安全保障的核心思想，是指采用一个多层次的、纵深的安全措施来保障用户信息及信息系统的安全。一个信息系统的安全不能仅仅依靠一两种技术或设置几个防御措施来实现，IATF强调提供一个框架进行多层保护，采用多个信息安全风险管控技术解决方案，这样当攻击者破坏了某个保护机制时，其他的保护机制可以及时提供保护，使得攻击行为无法对整个信息基础设施或信息系统造成破坏，从而防范信息基础设施或信息系统面临的计算机技术及网络技术威胁，保证安全保障目标的实现。

深度防御策略的要素包括人员、技术及操作三类，如图5-4所示，并强调这三者之间的紧密结合。其认为在缺少高素质人员和用于指导具体应用的操作流程的情况下，技术能够发挥的作用相当有限，只有适当的人使用适当的技术采取适当的操作，才能实现信息安全保障目标，保证组织正常运转。

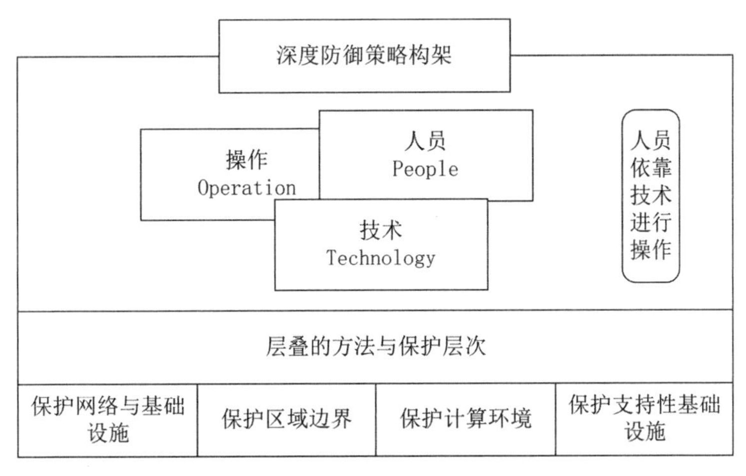

图5-4 深度防御策略构架的要素

在具体的应用中，深度防御策略最核心的两条指导原则是保护多个位置和进行分层防御：

①保护多个位置。攻击对手可以从多个点攻击既定目标，因此，仅在信息系统的重要敏感地点设置一些保护装置是不够的，任何漏洞都可能造成严重的后果，为抵御这些可能的攻击，每个机构都需要在信息系统的各个方面布置防御机制以抵御所有的攻击方法。必要的保护位置应当包括：网络和基础设施；区域边界(如为抵御网络中的主动攻击部署防火墙及入侵检测机制)；计算环境(如为抵御内部人员的攻击、物理临近攻击及分发攻击，可以在主机和服务器上采取访问控制)。

②进行分层防御。由于技术及管理水平的限制，任何信息安全保障产品都会存在内在的弱点，因此我们认为攻击者可以在几乎所有的系统中找到其脆弱性。分层防御就是在攻击者和目标之间部署多层防御机制，要求其中的一个或几个机制必须对攻击者形成一道屏障，并且要包括针对特定机制的保护和检测措施，使得攻击者攻击失败并面临被检测到的风险，迫使攻击者因高昂的代价而放弃攻击行为。

在实际操作上，深度防御策略从四个方面对信息系统进行保护：保护网络和基础设施、保护区域边界和外部连接、保护计算环境、保护支持性基础设施。这几个方面的安全风险控制目标不同，各自的技术侧重点也并不相同，由此构成了信息系统的信息安全保障技术层面的四个框架域，如图 5-5 所示。这种划分方式有助于分别讨论信息系统的信息安全保障技术的各个层面，并且有助于进行更清晰的展示。

按图 5-5 所示的基本框架，其安全风险管理和风险管理基础上的防御围绕以下几个方面展开：

保护网络与基础设施。网络和支撑它的基础设施是各种信息系统和业务系统的中枢，包括操作域网、城市域网、校园域网和各类局域网，其核心作用为支持区域互联，因此它的安全是整个信息系统安全的基础。

保护区域边界和外部连接。区域是指在单一管辖权控制下的物理环境，具有人员和物理安全措施，它通常是一个由多个计算资源组件(内含用户平台、应用程序/网络/通信服务器、打印机、路由设备等)构成的局域网。同时，区域还要求内部计算设备互相连通，能够基于同一个安全策略进行管理。在确定所处理的信息类型与级别的前提下，安全策略具有唯一性；而且，单一物理设备可能位于不同的区域内，当要访问某个区域内部资源的元素时，必须满足该区域规定的安全策略要求。

保护计算环境。计算环境通常为本地用户环境，其安全防护对象包括主机或服务器的应用程序、操作系统和客户机/服务器硬件。保护计算环境主要是采用信息安全保障技术，保证信息在进入、离开或驻留客户机和服务器时的可用性、完整性和保密性。深度防御策略要求在涉及多个产品的计算环境中，保护服务器和客户机的安全，包括在环境中安装的应用程序、操作系统和基于主机的监视器。客户机通常以终端用户工作站的方式存在，如带外设的台式机与笔记本计算机；服务器则具有应用程序、网络、Web 服务、文件与通信等服务功能；运行于主机或服务器之中的应用程序包括安全邮件与 Web 浏览、文件传输、数据库、病毒扫描、审计及基于主机的入侵检测等。

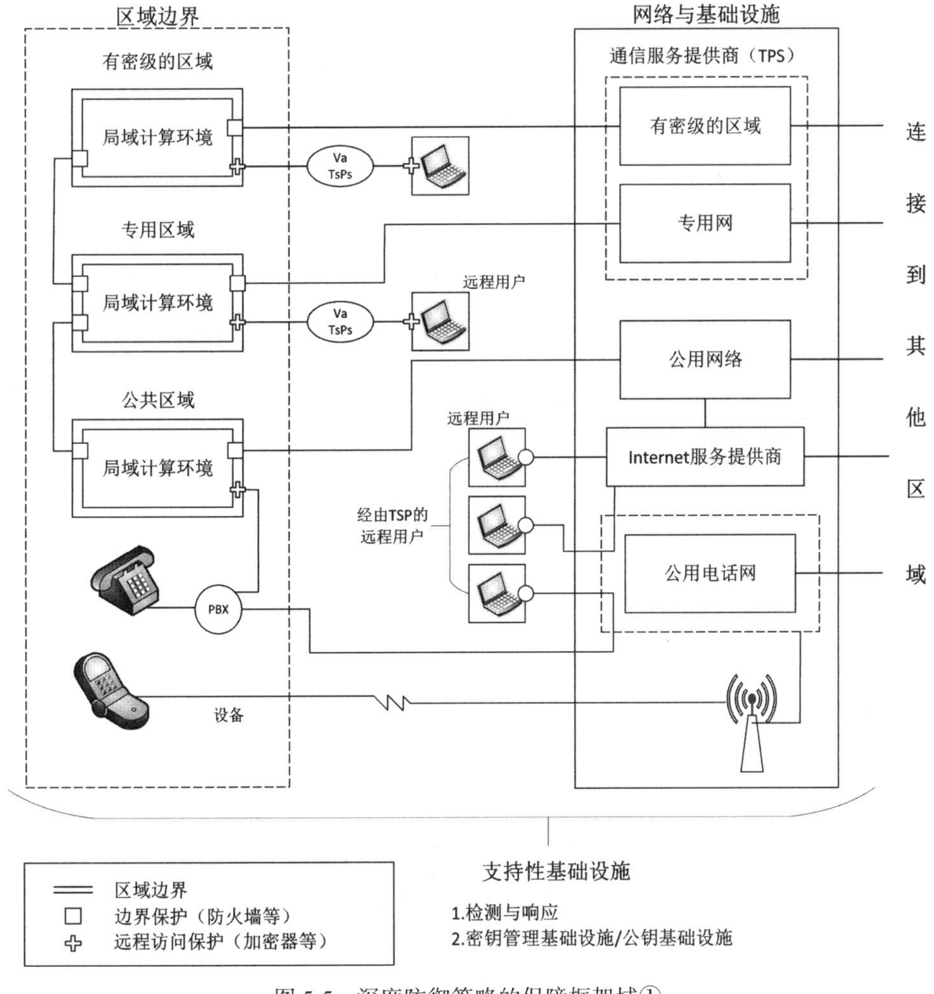

图 5-5　深度防御策略的保障框架域①

① NSA. Information assurance technical framework V3.1 [R]. 2002.

保护支持性基础设施。它们是为安全保障技术或管理措施实施提供支持的基础设施，能够为网络，终端用户工作站，网络、应用和文件服务器，单独使用的基础设施提供服务。目前，深度防御战略定义了两个支撑性基础设施：密钥和公钥管理基础设施、检测与响应基础设施。其中，密钥和公钥管理基础设施采用一种通用的联合处理方式，从而安全地创建、分发和管理公钥证书与传统的对称密钥，进而可以为网络、区域和计算环境提供安全服务。检测与响应基础设施能够预警、检测、识别可能的网络攻击并做出响应，并可以对攻击行为进行调查分析。

5.2.2 深度防护框架下的云服务安全风险防范架构

尽管深度防御策略是针对传统 IT 环境提出的，但在云服务安全风险防范中依然适用。首先，云计算环境下人、操作和技术三个要素的协同仍然是安全保障成功的关键。除了注重三个要素之间的协同，还需要关注三个要素内部的协同，尤其是云服务客户与云服务商之间的协同。其次，云计算刚兴起不久，对其安全问题的认识还不够深入，一些已知的安全问题并未得到有效解决，还可能存在一些未知的安全隐患，因此更加需要采用多层次的安全保障策略来增加攻击的难度和成本，从而实现最终的安全保障目标。

深度防护框架下，在安全措施部署上需要遵循多点和多重防御原则，综合采用主动防御、被动防御、智能化防御等安全技术，进行全方位、立体化安全措施的部署。如表 5-2 所示，基于深度防护框架的云服务安全保障主要从三个角度进行安全措施的部署：其一，由外及内的多层防护体系，拟从网络和基础设施、虚拟化系统边界、计算环境三个位置进行安全措施部署；其二，自底向上的多层防护体系，拟从物联网终端/云平台层、系统基础设施层和资源应用层三个层面进行安全措施部署，其中，在资源应用层，拟基于网络信息资源的采集、存储、开发利用、共享、服务的处理流程进行安全防御，并注重用户安全的保障；其三，纵向深入的多层防护体系，拟设置威胁和脆弱性防御、监控预警和响应、灾备和恢复三道防护体系，同时每一道防护体系都主动实现人、技术和操作的系统管控，强化技术手段的运用及跨主体的安全保障协同。

从表 5-2 中可见，基于深度防御的信息资源安全风险管控涉及组织和管理对象两个层面，在风险管控中，其防御应注重以下三个方面的问题。

表 5-2 基于深度防御的信息资源安全风险管控构架

风险管控组织		信息安全风险管理对象
国家统一部署下的安全风险管控	信息资源系统管控	信息资源系统安全风险
		大数据资源安全风险
		云服务平台资源安全风险
	信息交互与服务管控	虚拟计算服务安全风险
		用户交互信息安全风险
		网络云服务利用安全风险
		信息软件与工具安全风险
	网络基础设施运行管控	网络基础设施安全风险
		网络拓展应用(智联网、物联网等)安全风险

①由外及内的多层防护体系。云计算环境下信息系统的边界处于动态变化之中，不像传统 IT 环境下有明确、清晰的系统边界，但仍需要建立这种由外及内的防护体系。当然，云环境下，只有云平台才有固定、明确的物理安全边界，而架构于云平台上的网络信息资源系统只有逻辑边界，因此不能照搬传统 IT 模式下的多层次防护体系，需要对其进行针对性改造。具体来说，除了传统 IT 环境已经具备的 Internet 骨干网络、无线网络、VPN 网络等，云环境下的网络和基础设施还包括云平台内由虚拟机组成的局域网络。其中，每个物联网终端都可以视为一个独立的信息系统，通过网关与外界相连的一组物联网终端也可以被视为一个信息系统，因此其总体上呈分散分布状态；云平台的物理边界也不同于传统信息系统的边界，其包括多个数据中心物理边界的总和及各数据中心连通互联网的逻辑边界，整体成分布式结构。网络信息资源系统的边界则是云平台内的一条虚拟边界，由其占用的虚拟机群与其他虚拟机之间的边界，以及系统虚拟机与云平台基础设施之间的边界共同组成。基于虚拟化的计算环境则同时包括云平台硬件设施和基础软件设施、网络信息资源系统的软件和资源数据。云环境下网络信息资源四个安全域之间的关系是：网络和基础设施、云平台区域边界和面向多租户资源共享的虚拟化边界依次是从外到内的前三层，除物联网终端外的其他要素出现安全事故，并不会直接导致网络信息资源系统的完整性和数据资源遭到破坏，而且它们是帮助网络信息资源系统抵御直接攻击的安全屏障；基于虚拟化的计算环境处于最里层，一旦被安全攻击，

可能直接导致网络信息资源出现安全事故。

②自底向上的多层防护体系。不同于由外及内的多层防护体系，该防护体系下，任一层次的防御被攻破都可能直接引发网络信息资源安全事故。从这个角度进行安全防御层次划分的目的是协助确定防护位置，避免出现防护盲区：物联网终端与云平台物理资源层主要负责各个物联网终端设备及系统、云服务商数据中心物理环境和云平台硬件设备的安全保障，一旦防御被突破，物理环境和硬件的损坏可能直接导致网络信息资源系统的不可用和数据资源的丢失；云平台资源抽象和控制层主要负责计算资源虚拟化和虚拟机调度的安全保障，一旦出现安全事故，就可能导致网络信息资源系统的不可用；网络信息资源系统数据层负责系统基础软件、应用程序和数据资源的安全保障，其是最易于遭到攻击的对象，也是网络信息资源服务主体进行安全保障的重点。立足于自底向上的多层防护体系，可以按照系统架构进行安全措施部署的清晰规划，尽量减少云平台和网络信息资源系统脆弱性的直接暴露，全方位保障网络信息资源安全。

③纵向深入的多层防护体系。该角度的防护体系包括三个层次，分别是基于脆弱性保护的静态防护、基于监控预警和响应的动态防护、基于灾备和恢复的安全兜底措施。其中，脆弱性保护机制是立足于安全需求，针对包括安全保障对象脆弱性、安全保障措施脆弱性在内的各类脆弱性进行安全措施部署，从而加固、掩盖或消除脆弱性，使得安全攻击无从着手或攻击难度加大、成本变高。鉴于这些措施都是防御性的，若要发挥作用，必须在安全攻击发起之前进行布置。监控预警和响应机制是为了防范第一道防线无法抵御攻击而设置的，其目标是第一时间发现正在进行的安全攻击，并对其进行持续监控，对可能引发安全事故的攻击及时预警，并根据预置方案进行响应处理，或者交由安全保障主体实时处理。这类安全防护属于动态主动防护，根据攻击者的行为实时采取措施进行应对。灾备和恢复机制是为了防范前两道防线被突破后，对网络信息资源及网络信息资源系统造成不可恢复的破坏或长时间的服务中断而设置的，其通过备份机制避免软件系统和网络信息资源遭受系统性的、永久性的损坏，通过提供相关硬件设备和基础软件环境，为网络信息资源服务的快速恢复提供基础资源。

在基于风险管控的安全防御中，可将云服务安全保障技术与管理手段融合，构建立体交叉的防御体系。需要说明的是，其中的关键是基础设施及数字智能背景下的信息风险管控。因此应对其相关安全措施进行部署。

5.3 基于 SLA 的云服务安全风险控制

数字资源云服务建立在共享数据模型之上，通过互联网将计算资源、馆藏资源及信息服务提供给用户。从用户视角看，信息资源云服务就是机构网站上的一个界面，通过该界面能够获取各种资源和服务。信息资源云服务是商业性的组合服务，除客户之外，还面对着供应商、合作方和中介等，而且其客户分布在全球各地，具有不同层次的需求结构。在这么复杂的供应链中，可通过 SLA 协议，进行安全风险转移控制，以避免安全风险的影响。

5.3.1 数字资源云服务 SLA 质量与安全风险管控

信息资源云服务等级协议(Service Level Agreement for Resource Cloud, SLA)的一方为服务提供商 P，另一方为客户 C。信息资源云服务商与其他供应商签订的是供应商 SLA，与合作者签订的是合作者 SLA。信息资源云服务商与信息服务机构签订的 SLA，即本章所讨论的数字资源云服务 SLA，此时，信息服务机构是数字信息资源云服务的客户，但非终端用户。信息服务机构是介于云服务和终端用户间的组织。

因此，SLA 是信息资源云服务商与客户围绕服务内容、质量目标、双方职责、违约赔偿细则签订的协议。此处的客户通常是信息服务机构，如政府、企业或其他组织。市场上较为热门的信息资源云服务包括 ExLibris Alma、OCLC WMS、Serial Solutions Intota、Innovative Interfaces Sierra、VTLS Open Skies、Kuali OLE 等。在购买服务时，这些云服务商都会提供相关的 SLA 条款。其中，ExLibris Alma 和 OCLC WMS 将 SLA 称为 QoS 协议(Quality of Service Agreement)或服务质量协议(Service Quality Agreement，SQA)，其中，SLA 主要从用户角度阐述自身在服务质量保障方面的责任，并详细说明评价参数与测量方法，以及出现安全问题时的弥补办法。

根据 ITU-T 的 SLA 模型，SLA 的内容应涵盖参与方、权责、服务定义三方面的内容。信息资源云服务的签订方是云服务商和信息服务机构，信息服务机构通过商业化方式采购信息资源云服务，其用户是采用信息资源云服务的最终使用者。信息服务机构向其用户提供公益性的学术信息服务，也包括采购的信息资源云服务。例如，在 OCLC WMS 的 SLA 中，明确指出 WMS 是基于订购的服务。OCLC 称 SLA 的签订方为机构(Institute)。机构购买 WMS 时，与

OCLC 签订服务协议，包括 SLA、相关条款和使用政策。其中，SLA 会描述 OCLC 所提供的托管服务质量水平和安全风险控制等级，以支持服务器、设施、计算机设备、软件及服务连通性等操作。该 SLA 的权责包括四个方面：①服务稳定性承诺，即保障服务在合同周期的 99.8%的时间是可用的；②响应速度承诺，即承诺在高峰时期(7：00—19：00，ET)，95%的事务将在 3 秒内得到响应；③补偿措施，即如果 OCLC 没有履行服务稳定性安全的承诺，就会根据实际运行情况获得补偿，获得的最高补偿达月服务费用的 50%；④系统管理，包括监控、维护和变更控制，进行硬件设施、系统软件、应用程序的监控，监控内容包括异常事件、超荷负载，并运用多种技术监控为服务提供支持的网络、应用程序和服务器，提供升级、补丁、文件修补等相关的安全风险控制文件。①

ExLibris Alma SLA 同 OCLC WMS SLA 类似，是“ExLibris Alma 订购、服务和支持协议”下的一个附录，并不是独立存在的。购买 Alma 数字资源云服务的客户主要是图书馆或机构。该 SLA 严格规定了宕机和正常运行的时间，对服务进行保证——每年正常运行时间至少为 99.5%，对于突发状况和有关服务进行具体说明。

根据协议，数字资源云 SLA 满足云计算环境的风险管控要求，因为该协议对服务具体的计算方法和服务等级进行详细说明，由于数字资源平台具有虚拟化和分布式的特点，客户并没有实质接触这些资源，更不了解这些资源的存储位置，但 SLA 所规定的条款和事项里，应对签约双方之间的合作进行详细的安全风险转移说明，以防止转移风险的情况发生，从而维护云服务商和信息服务机构的风险防控协同关系。另外，在风险转移限制中，建立两者彼此信任的关系。在此基础上，缩减因硬软件等基础措施造成的风险控制成本，使客户方的服务效率大大提高。

5.3.2 数字资源云服务 SLA 质量与安全风险管控参数

SLA 的内容往往不是固定的，而是随着服务的不同及客户要求的不同而变化。围绕网络信息资源的特点及应用目标，SLA 中需要重点关注的指标如图 5-6 所示。

① SOCCCD. Contract with eNamix for quality assurance service[EB/OL].[2021-08-21]. https://www.socccd.edu/documents/BoardAgendaAug13OCR.pdf.

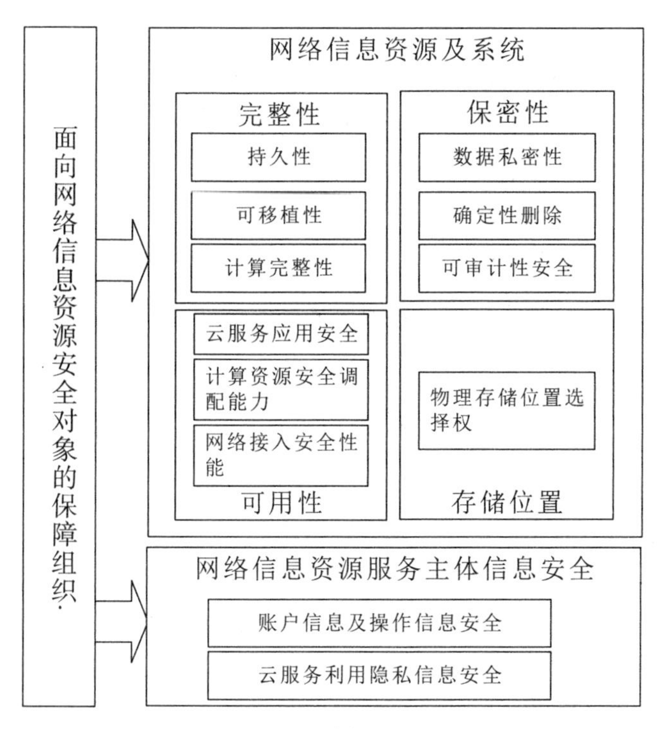

图5-6　SLA的风险管控与安全关系

如图5-6所示，SLA的风险管控与安全关系集中于以下几个方面：

第一，网络信息资源及系统安全质量约束。此类约束的目标是保障因为云平台而影响信息资源及信息系统的完整性、保密性和可用性的事情不会发生，也不会触发数据主权问题。为细化质量要求，便于衡量与监督，需要对这几方面的要求进一步细化。

完整性可以细化为持久性、计算完整性和可移植性三个方面，分别用于保障信息资源及信息系统部署到云平台之后，基于云平台进行信息资源加工处理及退出云服务迁移至其他云平台或本地时，信息资源及系统代码不会被篡改、丢失。

保密性可以细化为私密性、可审计性与确定性删除。前两个要求是针对正在存储的资源和正在运行的系统设置的，用于保障信息资源及信息系统前后台免受未经授权的访问，以及所有的访问及操作记录都可追踪审计；后一个要求则是针对已删除的资源及应用程序设置的，用于保障信息资源服务主体在删除数据并释放虚拟机之后，其之前存储于虚拟机之上的数据无法被恢复，从而避免安全问题的发生。

可用性可以细化为云服务的稳定性、计算资源调配能力和网络接入性能，分别用于保障信息资源及信息系统能够在云平台上平稳运行，获得充足的计算资源，有足够的风险应对措施以满足信息资源服务主体的用户安全访问。

国际云服务商通常在多个国家和地区建有数据中心，但由于不同国家的法律法规不同，如果对信息资源进行跨国部署，可能会导致数据主权丢失风险。因此，为避免出现数据主权争议，需要选择信息资源存储的物理位置，将其存储在安全的数据中心。

第二，网络信息资源服务主体信息安全质量约束。为部署云服务，信息资源服务主体需要在云平台上建立账户，进而会产生多方面的隐私信息；云服务利用期间，也会产生大量的隐私信息，包括计算租赁与释放信息、访问信息资源系统的用户时空分布信息等。这些隐私信息一旦出现安全事故，可能引发较为严重的后果。基于此，需要从账户信息及操作信息和云服务利用隐私信息两个方面进行信息安全质量约束。在约束内容上，一是明确信息资源服务主体隐私信息的具体类型，并将其按保密程度分为信息资源服务主体可访问、服务主体与云服务商可访问两类，并分别约定保密要求；二是云服务商在基于信息资源服务主体的隐私信息进行数据分析与挖掘时，必须进行脱敏处理，不能基于某字段或字段组合推断出具体客户的账户。

除协议框架外，SLA 中还需要通过参数的形式确定每一项服务方面的等级要求。这里的参数既可能是程度值，比如服务可用性达到 99.99%，也可能是离散值，比如数据存储位置。在参数设置中，安全需求是影响参数设置最重要的因素，因此，需要对信息资源的完整性和可用性，信息资源系统的完整性、可用性和保密性，重要隐私信息的保密性设置进行规定。其原则是按保密性原则根据具体情况来确定。此外，服务安全质量要求越高，所需要的费用也越高，因此经济成本也将对参数设置产生一定影响，要求信息资源服务主体在设置超出正常要求的服务安全质量等级时考虑自身的状况。

需要说明的是，不同模式的云服务涉及的服务内容不同，其 SLA 中涉及的方面也应该随之变化，否则就难以起到激励云服务商认真履行安全保障职责的作用。以上所涉及的 SLA 重点关注内容，针对的是 IaaS 云服务；而对于 PaaS 云服务，还需要重点关注云平台所提供的基础开发环境的可用性；对于 SaaS 云服务，则不再关注基础开发环境安全以及信息资源系统相关的完整性、可用性和保密性要求，转而关注 SaaS 服务自身的安全可用性。

在用于保证用户服务质量的 SLA 中，为了反映服务安全质量参数，云服务商常采用影响力最大的服务可用性这一标准，其测量变量为“服务总是可访问”。在实践中将 SLA 中的服务可用性作为质量参数，为了实现“服务总是可访问”这一标准可计量，云服务商将其定义为“服务正常执行时间的百分比”。该 SLA 的质量参数计算办法及其数值不仅能够计算出客户感知到的服务安全质量水平，而且能够反映出云服务商提供服务质量的能力。为了保证衡量云服务商和用户服务质量的一致性，可采用 SLA 质量参数实现监测、计量实际的服务质量水平的功能。例如，OCLC WMS 和 ExLibris Alma，均会在其 SLA 中详细阐述其质量参数及计算办法。例如，OCLC WMS 的 SLA 中，保障 WMS 的可用性为每月正常运行时间的 99.8%，计算办法如以下公式所示：

$$\text{正常运行时间}=\frac{T-P-D}{T-P}\times 100\%$$

其中：T=各月总的分钟数；P=计划的中断时间(每个月不超过 4 小时)、由第三方引起的通信或电源中断时间、OCLC 可控范围之外的原因引起的中断时间；D=该月非计划性的宕机(Downtime)总分钟数。

在 WMS 的质量参数计算中，排除了计划性的中断时间，Alma 则排除了宕机时间。由于缺乏统一性的标准，对于数字资源云服务的质量参数、安全质量水平以及计算方法无法判断哪种方式更为合理，因而需按客户能够接受的计算方法和承诺的目标值进行认证。

5.3.3 数字信息资源云服务 SLA 链安全管理

由于签约各方的特殊性，云服务提供统一的资源，并不做资源等级划分，从而满足信息服务机构的不同需求，实现资源的充分利用。WorldCat 是全球最大的图书馆元数据库，是 WMS 的核心部分，它涵盖了众多物理格式和电子格式。① 目前，其数量超过了 20 亿，书目记录超过了 3 亿。

在 SLA 中，云服务商提出的质量参数计算方法、检测方法，以及对用户承诺的质量目标值均反映了服务质量及安全等级。例如，OCLC 承诺 WMS 在可用性方面能够保障每月正常运行时间达到 99.8%。SLA 保证的服务质量主要体现在 WMS 的可用性上，其测量的可用性参数主要是以每月正常运行时间为

① OCLC WorldShare management services homepage[EB/OL]. [2021-08-21]. http://www.oclc.org/worldshare-management-services.en.html.

准。一旦在实际交付服务过程中，服务质量等级低于正常值，则会产生服务降级。根据服务降级产生的原因，可判定用户获得的赔偿大小。一般情况下，对服务降级的赔偿主要是以服务费用或服务价格折扣的形式体现出来的。但若服务质量得到满足、没有发生降级，则收取的费用为约定的标准价格。表 5-3 为 WMS 对服务出现降级而实施的赔偿办法，当服务降级发生时，依据降级的程度不同，折扣的程度也不同。

表 5-3 OCLC WMS 的服务等级及其赔偿办法

服务等级	每月实际正常运行时间百分比	服务折扣
1	99%以上	0
2	97%～99%	15%
3	95%～96.9%	25%
4	95%以下	50%

WMS 对外承诺在正常情况下，每月运行的时间百分比是 99.8%。但当其正常运行时间在 99%以下时，则用户能获得相应的赔偿；当正常运行时间在 95%以下时，OCLC 将给予 50%的服务折扣赔偿。相较于云计算 SLA 的服务折扣不高于 25%相比，WMS 的折扣力度以及赔偿数相当高。从这一点上也反映了 OCLC 在保障用户数字学术资源云服务的质量方面具有相当的信心和能力。

不同组织利用不同方式确定服务等级，例如 WMS SLA 基于实际正常运行时间来划分服务不同等级以及相应的服务折扣，ExLibris Alma SLA 则是按照发生故障事件的严重程度或损害程度来划分响应时间级别，从而描述相应的服务级别。如表 5-4 所示。

表 5-4 ExLibris Alma SLA 的支持事件及响应等级

响应等级	事件描述	初步响应
1	服务不可用	1 小时
2	不可操作的模块	2 小时
3	其他产品性能相关的问题，如某模块工作特征不正确	1 个工作日
4	非性能相关的事件，如一般的问题、信息请求、文档问题、优化功能请求等	2 个工作日

从以上分析可知，数字资源SLA的服务等级主要体现在两个方面：一方面是信息资源云服务商按照用户订购服务的时间长短，给予客户不同等级的价格优惠；另一方面是按照服务安全质量的目标要求(如服务的可用性)来确定等级，信息资源云服务商基于现实中所能够实现的服务质量等级，如发生服务降级现象，依据降级的程度或故障事件的严重性来确定事件的响应等级以及各个等级的服务折扣，以服务折扣的方式，让没有享受到响应等级相当水平的服务质量的用户得到补偿，这也展现出云服务商对服务质量作承诺和保障的基本思想。

云服务供应链中，云服务商和信息资源机构应按协议共同保障用户信息安全。在云服务的整个过程中，服务交付至最终用户的流程中，上下游多个供应商、第三方合作伙伴等分别提供整个信息资源云服务的各类服务要素。为了保障服务安全质量，应建立起相互协同和依赖的关系，从而形成一条安全的SLA链。

对于数字信息资源云服务商，当其将相关服务提供给资源机构或其他中介时，它便是供应商的角色；而当其购买另外的云服务商提供的服务要素时，显然它就是客户的角色。在这个角色多重、身份多变、相互关联且繁杂的交互环境中，某一环节的服务安全质量出现偏差，必然会牵连到其他相关服务的客户。为保证服务质量可有效评估、可追溯源头，各供应商之间应保持整体的参数衡量的一致性。因此，SLA在其中起到了与质量参数之间互相关联的作用，有助于将客户的质量参数和供应商的性能参数准确地相互匹配并在相应条款中有效定义，从而保证供应商与客户之间理解的一致性。

业务关系安全风险管控是职责要求与服务质量保证的基础。在信息资源云服务中不同角色之间由于复杂、多变的业务关系而相互关联，但在SLA及其SLA链的环境下，各角色的安全管控职责可以被清晰明确地定义，并基于SLA链跟踪和明确服务安全质量的责任关系。由此来看，数字云服务与其他服务有类似之处，由供应方依照客户方的要求、规模及经费等内外因素，与客户方共同协商以确定信息资源云服务的服务等级，从而为客户方提供有针对性的、差异性的服务。

作为供应商的管理手段，SLA在保障服务安全质量方面作用显著。它不仅有助于明确衡量服务质量的参数及计算办法，且在帮助供应商与客户间达成评价服务安全质量的统一标准方面起到重要作用；SLA在服务安全质量水平方面，明确了供应商的承诺，以此作为服务质量的保证，并且它也描述了服务质量水平的不同等级，通过差异化的服务，体现出服务的针对性。另外，SLA 也反映了组合服务、虚拟服务环境下服务的业务关系，使服务的风险管控责任具有可追踪性，从而保证服务安全质量。

5.4 区块链服务中的安全风险处置

互联网技术智能交互与大数据云服务发展背景下，用户信息需求的个性化、多主体交互和人工智能的网络化利用，导致了网络服务面向用户的嵌入，由此提出了去中心化服务安全保障和用户风险的管控问题。针对这一问题，以下针对区块链和智联网服务组织与利用，进行安全风险的控制与监管，旨在为安全保障的同步完善提供参考。

5.4.1 区块链中的风险控制

区块链是一种按照时间顺序将数据区块以链条的方式组合形成的特定数据结构，并以密码学方式保证其不可篡改和不可伪造的去中心化、去信任的分布式共享总账系统，具有开放共识、去中心化、去信任、匿名性、不可篡改性、可追溯性、可编程性等特点。① 该技术在早期主要应用于以比特币为代表的金融领域，之后逐渐在非金融领域得到广泛应用，包括信用记录、打分评价、防伪保真、合同签订等信息记录及管理领域，身份认证、访问控制、数据保护等信息安全领域，以及智能交通、智能电网、智能家居等领域。

在应用模式上，主要可以分为公有链、私有链、联盟链。其中，公有链是完全去中心化的运行模式，链中节点可以不受系统限制地自由进出网络，各参与节点均具有数据读写权限，可以平等地参与共识的形成；私有链采用的仍是中心化运行模式，链中节点的数据读写权限由组织决定，读取的权限还可以选择性对外开放，但保留了操作不可篡改、服务去中心化的特征；联盟链则介于两者中间，采用多中心化的运营模式，节点加入与退出网络均需要授权操作，而对数据的读写权限、参与共识形成的权限也需要遵守联盟的规则。三者间的特点比较如表 5-5 所示。

---

① 刘敖迪，杜学绘，王娜，李少卓．区块链技术及其在信息安全领域的研究进展[J]．软件学报，2018，29(7)：2092-2115.

表 5-5 公有链、联盟链和私有链的特点比较①

	公有链	联盟链	私有链
参与者	任何人自由进出	联盟成员参与	个人或公司内部
记账人	所有人	联盟成员协商确定	自定义
共识机制	PoW/PoS/DPoS	分布式一致性算法	分布式一致性算法
激励机制	需要	可选	不需要
中心化程度	去中心化	多中心化	中心化
安全性	易受攻击	存在特有的攻击	抗恶意攻击能力强
典型场景	虚拟货币	支付、结算	审计、发行

为支撑各领域、各模式区块链服务的安全应用，控制可能引发的安全风险，一方面设计了安全性极强的技术架构，另一方面也围绕区块链形成了较为系统的安全技术体系。

技术架构设计上，区块链融合 P2P 网络技术、非对称加密技术、共识机制、链上脚本等多项技术，形成了去中心化的信任建立机制，使得数据视角下区块链成为实际上不可能被更改的分布式数据库，具备了传统信息技术所不具备的安全性，如图 5-7 所示。数据层由数据区块及链式结构构成，在哈希算法、Merkle 树、时间戳、非对称加密等技术的支撑下，能够保障数据区块的完整性和可追溯性；网络层由传播机制与验证机制构成，在 P2P 网络技术支撑下能够实现传播与交易数据在各节点间的安全传递与验证；共识层的核心是共识机制，部分区块链应用还包括发行与激励机制，在 PBFT、PoW 等共识算法的支撑下保障各分布式节点中的数据满足一致性与真实性要求；应用层包括针对各种场景的实际应用实现，在脚本代码与智能合约技术的支撑下保障交易自动实施的同时满足可追踪和不可逆转的基本要求。

尽管区块链技术在架构设计上力图具备较强的安全性，但其技术本身仍存在一些安全风险，包括数据存储方面的基础设施安全风险、网络攻击威胁、数据丢失和泄露等，技术协议方面的协议漏洞、流量攻击及恶意节点威胁等，应

---

① 洪学海，汪洋，廖方宇．区块链安全监管技术研究综述[J]．中国科学基金，2020，34(1)：18-24.

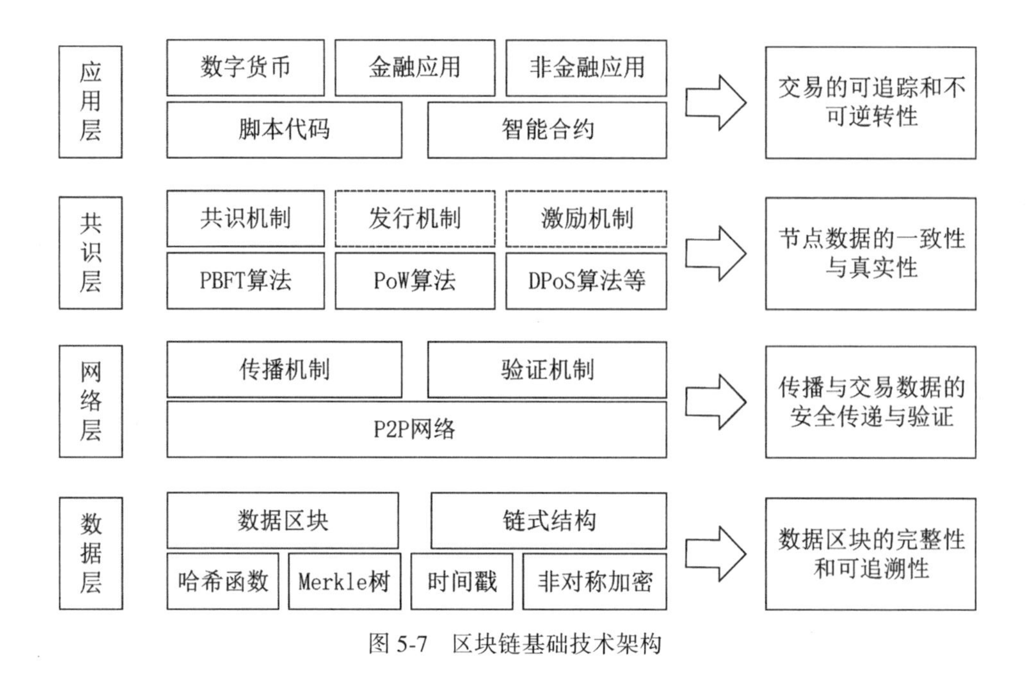

图 5-7　区块链基础技术架构

用方面的代码漏洞、私钥管理安全、账户窃取、DDoS 攻击等。① 针对这些安全风险，近年来也已形成较为系统的安全风险控制技术体系，包括代码审计、安全评估与测试、输入校验机制、加密存储与传输机制、节点数据安全验证机制、身份认证与权限管理机制、匿名性与隐私保护技术、流量清洗技术、入侵检测技术等。

5.4.2　区块链服务风险控制中的安全监管

受去中心化、匿名性、不可篡改性等特点的影响，区块链服务安全监管面临着多重挑战，主要包括：①区块链中的用户账号与真实身份关联性弱，使得其具有较强的隐匿性，进而使得恶意网络攻击、金钱勒索、危险分子间的通信交流等行为的追溯较为困难；②去中心化的特性使得安全攻击可能从任意链中的节点发起，导致监管数据的采集更加困难，监管技术接口难以实施；③一旦违反法律法规的有害信息进入区块链，其不但会因为区块链的同步机制快速传

① 中国信息通信研究院，中国通信标准化协会．区块链安全白皮书——技术应用篇(2018)[EB/OL].[2021-09-25]. http://www.caict.ac.cn/kxyj/qwfb/bps/201809/P020180919411826104153.pdf.

播，而且受其不可篡改性的影响，此类信息的删除、修改也将十分困难，从而为有害信息的传播形成了天然庇护所，给信息内容的安全监管带来较大挑战；④区块链服务应用中会涉及平台方、应用提供方与用户方等多类主体，数据安全责任的边界难以清晰界定，为数据跨境传输、可删除性监管实施带来挑战。为适应区块链技术的特点，应对其为安全监管带来的新挑战，需要从管理与技术角度出发进行安全监管手段的同步创新，基本思路如图 5-8 所示。

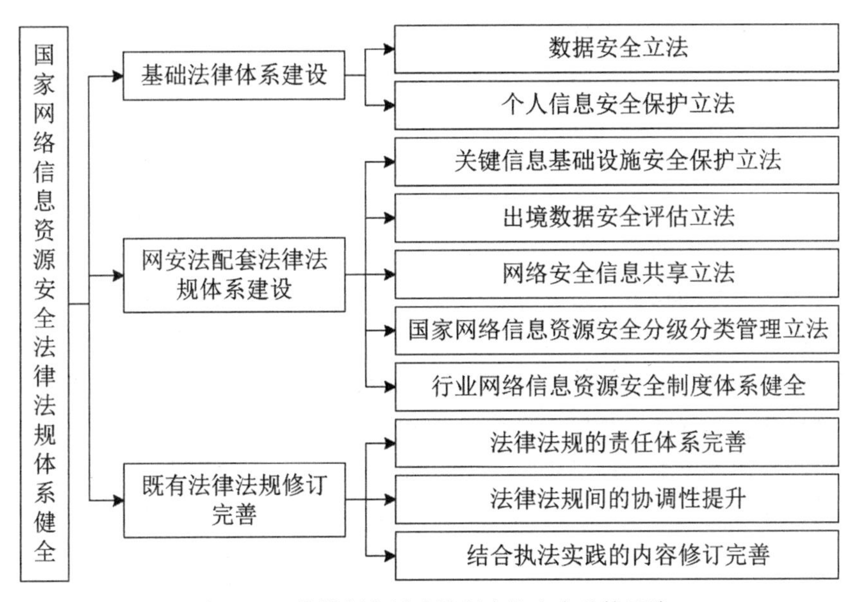

图 5-8　区块链服务风险控制中的安全监管思路

管理角度下，应从以下三个方面推进面向区块链服务的安全监管模式创新与力度加强。①探索面向区块链服务的“沙盒监管”模式。区块链技术的发展还很不成熟，实践应用也处于初期阶段，为创造相对宽松环境的同时避免区块链服务带来的安全风险外溢，可以探索面向区块链服务的“沙盒监管”模式，即为区块链服务构建安全的“沙盒空间”，满足其创新探索的同时严控安全风险的边界，在保护与监管之间找到最佳结合点。②探索面向区块链服务的“穿透式监管”模式。为减少信息不透明、不完整带来的安全风险，区块链服务安全监管中可以借鉴金融领域的做法，探索“穿透式监管”模式，通过在区块链节点中设置监管节点的方式，全面及时获取所需的监管信息，包括业务流程、信息流向、用户关系等，从而将安全监管深入到区块链服务的核心环节。③加强区块链平台和应用的监管力度。借鉴其他领域信息安全监管的做法，对提供区块链服务的平台、网络应用进行更大力度的监管，如加强对区块链平台与网络应用服务的备案管理，对区块链平台、服务应用开发者、用户实施安全责任制管理，实施区块链数据的分级分类安全管理等。

技术角度下，应重点推进区块链及节点的发现探测技术、基于区块链的安全监管技术、区块链运行和交易监测技术、链内信息的内容安全监测和治理技术，实现技术与管理手段的协同，为区块链服务风险控制中的安全监管提供支持。①区块链及节点的发现探测技术。只有实现对区块链及节点的全面识别，才能开展切实有效的安全监管，因此需要突破区块链及节点的发现探测技术，尤其是互联网上活跃公有链的及时识别，以及各类区块链中节点的地址、交易信息发现。②基于区块链的安全监管技术。利用区块链的共识机制与智能合约机制，将安全监管相关的法律法规、合同条款转变为基于代码的规则，实现治理规则在区块链中的自动执行，实现区块链服务与安全监管的一体化。③区块链运行和交易监测技术。突破与区块链的分布式架构相适应的运行与交易异常监测技术，实现区块链中网络流量的实时特征提取与分析、各节点安全漏洞的远程扫描，实现安全态势的实时感知；突破异常交易与节点行为的检测、定位与预测技术，实现区块链异常交易与行为的预测预警。④区块链内信息的内容安全监测和治理技术。针对违反法律法规的有害信息安全监管，需要突破与去中心化、不可篡改性相适应的内容安全监测与治理技术，及时发现区块链内出现的有害信息并实现对发布节点的追踪，实现区块链数据的受控回滚，高效、全面删除有害信息。

6 风险控制视角下的云服务安全管理组织

大数据智能环境下的云服务安全保障建立在风险管控基础之上，从风险控制视角构建全面安全保障体系，按风险来源及其关联影响进行风险识别，预测和实时响应处于重要位置。在组织实施上，云服务安全管理具有制度层面的规范性、技术层面的可行性和实施层面的完整性。

6.1 云服务安全管理的体系化

为便于云服务安全管理工作的系统开展，云服务商和信息资源运营主体首先需要秉持正确的安全管理观，健全组织体系和制度体系，全面涵盖运营主体组织结构的各个层级和安全管理的各个方面。

6.1.1 云服务中信息资源安全管理原则与要求

信息资源运营主体在安全管理中，除了需要遵循目的性、有效性、实用性、自主可控性、制度化等基本原则与要求外，还需要关注以下几个方面的问题：

①坚持正确的信息安全观。习近平总书记在 2016 年 4 月 19 日主持召开的网络安全和信息化工作座谈会上强调，网络安全是整体的而不是割裂的、是动态的而不是静态的、是开放的而不是封闭的、是相对的而不是绝对的、是共同的而不是孤立的。网络信息服务主体在机构内部的安全管理中也需要坚持这一安全观。新一代信息技术环境下，无论是经济社会的发展，还是单个组织机构的正常运行，都离不开信息与数据的支持，因此在进行信息资源安全层面的管理时，不能仅着眼于信息本身的安全，而需要同时关注其信息服务安全。在国家安全体制下，信息资源通过各种方式连接到互联网中，进而与其他系统、用

户相连接，因此在安全管理中也需要树立动态、综合的防护理念，立足开放的网络环境，加强与外部的互动交流、合作，不断提升安全管理水平。安全管理中，需要结合运营主体的情况进行安全保障，同时避免不计成本地追求绝对安全的负面影响。此外，信息资源安全管理不仅是安全部门和安全管理工作人员的事，而且与机构成员息息相关，因此需要全员参与，共同筑牢安全防线。

②坚持信息化与安全管理一体化推进原则。这一原则是指必须将安全管理与国家网络建设视为一个整体，统一谋划、统一部署、统一推进、统一实施。坚持这一原则，在于促使信息资源运营主体按照安全规程和技术规范要求，投入足够的资源，避免安全投资不足和管理不力情况的发生，这样可以保证安全措施按质按量按时部署，避免在网络信息资源系统建设中欠下安全账，从而为安全管理奠定基础。按信息化与安全管理一体化推进原则，在网络信息资源系统建设项目的可行性论证时，必须对系统技术的安全性、系统架构的安全性进行评估，严格管控项目安全质量。信息资源系统设计中，应针对每一个系统模块和运营过程设计安全措施，不得随意降低安全措施的标准；信息资源系统开发中，必须保证系统功能模块与安全模块同步开发，并在系统测试前同步进行功能测试与安全测试，确保安全测试达标之前不能上线运行。系统上线后的升级优化中，需要继续贯彻一体化原则，任何功能模块的新增与技术方案的改变，都需要同步对安全措施进行完善和优化。

③注重安全管理与技术防护措施的协同。信息资源安全保障中，安全管理与技术防护是一体之两面，缺一不可。一方面，良好的安全管理有助于技术防护方案的设计与措施的部署，可以提高技术措施的针对性、实用性；另一方面，良好的安全措施部署有助于推动安全保障的自动化、智能化，减轻安全管理的压力，从而通过安全保障资源的优化配置提升安全保障效果。这一原则执行中，需要通过安全风险管理、安全审计、安全信息管理等工作发现信息资源系统的脆弱性和安全漏洞，为安全技术防护措施部署提供依据，并在相应的技术措施部署到位之前，通过安全管理补齐短板；同时，需要针对安全管理中自动化程度低的技术防护方案进行优化，以消除相应的系统脆弱性、弥补安全漏洞，减轻安全管理的压力。

④坚持分级分类的安全管理原则。信息资源服务主体建设、维护的网络信息资源可能存在安全管理与防护机制上的区别，同时搭载信息资源的多个业务也可能不一致。基于此，需要坚持分级分类的安全管理原则，以实现安全措施与安全要求、资源与系统的匹配。为执行这一原则，需要对所运营的信息资源从安全保障要求、防护措施适用性角度进行分级分类。在此基础上，对于重要

的网络信息服务业务提供更加强有力的安全防护支持，对于不同类型的网络信息资源和服务，可选择与其相适应的管理防护措施。

⑤坚持预防为主原则。在网络信息资源安全管理中，尽管避免不了安全事故的实时应急和事后处理，但更主要的目标是针对信息资源及信息系统的特点，采取有效的技术和管理措施，有效控制不安全因素的影响，将可能发生的安全事故消灭在萌芽状态，以保证信息资源运营主体的业务正常运营，数据不受攻击。执行这一原则，首先要对网络信息资源系统运行中的不安全因素进行有效识别，明确消除安全威胁的目标，选准治理时机。除了需要在系统建设与升级中同步发现并消除不安全因素外，在信息服务系统运行过程中，也需要经常检查、适时发现遗漏和新增的不安全因素，并及时采取措施加以处理。安全事故发生后，也需要及时查清事故原因，采取安全措施予以补救，以避免类似的安全事故频繁发生。

⑥职责分离原则。安全保障中人员与资源的脆弱性和安全威胁相关联，其可能有意、无意地造成网络信息泄露，以及破坏完整性、可用性。基于此，需要在安全管理中坚持职责分离原则，从体制机制上减少人员威胁。为执行这一原则，首先需要实现安全管理与网络信息资源系统建设人员的分离，不能让同一人员同时负责同一个系统的建设、安全验收与后续的安全管理。其次，对于从事信息资源系统建设、管理的机构人员，也需要遵循最小授权原则，只在其工作职责范围内授予系统权限，临时授予的系统权限必须指定权限取消时间。此外，还需要加强对人员的安全管理，除工作需要外，不应询问或参与职责以外的任何与安全有关的事务。

6.1.2 信息资源安全管理组织体系

为做好新一代互联网信息技术环境下的安全管理，支持信息化与安全管理一体化推进，需要建立与之相适应的安全管理组织体系，如图 6-1 所示。其中，中央网络安全和信息化委员会是国家信息安全保障与信息化推进的最高决策机构；信息安全工作委员会是由信息安全及相关部门人员组成的跨部门协调机构；在此框架下，信息安全部门直接负责网络信息安全的管理组织，各相关部门及主体在其职责范围内承担安全管理的具体工作。

①中央网络安全和信息化委员会。作为国家网络安全与信息化建设的最高决策领导机构，其基本定位是进行网络安全与信息化建设的统一部署，做好国家网络信息安全保障与信息化建设的总体谋划和部署安排，增强安全保障与信息化推进的协调性，着力解决国家网络安全保障与信息化推进中的关键性、战

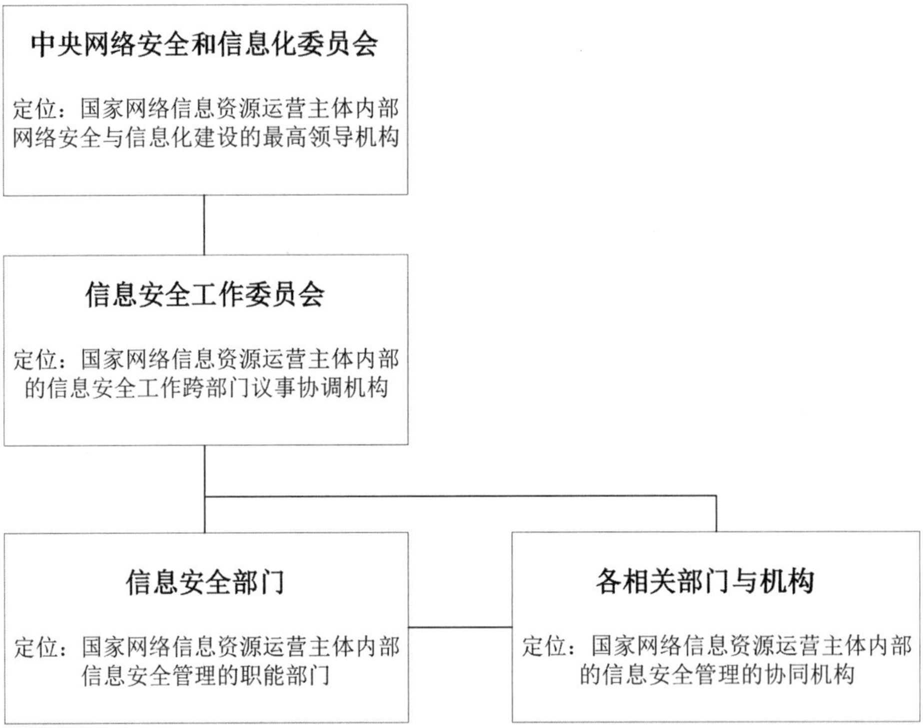

中央网络安全和信息化委员会

定位：国家网络信息资源运营主体内部网络安全与信息化建设的最高领导机构

信息安全工作委员会

定位：国家网络信息资源运营主体内部的信息安全工作跨部门议事协调机构

信息安全部门

定位：国家网络信息资源运营主体内部信息安全管理的职能部门

各相关部门与机构

定位：国家网络信息资源运营主体内部的信息安全管理的协同机构

图 6-1　一体化框架下网络信息安全管理组织体系

略性、全局性问题。其主要职能包括：第一，以安全保障与信息化一体化发展为指导，制定国家网络信息安全保障与信息化推进总体战略、实施规划和配套政策，推动相关制度体系的建设与完善；第二，坚持问题导向，重点推进安全保障与信息化建设中的突出问题治理；第三，统筹协调相关业务主管部门、信息化建设部门和信息安全部门，提高安全保障与信息化建设的一致性、协调性，实现其统一谋划、统一部署、统一推进、统一实施的目标。为保障顶层设计、统筹协调职能的有效发挥，在委员会中设置相应的办事机构，实现信息安全部门和信息化建设部门协同工作。

②信息安全工作委员会。信息安全工作委员会是国家网络信息安全工作的跨部门协调机构，负责组织与协调各部门工作，推动信息安全部门与各相关部门的安全管理协调。其主要职能包括：第一，研究审定国家网络信息服务主体的信息安全管理体系、信息安全监督规章制度、重要措施和应急管理预案；第二，组织、指导、监督各部门履行信息安全保障的各项职责，及时协调解决有关信息安全管理方面的重大问题，组织力量对突发安全事件进行应急处理；第

三，建立、健全信息安全责任制，建立信息安全考核和奖惩机制。

③信息安全部门。信息安全部门是国家网络信息安全管理的职能部门，负责各项安全管理工作的具体实施。除了负责国家网络信息资源安全的技术防护外，其承担的信息安全管理职责主要包括：贯彻执行中央网络安全和信息化委员会、信息安全工作委员会的决议，协调和规范机构内部的信息安全保障工作；负责机构安全管理制度体系建设与落实；负责内部安全风险管理；负责机构信息化产品与服务的安全审查；负责机构内部的信息安全审计；负责机构内部的信息安全宣传、信息安全意识与技能培训。

④各相关部门与机构。信息化建设部门、相关业务部门和机构应当设置信息安全管理专员，负责与信息安全部门对接，开展部门信息安全管理及机构的信息安全监督。其主要工作职责包括：第一，按照机构内部的相关安全管理制度，配合信息安全部门开展信息安全保障工作，在部门内做好信息安全宣传，组织部门成员参与安全培训；第二，负责信息系统安全需求，推动机构内部的信息安全监督工作，发现机构内部信息安全的漏洞或薄弱环节，通过相关渠道予以反馈。

6.1.3 网络信息资源安全管理制度保障

为全面推进网络信息安全管理制度化，需要建立健全的安全管理制度体系。从安全管理工作的实际出发，安全管理制度应涵盖总体方针、组织体系、各环节及各要素安全管理、人员管理等方面，总体框架如图 6-2 所示。一体化框架下的信息安全管理应从安全管理环节出发，覆盖风险管理、日常管理、安全事件管理及应急响应、业务连续性与灾难管理；从安全管理要素出发，需要覆盖网络设施、信息设备、网络系统、网络信息资源、外包服务与人员等方面的管理。

①信息安全工作总体方针。制度是网络信息安全管理的基石，在制度上需要对机构的总体安全方针、安全目标、工作原则、工作要求、组织保障等方面作出规范，从而为各项专门制度的设计提供基础。

②信息安全组织管理制度。信息安全组织管理制度的核心规定了网络信息安全体制，主要内容应包括安全组织体系的总体结构，各层级机构的构成、核心职能及机构之间的权利关系、协调机制，各层级机构的工作开展机制等。

③信息系统风险管理制度。信息系统风险管理制度是对网络信息资源信息安全风险管理环节和工作上的规范制度，需要全面覆盖信息安全风险评估的职责、风险评估过程、风险监测管理方法、风险评估指标体系、风险提示管理办

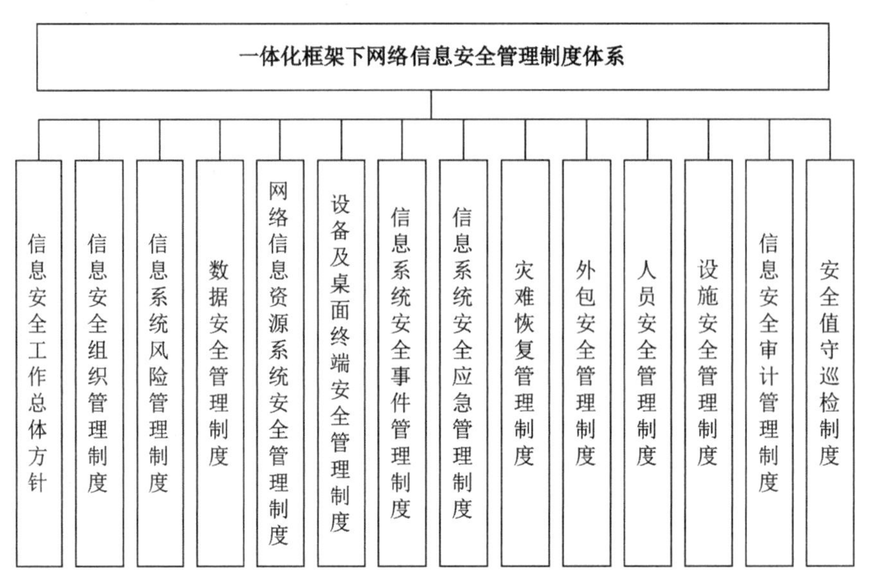

图 6-2 一体化框架下网络信息安全管理制度体系

法等方面。

④数据安全管理制度。数据安全制度的设计目标是规范网络数据的安全管理，其核心内容应包括数据分级，以及数据采集、传输、存储、加工、访问、变更、备份、恢复、销毁等全生命周期各个环节的安全管理机制，数据存储介质安全管理机制，以及密码和密钥等支持工具的管理机制的确立。

⑤网络信息资源系统安全管理制度。该制度建设在于规范信息资源系统运行所需的支持工具安全管理，主要内容应涵盖：网络安全管理机制，包括网络架构安全、配置安全和运维安全等。业务系统安全管理机制包括系统基础安全管理机制、服务应用安全管理机制、业务系统建设环节的安全保障设计、测试与验收机制、信息系统变更安全管理机制、信息系统运维安全管理机制等。

⑥设备及桌面终端安全管理制度。网络信息资源及系统的安全需要以连接这些系统的软硬件安全为前提，故而需要建立专门制度规范终端的安全管理。在内容方面，制度应涵盖设备采购、使用维护、维修、报废等环节的安全管理机制，以及桌面终端的安全要求、安全配置、远程接入安全管理、账号口令管理、日常使用中的安全维护等方面。

⑦信息系统安全事件管理制度。该制度中需要清晰界定安全事件的内涵、安全事件等级及划分方法、不同等级安全事件的处理机制等，从而为安全事件的处理提供制度依据。

⑧信息系统安全应急管理制度。信息安全工作中难免会遇到意外状况，由此就需要进行实时应急处理。该项制度需要对应急管理的组织机制、应急预案的编制与审定机制、应急管理的培训与演练工作等方面进行规范。

⑨灾难恢复管理制度。灾难恢复是网络信息安全管理的最后一道防线，只有制定完善的灾难恢复管理制度并严格加以执行，才能保证网络信息资源不出现毁灭性安全事故。制度设计中，需要明确灾难恢复的责任部门、灾难恢复的工作范围与要求、灾难恢复的预案编制与审定机制、灾备中心的管理机制等。

⑩外包安全管理制度。新一代信息技术环境下，网络信息 IT 外包不仅包括既有的网络信息资源建设与加工、网络信息资源系统建设，还包括云服务的采纳与运维。基于此，外包安全管理中既需要规范网络信息资源建设与加工的安全管理机制、网络信息资源系统建设与维护安全工作机制、第三方人员安全管理机制，还需要确立云服务选择机制、云服务部署安全管理机制、云服务商安全管理机制等。

⑪人员安全管理制度。人员安全管理制度是对组织机构内部的信息安全部门人员及组织内其他工作人员的安全管理工作进行规范，其在内容上应至少涵盖信息安全部门的人员安全管理职责、人员调岗与离岗安全管理机制，以及面向全部工作人员的信息安全意识与技能教育机制、信息安全宣传工作机制、安全考核机制等。

⑫设施安全管理制度。鉴于部分网络信息资源运营的设施安全及运行，故而制定相应的安全管理制度，其核心内容应至少涵盖设备安全管理机制、操作安全管理机制和出入管理机制等。

⑬信息安全审计管理制度。为规范信息安全审计工作机制，有效发挥其在内外部计算机犯罪中的作用，需要制定信息安全审计管理制度。内容上，其至少应涵盖安全审计原则、内容、流程，系统日志管理机制，计算机取证机制等。

⑭安全值守巡检制度。为保障信息安全管理工作的有序开展，需要制定安全值守巡检制度，对非工作时间内安全值守的工作职责进行规范，以保障安全管理检查、巡查工作的有效进行。

6.2 一体化安全构架下的云服务安全管理

信息服务与信息安全具有不可分割的联系，任何一项服务产生效益的同时，也必然带来一定的安全隐患和风险。对此，应实现信息安全保障与服务的同步。在信息化与网络安全一体两翼的发展中，一体化安全构架下的云服务安全管理关系到大数据和智能化网络服务的发展全局。

6.2.1 面向云服务的一体化安全保障构架

由于云服务安全保障的协同化与全程化，网络信息安全保障措施部署并非由云服务商或网络信息服务机构单独部署，而是由云服务商负责基础云服务部分的安全措施部署，网络信息服务机构负责上层软件系统的安全措施部署；同时，安全措施的部署不能局限于数据存储环节，需要全面涵盖网络信息资源的全生命周期。这既要求基础云服务和上层软件系统、网络信息资源生命周期各个环节均具有良好的安全性，也要求各个部分与环节发挥协同效应，以取得良好的整体安全保障效果。因此，在安全保障组织中，需要采用一体化安全保障模式，在宏观上将信息化应用与安全保障视为一个整体，在微观上将基于云平台、物联网、大数据的网络信息资源系统功能设计与安全保障视为一个整体，统一谋划、统一部署、统一推进、统一实施。

为应对云服务安全集中保障引发的易受攻击、可能引发的系统性风险等挑战，需要从安全管理角度建立配套保障机制。第一，在网络信息资源管理的云计算应用中，需要先评估其安全性，在保障安全性的前提下同步推进，不能直接应用现行方式的思路。第二，云环境下，云平台已经成为网络信息资源的重要信息基础设施，必须从行业管理上加强安全监督。需要依照国家相关标准，确定云平台的安全等级，并加强安全监管力度，依法按照该等级的安全能力要求进行持续监测，及时发现不达标之处并督促其进行整改、完善。第三，建立健全网络信息资源系统灾备机制，并从全局角度加强统筹考虑，选择异地的不同云服务商或本地信息中心构建备份系统，以保障网络信息资源服务具备高可用性，并降低其发生不可恢复的安全破坏事件的概率。

微观层面上，安全保障措施的效用发挥，除了需要底层云服务与上层网络信息资源软件系统的协同外，还需要与系统功能模块的协同。基于此，为适应云环境下网络信息资源系统的架构变革，以及底层集中、上层分散的分布形态变革，在安全保障推进中，需要改变以往功能设计与安全措施部署分别推进的实施机制，进行一体化规划与实施。首先，基于云平台的用户粒度，推进底层云服务安全的统一保障；其次，在基于云平台、物联网、大数据的网络信息资源系统安全保障中，结合底层云平台与上层软件系统的状况进行安全保障方案设计，实现云平台与网络信息资源系统安全保障的协同；最后，将网络信息资源系统的服务功能与安全保障方案设计视为一个整体进行统一设计，实现系统的全面安全保障。相关模型如图 6-3 所示。

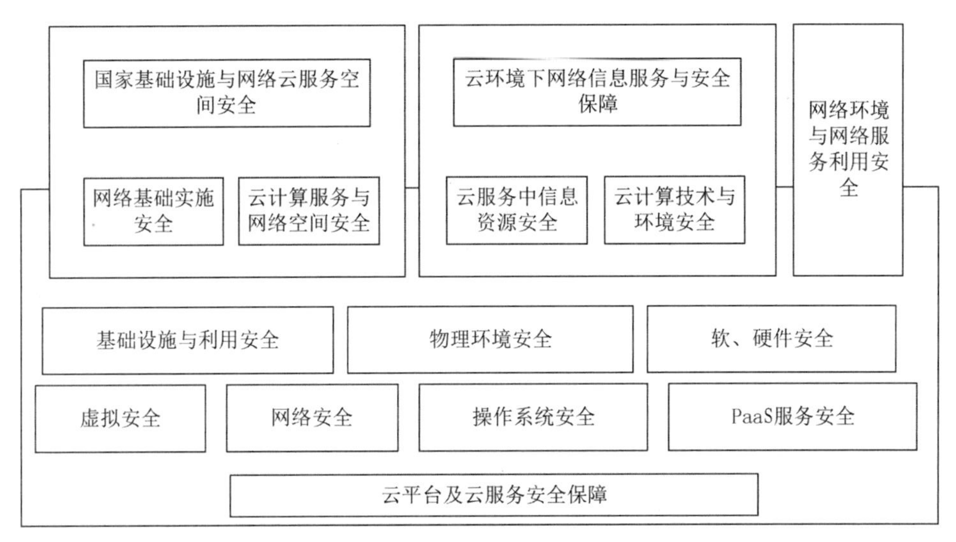

图 6-3 云环境下网络信息系统一体化安全保障模型

①底层云服务安全保障的一体化。网络信息资源管理多应用 IaaS 和 PaaS 云服务，受制于云计算的技术特点，底层云服务的安全必然是由云平台负责保障，自然就采用了一体化保障模式。同时，由于云平台具有专门的安全保障团队、较高的安全保障技术水平和丰富的安全保障实践经验，因此将有助于网络信息资源系统底层安全水平的提升。

②网络信息资源系统安全与底层云服务安全保障的一体化。基于云平台的网络信息资源系统是由网络信息服务机构构建的，但从安全角度来说，其与云平台之间并不是独立的，而是相互影响、不可分割的。基于此，在进行安全措施部署时，既需要考虑网络信息资源系统的安全需求与架构特点，也需要结合所在云平台甚至具体云服务的特点进行技术方案设计，不过于追求所采用的安全措施自身的安全性，而更关注其与云平台的适应性，以两者协同后的安全性最大化作为最终目标。该层面的一体化是实现网络信息资源服务主体与云服务协同效应发挥的关键，在安全实施中必须予以充分重视。

③网络信息资源系统功能与安全保障方案设计、实施一体化。不同的服务功能设计与实现方案会带来不同的系统脆弱性，从而影响安全保障方案设计与

效果，因此需要将两者统筹考虑，取得功能设计、实现与安全保障的平衡。同时，为了不影响网络信息资源的价值发挥，需要将安全措施融入功能设计中，进行动态化实时控制。同时，网络信息资源系统追求的是共享利用与安全保障的总体效益最大化，也只有将两者有机融合、统筹考虑才能更好地进行决策。

此外，为提升云环境下网络信息资源安全保障的一体化水平，可以从以下几个方面着手：在面向网络信息资源的 PaaS 行业云服务组织中，尽量全面覆盖各网络信息资源系统的共性需求，通过提升云服务在系统构建中的比重来提升安全保障的一体化水平；针对网络信息资源系统的共性安全需求，推进基于 SaaS 的安全云服务组织建设，通过统一的安全服务应用提升安全保障的一体化水平；推进网络信息资源系统安全保障的标准化，从而提升上层软件系统安全保障的一体化水平。

6.2.2 一体化保障中的人员安全管理

人员要素既是网络信息资源安全威胁与脆弱性的来源，也是安全措施部署的主体，在网络信息资源安全保障中处于重要地位。在此处，人员既包括网络信息资源运营主体内部的工作人员，也包括外包方的相关人员。人员安全管理的目标在于使得内部工作人员和外包人员都不会对网络资源及相关资产发起恶意攻击，同时尽量减少因为能力不足、安全疏忽等引发的安全事故。为实现这一目标，安全管理应涵盖从人员任用之前、任职过程中到任职终止或变更的全过程，如图 6-4 所示。

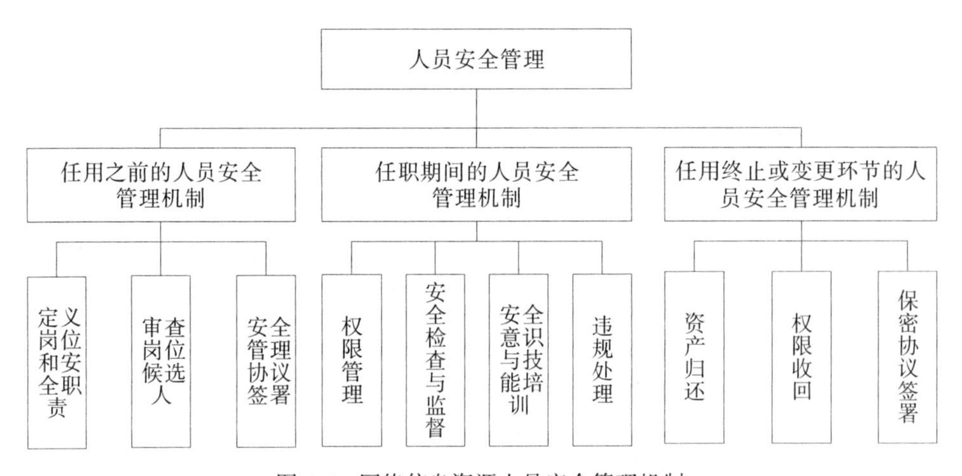

图 6-4 网络信息资源人员安全管理机制

(1)任用之前的人员安全管理机制

在进行人员招聘或外包之前，网络信息资源服务主体需要针对招聘的岗位界定安全职责，为招录阶段的人员考核提供指导。招录阶段的岗位候选人审查中，需要关注以下几个方面：审核既往经历是否出现过大的安全事故，或者进行过非法安全攻击；审核安全意识是否与岗位安全要求相匹配，部分涉及关键数据的岗位，对此方面要求较高；如果招录的是安全工作人员，还需要专门审查其是否具备与岗位职责要求相匹配的安全技能。通过这一阶段的审查，需要判断候选人是否可能给网络信息资源带来安全风险及风险大小是否可以接受。通过审查后，还需要在任用合同签署中覆盖安全相关条款，包括岗位的安全职责、在职期间的安全保护要求、违反安全规定后的处罚措施、离职或离岗后的安全义务等。外包人员的安全审核中，首先需要考虑外包人员所在机构的背景信息，在此基础上根据外包方提供的人员背景信息开展审核工作。

(2)任职期间的人员安全管理机制

任职期间的安全是人员安全管理的关键，主要包括权限管理、人员培训、安全检查与监督、违规处理等。权限管理是指根据工作开展需求进行网络信息资源及系统的最小权限授予，对于临时性授权需要及时予以终止。鉴于信息安全相关知识与技能演化较快，需要及时进行更新，而安全意识的培养属于长期的、需持续开展的工作，故而需要重视在职人员的安全培训。对于新员工和外包人员，需要在入职之初开展安全培训，重点是安全意识、安全职责和安全操作规程等的培训；对于新上线的信息系统，在正式投入运行前，也需要开展信息安全相关培训。此外，培训中需要综合采用多种形式，激发参与人员的积极性，如远程线上方式、网络交互等。安全检查与监督是指对网络信息资源服务工作人员和外包人员的日常安全防护工作开展情况进行检查与监督，通过他律的形式督促其提高安全意识，使其按照安全规程规范操作。违规处理则是对于违反安全制度的行为，需要根据违规的性质、重要性、对网络信息资源及业务开展的影响，及时采取措施予以处罚，以形成威慑作用，防止其违反组织的信息安全策略和规程。

(3)任用终止或变更环节的人员安全管理机制

随着时间的推移，网络信息服务机构的工作人员必然会出现离职、调岗等行为，外包人员随着外包工作的完成或合约终止，也会出现离开的情况，如不做好安全管理工作，这些离职、离岗人员也可能给网络信息资源带来安全风险。对处于这一环节的内部工作人员或外包人员，安全管理的主要工作是收回资产、权限，并在必要情况下签署保密协议，以约束离职、离岗人员不泄露信息。资产归还是指离职、离岗人员应归还与工作有关的一切软件、计算机、存储设备、文件和其他设备，除非经过网络信息资源运营主体的允许才可不交。权限收回是指网络信息资源运营主体收回离职离岗人员的既有权限，包括物理访问权限和软件、系统访问、使用权限，并撤销用户名、门禁卡、密钥、电子签名、数字证书等。保密协议签署是指对于离职前接触了保密性要求较高的网络资源及相关信息的内部工作人员和外包人员，需要通过签署协议约束其不对外泄露秘密。

6.2.3 安全事件管理的流程化实现

当前，没有任何一种信息安全防护产品或措施能够保障网络信息资源的绝对安全，而且既有技术的脆弱性不断暴露，安全攻击手段越来越丰富，将来新技术的应用也会带来新的脆弱性，因此网络信息资源必然会面临残留风险。长期视野下，部分网络信息资源必将遭受安全攻击，并对网络信息资源安全及相关服务业务产生负面影响。为最大限度地降低负面影响，网络信息资源运营主体需要建立健全信息安全事件管理机制，如图 6-5 所示，从而能够及时发现信

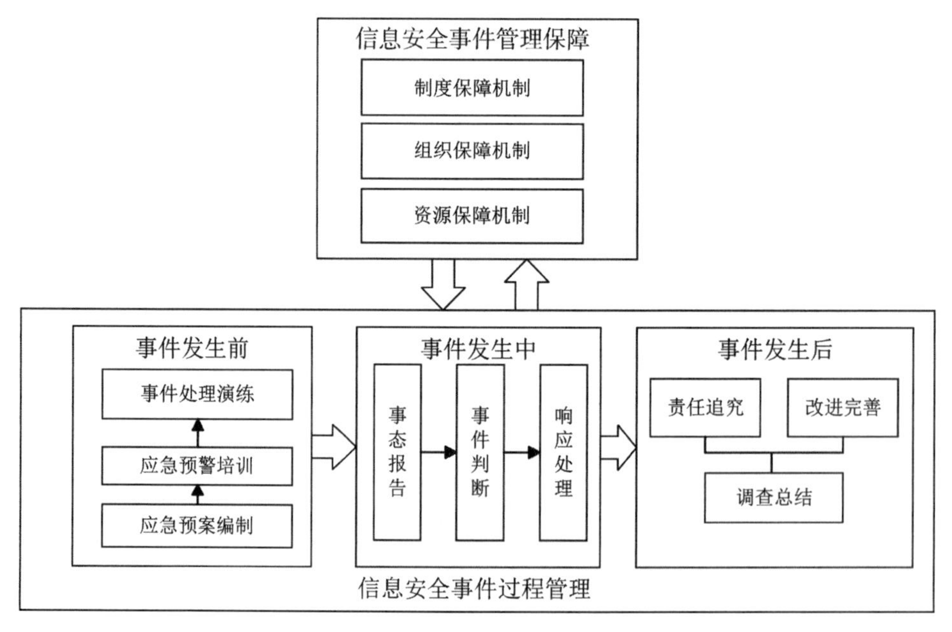

图 6-5　信息安全事件管理机制

息安全事件，并对其严重性做出恰当评估，根据事件性质和严重程度做出响应，并在事后对信息安全事件进行原因调查和处理过程分析，改进信息安全防护和信息安全事件管理工作。

(1)信息安全事件过程管理

信息安全事件的过程可以分为信息安全事件发生前、发生中和发生后三个阶段，每个阶段具有各自的安全管理重心。

①信息事件发生前的安全管理重心在于信息安全事件处理预案编制、培训与演练。只有编制了全面、细致的处理预案，才能在发生信息安全事件时有条不紊地进行处理。编制过程中，需要对不同类型、不同等级的信息安全事件分别进行预案编制，在内容上尽量全面、细致，涵盖各种可能发生的情况、各个流程细节，并需要明确所需的人员、工具、物资等支持资源。完成编制后，还需要对参与信息安全事件应急处理的人员进行系统培训，保障方案得到正确实施；同时，还需要定期开展信息安全事件应急处理演练，通过演练进一步熟悉处理预案，发现预案存在的不足并加以完善。

②信息安全事件发生过程中的安全管理重心在于信息安全事态报告、信息安全事件判断及响应处理。信息安全事件应急处理的起点是信息安全事态报告，报告方式可能是基于系统监控的自动报警，也可能是相关人员发现后的人工报警。接收到信息安全事态报告后，需要对其进行评估，如果发现确实侵害了网络信息资源及系统的完整性、可用性或保密性，则将其纳入信息安全事件管理流程，并按照事件等级进行应急处理，如果仅是进行了安全攻击，并未造成实质性破坏，则不将其纳入信息安全事件管理。进而，按照预案对信息安全事件作出响应，包括按照要求进行信息安全事件的对上报告和对下传达，按照方案中的对抗/恢复措施加以应急处理，根据需要对上或对外进行求助，进行法律取证，准确、完整记录所有行动和决定以备进一步分析之用等。

③信息安全事件结束后的安全管理重心在于信息安全事件的调查、责任追究及相关工作的改进完善。信息安全事件处理完毕后，需要对事件进行调查分析，查清信息安全事件的原因，分析处理过程的合理性和不足之处。在此基础上，对于信息安全事件的责任人，包括引发事故的责任人、处理过程中出现重大失误的责任人，进行责任追究，激励网络信息资源运营主体的工作人员进一步做好安全保障工作。结合应急处理的过程，分析网络信息资源运营主体在安

全防护措施、安全风险管理、安全监测与预警、人员安全管理、信息安全事件管理机制等方面的不足，并进行优化改进。

(2)信息安全事件管理保障

信息安全事件过程管理的顺利推进需要网络信息资源运营主体提供制度保障机制、组织保障机制和资源保障机制。

①制度保障机制。需要建立与信息安全事件管理相配套的制度、规程体系，全面涵盖信息安全事件管理的策略、信息安全事态报告、信息安全事件判断方法(包括是否是信息安全事件、等级划分)、信息安全事件处理流程、信息安全事件响应阶段的留痕管理、取证等方面。

②组织保障机制。采用虚拟化或实体方式建立信息安全事件应急响应预案，根据应急预案明确安全管理职责。在此基础上，建立信息安全应急网络、信息资源服务的协作机制，以确保信息安全事件应急处理能得到足够的支持。同时，鉴于部分信息安全事件的影响范围较大，可能涉及外部相关群体，因此还需要建立与外部相关方的联系，包括外部支持人员、应急机构人员、相关部门人员和公众等。

③资源保障机制。信息安全事件应急处理中经常需要各类资源的支持，如存储设备、服务器、备用网络、备用电源、备用系统等，故而需要建立资源保障机制。一是对于应急专用的各类资源，需要建立专门化的管理体系；二是对于可以内部协调的其他资源，如网络带宽等，需要建立内部应急响应机制，保障信息安全事件应急的及时处理。

6.3 云服务安全风险管控的全程实施

云环境下，信息系统的建设与运行离不开 IT 产品与服务的支持。这里的产品与服务既包括硬件与软件产品，如物联网终端、存储设备、大数据平台、人工智能基础平台、数据库等，也包括基于网络的各类 IT 服务，如云服务、安全服务等。显然，这些 IT 产品与服务出现安全问题，必将影响网络信息资源及系统的安全。同时，网络信息资源运营主体无法直接干预 IT 产品与服务的安全保障，故而应通过社会化管理手段进行全程管控，从而使得产品与服务安全风险处于可控状态。

6.3.1 云服务采纳与退出中的安全管理机制

云服务给网络信息资源可能带来的安全风险是多方面的，主要包括：①云自身的安全风险，云服务本身因技术不够成熟、云服务商管理不完善等拥有自身的脆弱性、面临多方面的安全威胁；②云服务运营过程中的供应链安全风险，受各种意外事件的影响，云服务上游供给可能会出现各种不可控的情况，进而导致所需的软硬件难以及时补充或修复；③云服务商有可能非法收集、存储、处理和使用用户信息，其内部人员不可能无条件信任，因而存在利用自身的优势地位处置信息资源的安全风险；④云服务商利用信息服务机构对产品和服务的依赖，损害网络安全和信息服务机构利益的风险，例如云服务商提供的服务与其他产品或服务不兼容，可能导致其难以替换现有的产品或服务，从而存在供应商锁定问题。

云服务的安全管理，需要全面涵盖从产品与服务采购、应用与退出的全过程，建立全程化安全管理机制，如图 6-6 所示。其中，云服务采购的安全管理核心在于选择安全性强的产品和服务，签署合乎安全要求的合同；应用中的核心安全问题则是做好云服务的安全监测，及时协同上游服务商解决安全问题；退出中的安全管理在于确保网络信息资源及系统的运行安全和利用安全，以不留安全隐患为目标。

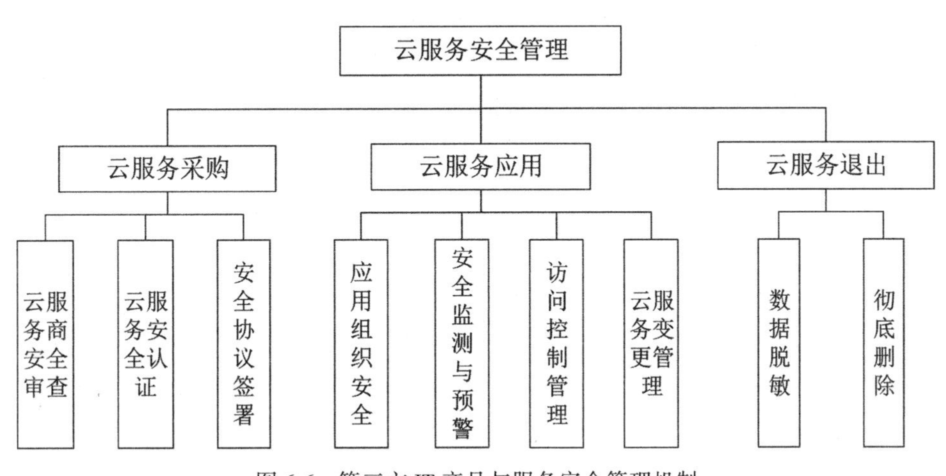

图 6-6 第三方 IT 产品与服务安全管理机制

①云服务采购中的安全管理。在采购环节，网络信息资源运营主体需要对云服务进行安全评测，与提供者签署安全协议。云服务提供者的安全审查，侧重于其业务可持续性、供应链安全、既往历史行为等背景信息，以判断与其合作的安全风险高低。云服务自身的安全审查，可以将云服务视为信息资产，进而对其进行安全风险评估，以判断产品本身的安全性及安全风险大小。审查中，除了结合产品与服务资料进行分析外，还可以结合第三方机构的安全评测、产品与服务用户的应用反馈等进行评估。协议签署中，需要把安全相关的核心问题写入协议之中，如产品或服务的可用性要求、保密性要求，产品或服务维护中的安全管理要求等。

②云服务应用中的安全管理。云服务的应用安全不仅包括服务链安全和服务组织安全，而且涉及利用产品和服务的用户安全，因而应针对产品利用与服务环节进行安全风险的识别、安全管理和安全权益保障。从安全管理环节上看，应构建完整的安全链条，在云服务利用中，强化安全监测、风险、风险响应和全面安全保障的目标。

③云服务退出中的安全管理。云服务退出中，信息安全管理的关键是采用彻底删除技术加以处理，以彻底清除其中存储的信息资源系统的内部信息，避免发生信息泄露。这就要求云服务商对信息服务机构的相关信息进行合规删除或脱敏处理，以保障隐私安全。

网络信息资源及服务的安全，除了受基础软硬件环境安全影响外，其他安全问题多伴随数据的流动或形态变革产生。因此，围绕网络信息资源的采集、存储、加工处理与服务利用流程进行保护措施部署，有助于实现其安全保护的全面性和针对性。基于此，应对网络信息资源在采集、组织与存储、加工、服务各个环节的具体形态进行安全处置，进而针对可能存在的脆弱性和安全威胁进行安全保护设计。

如图 6-7 所示，新一代信息技术环境下，网络信息资源从采集到服务，存在采集、存储、组织、加工安全问题。从技术实现角度看，存在多环节安全风险识别与管控问题。在采集与存储环节，需要在身份认证的基础上，从网络信息资源服务中的数据上传、物联网感知终端采集、互联网数据和外部数据共享四个方面进行数据安全保障，以便将网络信息资源存储到数据库中。在信息组织、开发中，需要对获取的数据进行整合和序化，形成序化资源；这些资源既可以直接用于服务，也可能作为输入用于资源深度开发，并将新的产出作为序化资源用于服务之中。之后，以序化资源为基础进行面向终端用户的信息服务组织与面向用户的开放共享。在服务利用环节，由通过身份认证的用户发起服务请求，网络信息资源服务平台处理后，将结果返回给用户，提供给交互利用。显然，这一服务关系和环节决定了基本的安全管理构架。

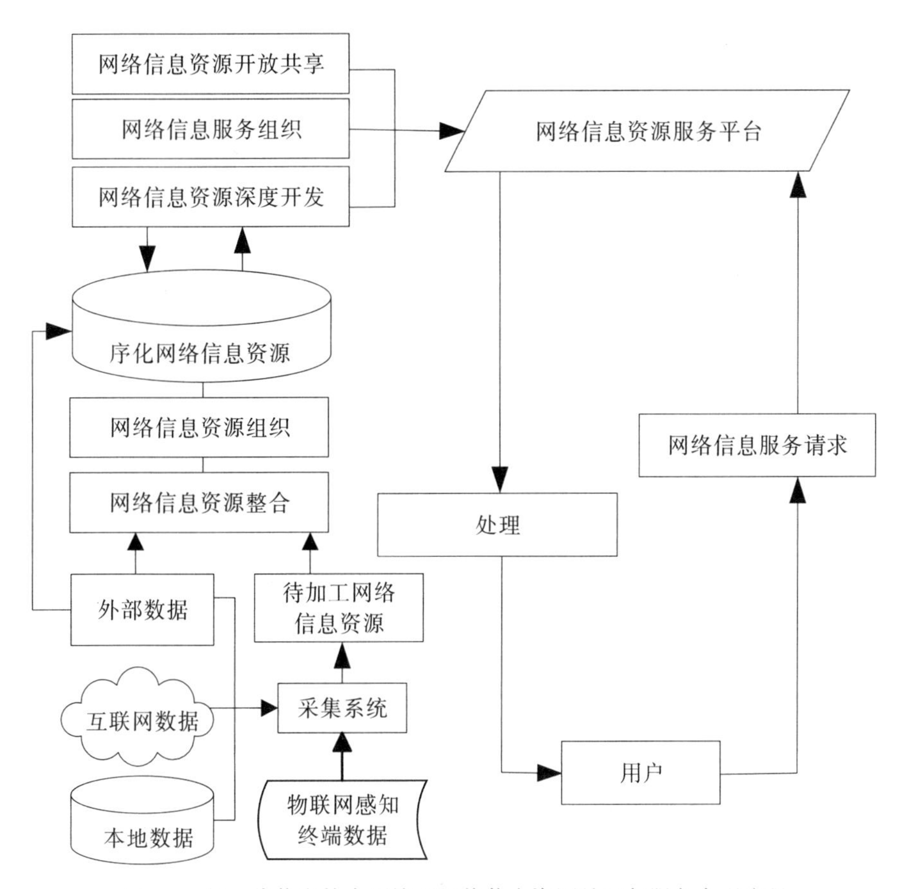

图 6-7　新一代信息技术环境下网络信息资源处理与服务实现流程

网络信息资源流动及形态变革都伴随着不尽相同的安全风险，因此新一代信息技术环境下网络信息资源处理与服务中的安全保护，需要在信息流动及形态变革节点中进行针对性的安全措施部署，形成全流程覆盖的安全保护体系，整体框架如图 6-8 所示。

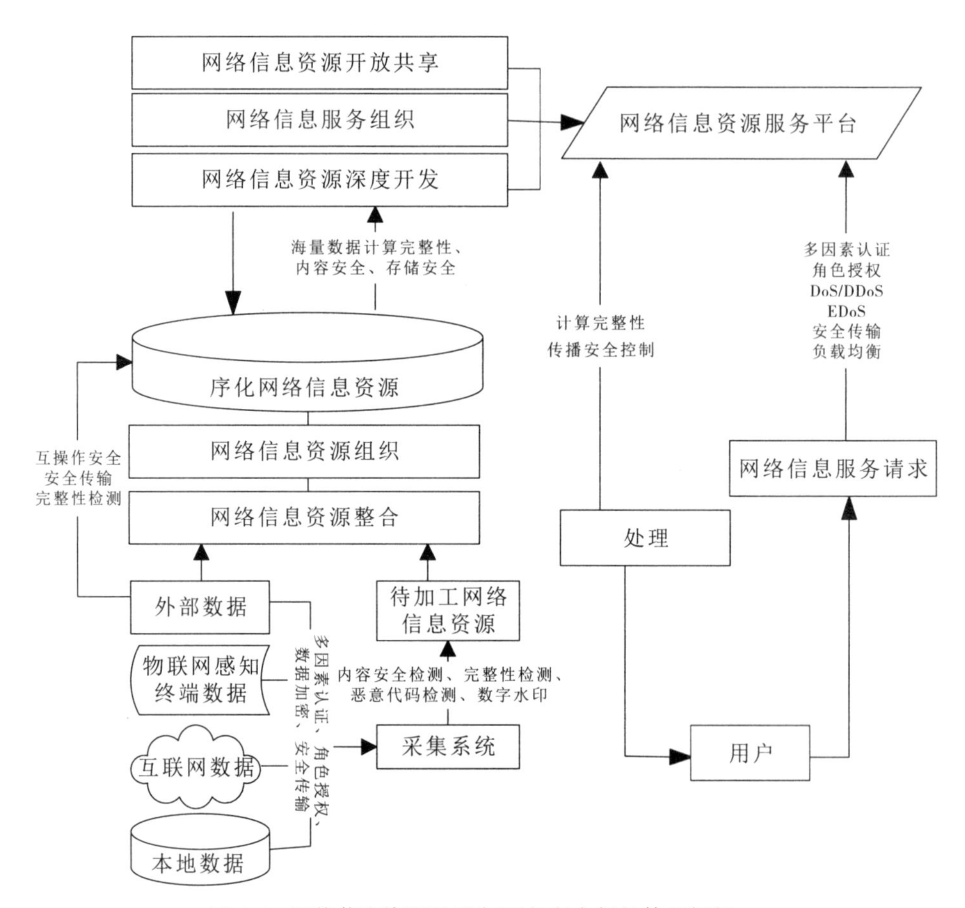

图 6-8 网络信息资源处理与服务安全保护体系框架

6.3.2 基于全程风险管控的云服务安全保障

云服务作为网络协同基础上的虚拟资源服务，其服务链结构和信息资源序化组织特征决定了全程安全保障的实现目标。因此，可在全程化风险控制基础上推进全面安全保障体系建设和面向各环节的安全保障实施。

为便于新一代信息技术环境下网络信息资源的处理与服务安全保护体系的完善，可将处理与服务流程分成采集与存储、组织与开发、服务三个部分，在此基础上对各个部分的安全保护机制进行规范。另外，鉴于网络信息资源共享与资源采集、组织与加工和服务利用关联关系，可将网络信息资源处理与服务安全保护融为一体，从而进行安全管理。

（1）网络信息资源采集与存储安全保护机制

无论是信息资源服务主体的本地数据还是通过互联网采集的数据，都要先进行身份认证，确认是否具有采集与存储权限，之后则需要将数据安全传输至网络信息资源系统并进行安全检验，进入网络信息资源库之后还需要检查数据的完整性，并通过数据水印进行知识产权保障。

①身份认证与访问控制机制。资源采集与存储涉及数据的变更，一旦出现问题会直接导致数据安全遭到破坏，因此需要采用安全性较高的身份认证措施和严格的权限控制机制。身份认证上，需要采用动态认证与多因素认证相结合的认证机制，如密码与动态口令相结合，以提高账户信息被破解的难度，对于安全等级要求较高的网络信息资源，需要采用生物认证机制。访问控制上，需要采用基于角色的授权机制进行权限控制，在细化授权粒度的同时，对每一角色都基于最小权限原则进行具体的权限赋予。①

②敏感网络信息资源加密。多数网络信息资源的保密性要求不高，而且规模较大、利用频率高，因此可以采用明文进行传输与存储。但对于有保密要求的网络信息资源，需要在采集时利用客户端加密技术对其进行加密之后才能传输；在存储环节，则需要采用可检索与计算的加密技术，以便于在保障安全性的同时，不影响其正常开发利用。② 实施过程中，还需要对网络信息资源进行分级分类，对不同安全等级的数据采用差异化的加密机制，以满足安全保障能力要求。

③网络信息资源安全传输保证。采用基于 SSL、VPN、IPSec 等安全协议的传输技术，进行本地数据、物联网数据与互联网数据的传输，以保证数据不会在传输中被拦截、篡改，保证其完整性和可用性。与此同时，在网络传输中存在着专网、通网和泛在网络的信息交互安全风险问题，因此应从风险控制出发，进行网络交互安全保障。

④内容安全与恶意代码检测。为确保采集获得的数据符合国家法律法规的规定，且不含可能发起安全攻击的恶意代码，需要在存储之前进行安全检测。在内容安全检测中，可以采用文本过滤、安全分级等策略识别疑似违规资源，

---

① Cui B J, Liu Z, Wang L Y. Key-aggregate searchable encryption（KASE）for group data sharing via cloud storage[J]. IEEE Transactions on Computers, 2015, 65(8): 2374-2385.

② Liu Z, Fu C, Yang J, et al. Coarser-grained multi-user searchable encryption in hybrid cloud [M]//Transactions on Computational Collective Intelligence XI, Berlin, Heidelberg: Springer Berlin Heidelberg, 2015: 140-156.

并加以处理；在恶意代码检测中，则可以采用特征代码法、校验法等识别恶意代码。

⑤完整性检测与处置。尽管有安全传输技术保护，但传输过程中依然可能存在数据丢失、篡改等问题，而且在存入数据库的过程中也可能发生多种故障，导致写入的数据出现错误。为及时发现这些问题，需要进行网络信息资源的完整性校验。云环境下，为适应存用分离的技术机制和资源规模海量的特征，常用数据持有性证明（PDP）或可取回证明（POR）进行完整性验证，而在具体方案设计中，还需要综合考虑资源的特点和加密情况。①

⑥基于数字水印的数据产权保护。在完成存储后，需要对所采集的资源添加水印，以保护和追踪产权。鉴于添加水印常常会导致网络信息资源出现不同程度的失真，因此在实践中，需要根据网络信息资源利用中对完整性和保真性要求的高低进行具体方案设计，如对于完整性要求很高的卫星和医疗图像等信息，应用无损数字水印技术进行水印添加。

（2）网络信息资源组织与开发安全保护

网络信息资源组织与开发环节安全保护的目标是使网络信息资源得到正确的处理，并确保资源的完整性不会被破坏，不会通过深度分析与挖掘得到不符合内容安全规定的内容。基于此，在安全措施部署上，需要通过身份认证与访问控制机制保证进行网络信息资源组织与开发的用户具有合法权限；在资源组织与深度开发环节，需要通过计算完整性检验机制，保障数据得到正确的处理，对开源大数据处理平台和人工智能基础框架进行安全加固，以保障各类人工智能算法的安全运行。在深度开发资源存储中应按网络信息资源存储流程，进行资源的内容安全检验、完整性检验，并对新增资源添加数字水印。以下专门就计算完整性验证、大数据平台安全加固、机器学习算法安全防护进行说明。

①计算完整性验证。计算完整性是指对网络信息资源完全按照提交的计算请求（含处理对象和计算方法）进行处理，而不对其处理对象和方法进行任何修改。云环境下，之所以要进行计算完整性验证，是因为网络信息资源组织与深度开发中，常常伴随海量资源的精确处理，这就需要大量的计算资源作为支撑；而云服务租赁属于按量计费，因此，云服务商可能会通过降低服务质量、

---

① Amaral D M, Gondim J J C, Albuquerque R D O, et al. Hy-SAIL: Hyper-scalability, availability and integrity layer for cloud storage systems[J]. IEEE Access, 2019: 1-13.

缩小计算规模等方式牟利，进而导致网络信息资源的处理出现偏差。① 在技术方法上，具有代表性的包括副本投票、抽样检测、检测点技术等，在实施过程中，需要综合考虑所需验证的网络信息资源特点和加工处理类型进行方案设计。

②大数据平台安全加固。大数据平台已经成为大数据存储与处理的重要基础设施，但由于其自身安全机制防护能力有限，需要进行加固处理。处理中可以通过集中式安全策略制定和自驱动安全模型应用进行加固。集中式安全策略制定中，可以先采用统一的语言进行安全策略描述，以配合处理多样化的网络安全事件。而网络安全策略的落地则是通过事件响应实现，即违反安全策略时系统自动进行响应，事件承载了对设备的策略请求和请求相关的交互信息，如网络事件管理模型、策略模型与规范等。自驱动安全策略模型应用方面，对大数据平台中的软硬件设施和安全产品进行统一的安全配置与管理，通过工具的自嵌入实现安全功能。需要说明的是，大数据平台中的安全策略的构成要素可能包含多类型策略节点，执行时需要根据前置节点的执行结果选择驱动后一节点的执行，从而形成工作流执行的、跨资源、自驱动的有序性。

③机器学习算法安全防护。机器学习算法经常遇到的安全攻击包括投毒攻击、对抗攻击、模型提取攻击和模型逆向攻击。投毒攻击通过攻击训练数据或算法实现对机器学习模型的安全攻击，可能发生在算法训练或再训练环节。对此类安全攻击，应从数据保护和算法保护角度进行安全防御，前者通过保护数据不受篡改、防止数据伪造、抵抗重写攻击、检测有毒数据等来实现；后者通过提升机器学习算法的鲁棒性来实现。对抗攻击也称逃避攻击，其通过将对抗样本提交到训练好的机器学习模型，使模型预测错误的方法实施攻击。此类安全攻击的防御主要从阻止对抗样本生成和检测对抗样本两个目标出发，常用技术手段包括算法对抗训练、基于区域的分类、输入数据变换、梯度正则化、利用神经网络等工具进行自动对抗等。模型提取攻击与模型逆向攻击相近，前者针对对象是已经训练好的机器学习模型，目标是非法获取模型或窃取模型参数，破坏模型的保密性；后者根据模型逆向提取出训练集数据，以破坏训练集的保密性。对这两类安全攻击，代表性防御策略包括安全多方计算和密码学中的差分隐私、同态加密技术。安全多方计算技术可以在缺乏可信第三方的前提下，保证约定函数的计算不出偏差，因而可以用来保护训练数据集和训练模

① 丁滟. 开放式海量数据处理服务的计算完整性研究[D]. 长沙：中国人民解放军国防科学技术大学，2014.

型。典型应用场景是，多个数据拥有方进行分布式机器学习模型联合训练时，各数据方或训练服务器不能获悉全部的训练数据，此时就可以用这一技术进行模型训练中的数据安全保护。密码学中的差分隐私技术旨在通过删除个体特征并保留统计特征的方式，在最大限度地保证数据查询准确性的同时，尽可能降低从统计数据库查询时识别其记录的概率，从而提升训练集的保密性；同态加密可以在不影响数据处理的同时，有效地保护敏感数据不被解密和窃取。

(3)网络信息资源共享安全保护机制

为推进跨系统的网络信息资源共享与开发利用，需要实现网络信息资源系统的安全互操作。应遵循全程化安全保障框架，在新一代信息技术环境下网络信息资源跨系统互操作安全机制设计中，需要全面考虑跨域认证、跨域授权、数据交换和传输三个环节的安全保护。

①跨域认证安全。为实现安全跨域认证，需要保障所传递的用户认证信息的完整性和保密性，如果完整性遭到破坏，可能导致无法实现成功认证，跨系统互操作更是无从谈起；保密性遭到破坏则会导致用户关键隐私信息泄露，从而造成严重后果。在技术实现上，较为常用的解决方案是基于认证信息加密和基于信任跨域认证方案。[①] 跨云平台的安全认证必须要有可信第三方作为中介，因此可以采用结合 PKI(公钥基础设施)和 IBC(基于身份的加密)技术设计跨域认证安全保障机制。

在跨域模型中，跨云平台的安全认证是基于 PKI 安全证书实现的。其中 PKI 被视为可信第三方，专门负责证书签发，而多个云平台之间则依据证书对身份进行认证。云平台内部的跨系统认证则基于 IBC 实现，此时云平台扮演认证中的可信第三方角色。将两种认证技术相结合，则既可以简化同一云平台内部的安全认证流程，也可以保证跨云平台的身份认证的安全性，满足混合云环境下的多元安全认证需求。

②跨域授权安全。与其他环节不同，跨域授权环节本身不存在网络信息资源或用户信息的传输与处理，其安全保障目标在于保障认证用户的合法权益的同时避免过度授权引发的安全风险。威胁跨域授权安全的主要原因是网络信息资源系统之间及云平台之间的权限控制粒度或授权机构不一致，进而导致安全认证后难以实现精准授权。在安全保障实施中，可以建立网络信息资源系统之间或云平台之间基于权限的角色映射关系，将权限相同或相近的角色进行关

---

① 包国华，王生玉，李运发. 云计算中基于隐私感知的数据安全保护方法研究[J]. 信息网络安全，2017(1)：84-89.

联，从而在认证完成后进行权限授予。由于角色及权限分配机制不同，基于角色映射授权后依然有可能无法完成互操作的情形，针对这一问题，需要建立例外处理机制，如临时人工授权，或者在频繁发生互操作的系统间进行角色权限的调整，保障角色权限的协调性。

③数据交换和传输安全。为实现异构数据的安全交换，需要先将其转换成统一格式，以避免信息的完整性和可用性遭到破坏，在此基础上通过相关措施的部署保障数据交换的过程安全。在异构数据规范化环节，可以采用开放性、灵活性较强的 XML 语言进行规范。以 A 和 B 两个网络信息资源服务主体的跨系统资源共享为例，基于 XML 的网络信息资源安全交换流程包括三个环节：第一，共享方 A 将其拟共享的数据转换成标准格式，转换过程中，需要基于 XML 语言进行语义标签生成，以实现计算机对字段内容的理解，并通过数据解析、增补、校准等环节提高数据质量；第二，将承载共享数据的 XML 文件安全传递给数据接收方 B，在此过程中需要遵循 W3C 颁布的 XML 数字签名、加密、秘钥管理系列标准，基于 IPSec、SSL 和 TLS 技术的数据传输，以保障此环节的安全；第三，数据接收方 B 在完整性校验基础上，按照约定的规范对 XML 文件进行解析，并将所得数据存储至其数据库中。

6.4 云服务风险监测中的安全信息管理

近年来，业界普遍将安全机制不完善视为信息安全管理失效的重要原因之一。因而在网络信息资源安全管理中，需要建立健全安全信息管理机制。①

6.4.1 安全信息管理对服务风险监测的影响

云服务风险监测与安全保障中所关注的安全信息是指与云服务安全保障相关的各类信息的集合，安全信息的实时处理对各个环节的安全保障都具有重要作用。

(1)安全信息类型

从不同角度出发，可以将云服务安全信息分成不同的类型，较为典型的分类视角包括来源、影响、形式等。

①来源视角的安全信息类型划分。鉴于云服务安全涉及多个方面，其主题

① 王秉，吴超. 安全信息学论纲[J]. 情报杂志，2018，37(2)：88-96.

也相应地多样化，其安全信息包括资产信息、安全威胁信息、脆弱性信息、安全风险信息、安全制度信息、安全评测信息、安全事件信息、安全政策法规信息、安全标准信息、安全产品信息、安全技术信息、安全服务信息、安全机构信息、安全态势信息等。由于来源的层级性，安全域信息还需要进一步细化，如安全威胁信息包括安全威胁攻击主体信息、安全威胁攻击对象信息、安全威胁攻击原理信息等。同时，在同一条安全信息中，其来源可能是多元化的，比如关于某安全威胁的安全事故信息。

②影响视角的安全信息类型划分。从这一角度出发，可以将安全信息分为外部安全信息和内部安全信息。所谓外部安全信息，是指从云服务主体之外的其他来源所获取的安全信息，如从政府机构获取的安全法律法规信息，从系统运行环境中获取的安全威胁信息。所谓内部安全信息，是指信息服务主体在安全方面积累下来的信息，包括自身的安全资产信息、安全风险信息、安全评测信息、安全措施部署信息、安全监测信息、机构内部安全信息等。不同来源的信息，除了在作用上具有明显差异外，还将对服务、组织产生全局性影响。

③形式视角的安全信息类型划分。新一代信息技术环境下，数据已经成为信息资源的重要组成部分。基于此，可以将安全信息分为不同形态的数据，包括单模态和多模态形态的安全信息。安全数据资源则是通过内外部渠道获取的与安全有关的基础数据，如日志数据、用户行为数据等。通常来说，数据资源并不能直接用于安全保障环节，需要对其分析挖掘，从中获得有价值的状态信息。

(2)安全信息处理服务管理的作用

安全信息在云服务组织各个方面都具有重要作用，在服务安全风险识别与预警环节，有助于提升安全预警的全面性、准确性和预测性；在安全防御、对抗、灾备、恢复等环节的保障方案设计中，能够为方案的合理性、创新性提供支撑；在服务组织中，有助于提升安全保障的针对性和有效性。如图 6-9 所示。

从总体上看，安全信息处理在云服务风险规避和安全保障中具有全局性影响，主要包括以下几个方面：

①安全信息在风险识别与预警中的作用。通过全面采集各类安全信息，可以有效识别云服务安全威胁、脆弱性，尤其是新发现的威胁和脆弱性，如新的系统漏洞、数据库漏洞等，从而为服务安全风险的全面识别奠定基础。同时，通过安全信息分析可以更准确地评估安全威胁的发生频率，以及脆弱性的严重

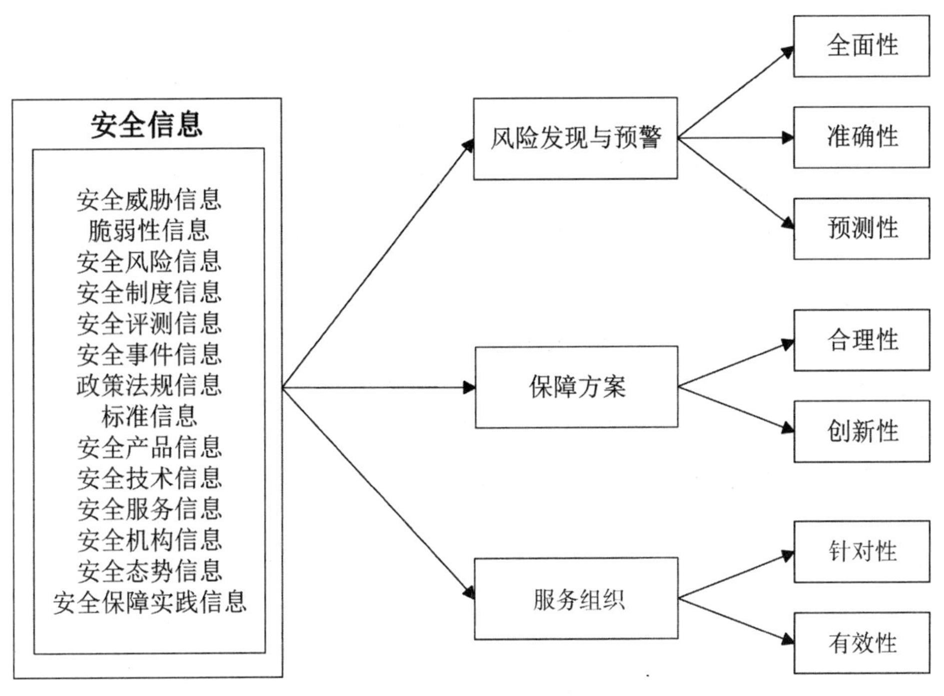

图 6-9　安全信息对云服务风险与安全管理的作用

程度，为更准确地判断安全风险的可能性及可能造成的损失提供支持。通过对运营主体内部安全信息的采集，可以全面准确地掌握安全措施部署，从而为残余安全风险分析提供支持。通过对信息安全态势信息的分析，可以更准确地预测短期内可能遇到的安全风险；遭遇安全攻击时，可以根据安全攻击知识库和历史行为信息，预测安全攻击的下一步动向，进而发布更为精准的安全预警，为安全保障部署赢得更充足的时间。

②安全信息在保障方案设计中的作用。在安全保障的技术防御、实时对抗、灾备恢复、运行管理等各个环节中，安全信息都可以为服务安全保障方案的合理制定和创新提供信息支持。其原因是，通过安全信息，可以全面了解各类安全措施的实践效果与局限性，获得丰富全面的信息安全产品、服务信息，从而为安全保障方案的整体设计，以及具体安全措施的选择提供依据，以提高方案设计的合理性。此外，在服务风险控制的各个环节，尤其是实时对抗环节，可以在了解实时状况的基础上，自动给出安全对抗的建议方案，从而提高安全保障决策的自动化水平。

③安全信息在服务组织中的作用。有了丰富的安全信息，既可以为安全保

障提供依据，也有利于风险防范与服务安全预警的细化。比如在自己的机构或身边的机构发生安全事故时，安全信息的实时处理有利于安全保障的主动性与有效性的提升。同时，还可以针对不同工作性质的用户群体，推动个性化的安全保障，即将安全风险控制纳入服务环节之中，由此实现常态化保障目标。

6.4.2 大数据视域下的云服务安全信息管理模式

遵循信息管理的一般流程，云服务安全信息管理主要包括安全信息采集、安全信息组织、安全信息存储、安全信息检索和安全信息利用5个环节，如图6-10所示。其中，安全信息采集是按照云服务用户的需求将分散分布的安全信息资源汇聚到一起，以便于面向安全管理的应用；安全信息组织是利用信息组织工具、方法进行动态处理，使其序化；安全信息存储是在组织基础上对其进行有效存储；安全信息检索是为满足具体需求，从海量信息中快速搜寻出相关信息的过程；安全信息利用管理是云服务用户利用安全信息的过程管理，即进行信息安全分析、信息安全预测、信息安全评价和信息安全决策过程管理。这5个环节密切关联，按采集、整序、存储、检索、利用的链式结构交替进行，最终为云服务用户进行安全决策提供支持。

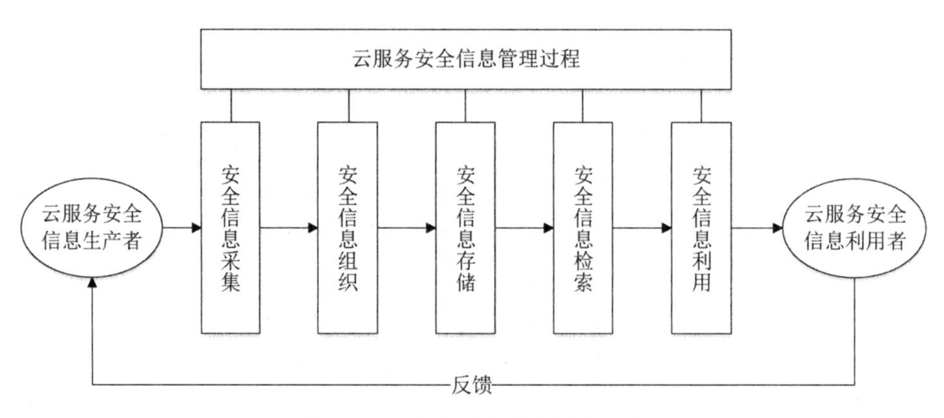

图6-10 云服务安全信息管理过程

随着大数据环境的形成，安全信息管理的对象进一步拓展，安全数据资源成为重要组成部分，安全信息管理的技术手段进一步丰富，能提供更强的收集、存储、计算、分析挖掘能力支持。基于此，在云服务风险控制与安全保障中，应将大数据融入安全信息管理过程，进而利用安全数据的嵌入，使大数据应用与安全信息管理紧密结合，因而可进行大数据视域下的安全信息管理模式构建，如图 6-11 所示。

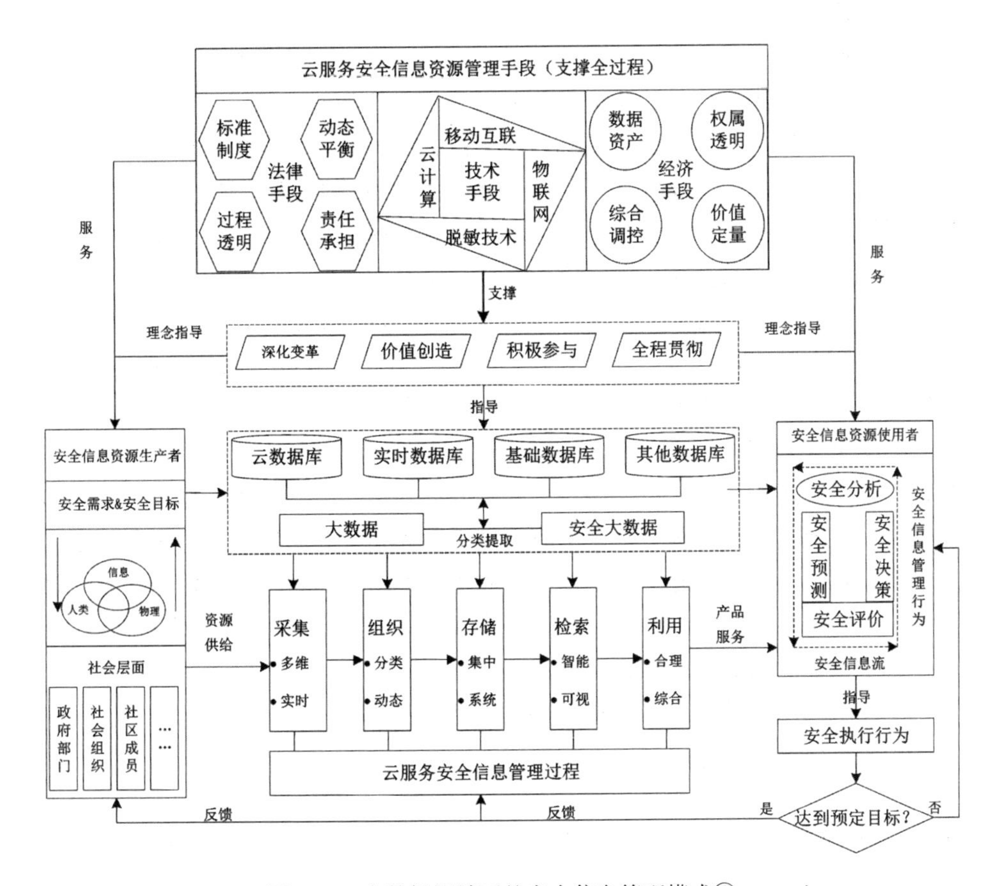

图 6-11　大数据视域下的安全信息管理模式①

①云服务安全信息管理过程。该过程是大数据视域下云服务安全信息管理模式的核心，包括安全信息管理过程的 5 个环节、反馈机制，用于实现安全信息的产生、采集、组织、存储、检索、利用的全过程，并且通过反馈机制实现供给和加工处理的持续优化。实现过程中，云服务安全大数据采集应注重实时性，加强多源数据的采集与整合；组织环节应加强对安全大数据的有效、动态

① 吴林，吴超，吴娥. 大数据视域下安全信息资源管理模式研究[J]. 科技管理研究，2020，40(9)：156-162.

分类；存储环节应采用集中存储模式，形成系统性的智能资源库；检索环节应注重智能化与可视化；利用环节应立足用户安全管理的业务需求，沿着合理方向进行应用综合。

②云服务安全信息管理手段和指导理念。这两个部分为安全信息过程管理提供技术基础和理念指导，贯穿云服务安全信息管理的全流程，是整个模式的基础。管理手段包括法律、技术和经济手段，法律手段主要包括标准制度、立法保障、责任承担、动态平衡机制等，用于保障安全信息管理过程的合规性；技术手段主要包括云计算、物联网、移动互联和脱敏技术等，用于支持安全信息管理的自动化与智能化；经济手段主要包括数据资产控制、权属调节、价值定量核算、综合协调配合等，用于协调各相关方的利益关系，为运行提供支持。指导理念的内涵是价值创造为核心、全员参与为基础、深化改革为要求，为安全信息管理的各方面工作开展提供原则指导。

③安全大数据的生成过程。用于实现管理手段、指导理念与管理过程的连接，是整个模式的中枢。以安全科学基本原理为指导，结合大数据技术与数据库技术，形成安全大数据，纵向上将管理手段和指导理念应用到云服务安全信息管理过程中，横向上建立安全信息资源生产者与使用者间的关联。在具体来源上，主要包括云数据库、实时监测数据库、基础数据库以及其他数据库等，通过各个数据库的交互作用，生成云服务安全大数据。

④安全信息资源生产者。此类主体是云服务安全信息管理模式的逻辑起点，用于产生安全信息资源。大数据实现了物理世界、人类社会与信息空间的三元世界融合，因此云服务安全信息资源主要源于安全保障运行中的三元关系。社会层面看，安全信息的具体来源是政府部门、社会组织、社区成员等之间的相互关系。

⑤安全信息资源利用者。此类主体是云服务安全信息管理模式的逻辑终点，通过利用安全信息管理的产品与服务进行安全现状分析、发展趋势预测、安全管理评价、安全保障决策等，进而指导云服务安全管理行为，帮助其在达成安全目标的同时，对安全管理过程进行优化调整，提升安全管理效率。

6.4.3 网络云安全信息管理系统构建

网络云安全信息管理系统的定位是以组织内外部采集的安全信息资源为基础，面向信息服务主体提供安全信息服务，以支持安全保障的开展。其层次结构模型如图 6-12 所示。其中：采集层负责组织内外部安全信息的采集，为安全信息服务开展提供全面、准确、丰富的基础资源；组织层在于对多源异构的

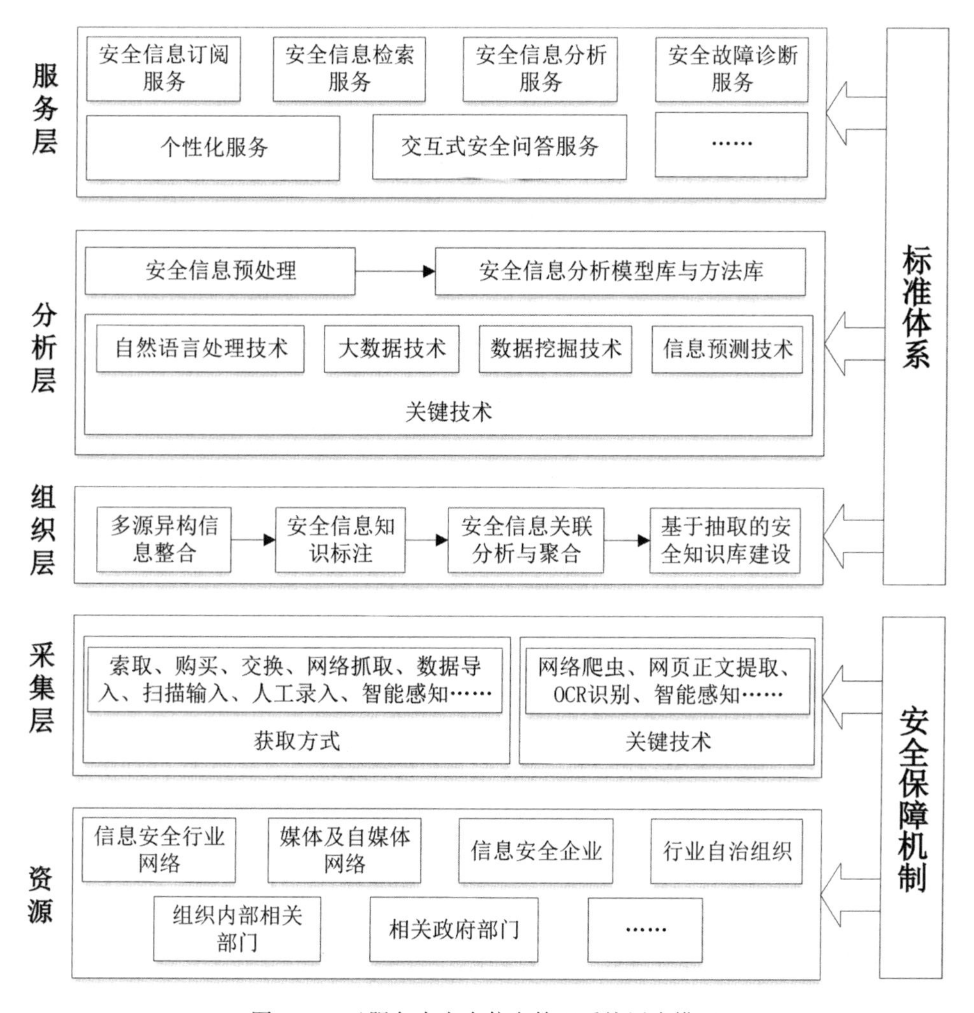

图 6-12　云服务中安全信息管理系统层次模型

安全信息资源进行整合与序化，使其更便于搜寻与深度加工；分析层的核心是建设安全信息分析的模型库与方法库，从而为安全信息的深度挖掘及面向用户的服务提供支持；服务层则是面向用户需求进行服务功能的组织，包括安全信息检索服务、安全信息分析服务，等等。除了五个核心模块外，安全信息管理系统还包括标准体系和安全保障机制两个支持模块。其中标准体系涉及安全信息采集、组织、分析、服务、安全保障等各个环节，用来为系统各个模块的设计与开发提供指导与约束；建立安全保障机制是因为安全信息本身也具有保密性、完整性和可用性，因而也需要予以防护。

(1)安全信息采集

安全信息采集是安全信息管理系统的输入部分，也是安全信息分析与服务的基础，其工作效率与质量，决定着整个安全信息管理系统的效能。其主要工作是根据网络信息资源云服务主体的安全信息需求，制订安全信息采集计划，并按规定及时准确地完成内外部安全信息的采集。

安全信息采集中，常用的资源采集方式包括索取、购买、交换、网络抓取、数据导入、智能感知等。其中索取、交换指的是触及安全信息的方式，因而还必须通过其他方式才能将这些信息汇集至安全信息系统中。安全信息源与安全信息分布、采集方式的对应关系如表6-1所示。

表6-1 安全信息源与安全信息分布、采集方式的对应关系

安全信息源	安全信息分布	采集方式
信息安全网站、媒体及自媒体网站	资产信息、安全威胁信息、脆弱性信息、安全风险信息、安全事件信息、安全产品信息、安全技术信息、安全服务信息、安全机构信息、安全态势信息、安全保障信息等	索取、交换、网络抓取
信息安全机构	安全产品信息、安全技术信息、安全服务信息、安全机构信息、安全态势信息、安全保障信息等	索取、购买、网络抓取、数据导入、智能交互输入
相关政府部门	政策法规信息、安全标准信息等	网络抓取、自动输入
行业自治组织	安全威胁信息、脆弱性信息、安全风险信息、安全事件信息、标准信息、安全态势信息、安全保障信息等	索取、购买、交换、网络抓取、数据导入、自动输入
数据资源系统	信息安全相关数据资源	购买、网络抓取、数据导入
组织内部相关部门	资产信息、安全威胁信息、脆弱性信息、安全风险信息、安全制度、安全评测信息、内部安全事件信息、安全保障状况信息等	数据导入、人工录入、智能感知

安全采集环节的关键技术包括网络爬虫、网页正文提取、OCR(Optical Character Recognition，光学字符识别)、智能感知等。网络爬虫技术是网络安

全信息资源定向采集与非定向采集的关键支撑技术，其本质是一种按照一定规则自动抓取网络信息的程序或者脚本。应用过程中，对于安全信息较为集中、丰富的网络站点，可以采用专门定制的网络爬虫进行定向抓取，从而保证抓取的效率与效果；对于广泛分布于互联网上的安全信息，则需要通过通用爬虫与网页正文提取技术实现信息抓取。网页正文提取技术是一种从抓取的网页源码中准确提取正文内容的技术方法。在实现思路上，其包括基于统计的正文提取、基于模板的正文提取、基于网页分块的正文提取、基于文档对象类型的正文提取等。除模板提取法外，其他几种方法均适用于非定向网页采集结果的内容提取。OCR 技术是指扫描文件的字符，通过检测暗、亮的模式确定其形状，然后用字符识别方法将其形状翻译成计算机文字的技术，利用该技术可以快速实现文本信息的数字化。智能感知技术是指网络信息资源运营主体利用漏洞扫描、日志捕获、摄像头等技术与设备进行组织内部安全信息的采集。

(2)安全信息组织

安全信息组织的定位是对多来源采集的异构安全信息资源进行整合与序化，旨在为进一步的安全信息分析与服务利用奠定基础。在该环节，首先需要实现安全信息资源的整合，其次基于安全信息组织工具与技术方法实现安全信息的标注、聚合，最后基于信息抽取实现安全数据库的建设。

①安全信息整合。通过多来源采集的安全信息中存在较为明显的异构与重复问题，如同一安全事件信息出现在不同的行业网站中，故而需要推进安全信息整合。为便于后续进行安全信息的深度加工与利用，需要采用物理整合模式，即将整合后的安全信息进行统一存储。实施过程中，首先需要通过元数据相似度计算、人工映射关系分析等方法，建立不同来源的安全信息元数据的对应关系，在此基础上对各来源的安全信息进行规范化处理，使其元数据按照同样的规则进行著录；其次对元数据取值的相似度进行安全信息判重处理，以发现重复的安全信息；最后将剔除重复和规范化处理后的安全信息存入数据仓库。

②安全信息标注。该环节的主要任务就是利用词表、本体等知识组织工具、算法，实现对安全信息特征的全面揭示。一方面需要做好知识组织工具利用与完善，用好已有的叙词表、本体、主题图、名称规范文档、知识图谱等，并在此基础上利用信息抽取、机器学习技术进行工具的完善；另一方面需要进行安全信息标注方法选择与创新，综合采用元数据映射、主题提取、自动分类、机器学习等技术方法，揭示安全信息的形式与内容特征。从当前的研究与实践来看，在该环节的技术实现中，需要做好深度学习技术的应用工作，结合

安全信息的具体特征进行针对性的学习方法优化，以取得最佳的标注效果。

③安全信息聚合。在完成安全信息标注的基础上，需要基于标注结果深入分析信息间的关联关系，进行安全信息的多维度聚合组织。安全信息间的关联分析，可以考虑从以下几个方面着手：一是安全信息细粒度主题关联，即将围绕某个细分主题的安全信息聚合到一起，如将由某个安全威胁引发的安全事件信息聚合到一起；二是安全信息语义关联，即将具有语义关联的多个主题的安全信息聚合到一起，如对于某篇主题为安全威胁的信息，基于知识组织工具发现与该安全威胁相关联的脆弱性、安全措施，进而将主题为关联脆弱性和安全措施的信息聚合到一起；三是安全信息多维特征关联，即至少在两个维度的特征上将有关联的安全信息聚合到一起，例如根据漏洞的首次报告时间筛选出最近发现的安全漏洞，进而根据安全信息的主题，将最近发现的安全漏洞信息聚合到一起。

④基于信息抽取的安全数据库建设。通过各种渠道采集的安全信息中，大部分是半结构化或非结构化的信息，不利于进行安全信息的深度分析与挖掘。为解决这一问题，需要利用信息抽取技术从采集的安全信息中抽取出有价值的片段信息，形成数据化的安全库，如安全事件知识库、安全威胁知识库、脆弱性知识库、安全措施知识库等。第一，建立安全知识库元数据框架，对每种类型的安全知识库都需要建立丰富、全面的元数据框架，为安全知识抽取奠定基础。实现上，既可以采用准确性较高的人工构建方案，也可以采用机器自动抽取与人工审核相结合的半自动方案，以兼顾效率与质量。第二，设计安全知识抽取算法，需要结合待抽取对象的特征，选择合适的安全知识抽取方法并进行算法设计，代表性的抽取方法包括基于规则的抽取方法、基于序列标注的抽取方法、基于监督学习的抽取方法、基于统计的抽取方法等。

(3)安全信息分析

安全信息分析是通过对所采集的各类安全信息的自动化分析或者人工分析提供工具支持，从而将安全信息转换为安全情报，帮助判断网络信息资源所处的安全状况、面临的安全风险，为安全保障工作的推进提供决策支持。

①安全信息预处理。与其他类型的信息分析类似，安全信息预处理也是安全信息分析的起点，在该环节需要实现安全信息的清洗、变换与规约处理，使其在不失真的情况下更易于分析处理。安全信息处理的目标在于建立全面、高质量的安全信息资源库。安全信息分析模型与方法可以分为现状分析模型与方法、未来预测模型与方法两类，前者的目标是帮助网络信息资源运营主体全面、清晰、准确地展示网络信息资源及相关资产当前所处的安全环境、面临的

安全风险，后者的目标则是预测短期或中长期时间范围内的安全态势以及将面临的安全攻击等。两类分析模型与方法的建设中，都需要遵循问题导向，在明确所需解决的问题边界的前提下，进行模型与方法的设计，以提高分析模型与方法的实用性。

②安全分析关键技术应用。鉴于安全信息分析的对象以文本为主，而且涉及系统日志、用户行为日志等安全大数据，故而支撑安全分析开展的关键技术包括自然语言处理技术、大数据技术、数据挖掘技术、信息预测技术等。当前，海量安全数据的分析必然离不开大数据技术，网络信息资源及系统会动态生成海量的日志数据，蕴涵着有价值的安全信息，要实现对此类安全数据的有效利用，必然离不开大数据技术的支持。需要用到的代表性技术包括大数据存储技术、离线计算数据、流式与实时计算技术、NoSQL 数据库技术、分布式数据处理技术、海量数据查询技术、任务调度技术等。

③数据挖掘与预测组织。这两方面的问题显然是安全信息应用的核心，也是影响安全分析质量的关键。这方面的工具已非常丰富，因而需要结合具体的应用场景进行选择，较为常用的代表性技术包括：异常行为检测技术，在安全日志和用户行为日志分析中，需要利用该技术识别可能引发安全风险的异常行为；意见挖掘技术，通过对安全产品、服务的新闻报道及用户评论的挖掘分析，获得用户对该产品或服务的情感倾向及具体评价意见；演化分析技术，通过对历史安全事件演化过程的自动化分析，自动归纳总结安全事件演化规律，帮助网络信息服务主体更深入地认识相关安全风险；回归分析、时间序列分析、移动平均、统计分析等预测技术，用于分析历史信息和网络信息资源面临的安全环境现状，预测其可能面临的安全风险。

7　云服务安全风险控制中的认证与责任管理

可信云服务认证目的在于有效控制云服务引发的安全风险，旨在服务链中形成认证基础上的服务融合。其中安全链基础上的可信认证和安全责任管理具有一定的重要性。在云服务风险控制与安全责任管理中，应进行面向云资源利用与服务安全的认证和责任管理体系的构建。

7.1　云服务安全风险的责任管理

云计算环境下，为更好地实现用户主体与云服务商在安全保障上的协同，需要明确两者的安全保障责任范围，并在实践中推进其在安全保障上的融合。基于这一认识，有必要按安全等级保护原则进行安全责任认定和安全责任履行。

7.1.1　基于安全等级保护的云服务安全风险控制责任制

信息安全等级风险控制与等级保护是各国广泛采用的一种信息安全保障方式，在我国，已成为信息安全保障的基本制度原则。该理论正式形成于20世纪80年代，1985年，美国在可信计算机系统评估准则(TCSEC)中，将计算机系统的可信度划分为A1、B1、B2、B3、C1、C2、D七个等级，并从用户登录、授权、访问控制、审计等方面提出了规范性要求。① 20世纪90年代初，英国、法国、德国、荷兰四国联合提出了信息技术安全评估标准

① Latham D C. Department of defense trusted computer system evaluation criteria[J]. Department of Defense, 1985, 951(5): 69-72.

(ITSEC)，引入了信息安全的保密性、完整性和可用性概念，并将系统安全分为E0~E6七个等级。① 加拿大于1989年5月发布了《加拿大可信计算机产品评估标准》(CTCPEC)，并在TCSEC和ITSEC的基础上，于1993年发布了第三版标准。② 1993年，美国、加拿大、法国等六国在其各自发布的信息安全等级保护标准基础上，发布了通用安全评估准则(CC)，③ 并将结果作为国际标准提交给了ISO。1999年，ISO将CC 2.1版采纳为国际标准，即ISO/IEC 15408。④

在我国，信息安全等级保护责任制度于1994年提出，通过借鉴国外技术标准，逐步形成了较为完整的安全等级保护标准体系，并指导信息安全保护的推进。⑤ 此后，我国于1999、2008、2010、2012等年度分别发布了多项信息系统安全等级保护标准，形成了安全等级保护1.0实施体系；2017年，我国正式开始实施《中华人民共和国网络安全法》，并在该部法律中明确规定"国家实行网络安全等级保护制度"。为适应新一代信息技术的发展，我国于2018—2020年对安全等级保护的系列标准进行了完善，形成了安全等级保护2.0实施体系。系列标准中不但对网络安全等级保护的通用要求进行了规范，还分别针对云计算、移动互联网、物联网、工业控制系统四类专门系统的安全等级保护扩展要求进行了规范，以更好地指导实践的开展。

信息安全等级保护的核心是对不同信息或系统分等级、按标准进行建设、管理和监督。在我国，依据《信息安全等级保护管理办法》，根据信息系统遭到破坏后对国家安全、社会秩序、公共利益及公民、法人和其他组织合法权益的危害程度，将信息安全分为五个等级，⑥ 如表7-1所示。

---

① European Communities. Information technology security evaluation criteria[R]. 1991.

② Communications Security Establishment. The Canadian trusted computer product evaluation criteria V3.0 [R]. 1993.

③ Common Criteria Project Sponsoring Organizations. Common criteria for information security evaluation[S]. 1993.

④ Information technology—Security techniques—Evaluation criteria for IT security(ISO/IEC 15408—1999)[S]. Geneva: International Organization for Standardization, 2013.

⑤ 王文文，孙新召. 信息安全等级保护浅议[J]. 计算机安全，2013(1)：68-71.

⑥ 公安部等通知印发《信息安全等级保护管理办法》[EB/OL]. [2021-10-25]. http://www.gov.cn/gzdt/2007-07/24/content_694380.htm.

表 7-1 信息系统安全等级划分

安全等级	描 述
第一级	系统遭受破坏后，公民、法人和其他组织的合法权益将受到损害，但国家安全、社会秩序和公共利益不受损害
第二级	系统遭受破坏后，公民、法人和其他组织的合法权益将受到严重损害，或者使社会秩序和公共利益受到损害，但不会对国家安全造成损害
第三级	系统遭受破坏后，会使社会秩序和公共利益受到严重损害，或者使国家安全受到损害
第四级	系统遭受破坏后，会使社会秩序和公共利益受到特别严重损害，或者使国家安全受到严重损害
第五级	系统遭受破坏后，会使国家安全受到特别严重损害

与之相对应，在国家标准《信息安全技术 网络安全等级保护基本要求》①中，对第一至四级信息系统的安全保障责任进行具体要求，如表 7-2 所示。

表 7-2 不同安全等级的安全保障能力要求

安全等级	安全保障能力要求
第一级	需要能够保护系统免受来自个人、拥有很少资源的攻击者发起的恶意攻击，一般的自然灾难，以及其他相当程度的威胁所造成的关键资源损害；在系统遭受破坏后，能够恢复部分功能
第二级	需要能够保护系统免受来自外部小型组织、拥有少量资源的攻击者发起的恶意攻击，一般的自然灾难，以及其他相当程度的威胁所造成的重要资源损害，能够及时发现重要的安全漏洞；在系统遭受破坏后，能够在一段时间内恢复部分功能
第三级	需要能够在统一安全策略下保护系统免受来自外部有组织团体、拥有较丰富资源的攻击者发起的恶意攻击，较为严重的自然灾难，以及其他相当程度威胁所造成的主要资源损害，能够及时发现安全漏洞；在系统遭受破坏后，能够较快恢复绝大部分功能

① 公安部信息安全等级保护评估中心. 信息安全技术 网络安全等级保护基本要求(GB/T 22239—2019)[S]. 北京：中国标准出版社，2019.

续表

安全等级	安全保障能力要求
第四级	需要能够在统一安全策略下保护系统免受来自国家级别的、敌对组织的、拥有丰富资源的攻击者发起的恶意攻击，严重的自然灾难，以及其他相当程度的威胁所造成的资源损害，能够及时发现安全漏洞；在系统遭受破坏后，能够迅速恢复所有功能

同时，该标准还明确了不同安全等级系统安全保障中的技术责任要求和管理责任要求。其中，技术责任要求集中于对抗安全威胁和脆弱性加固的技术方面，包括安全物理环境、安全通信网络、安全区域边界和安全计算环境四个方面；管理责任要求主要为安全技术责任履行提供组织、人员等方面的保障，包括安全管理制度、安全管理机构、人员安全管理、系统建设管理和系统运维管理五个方面，并对每个方面都定义了关键的责任控制点及子项，其模型如图7-1所示。

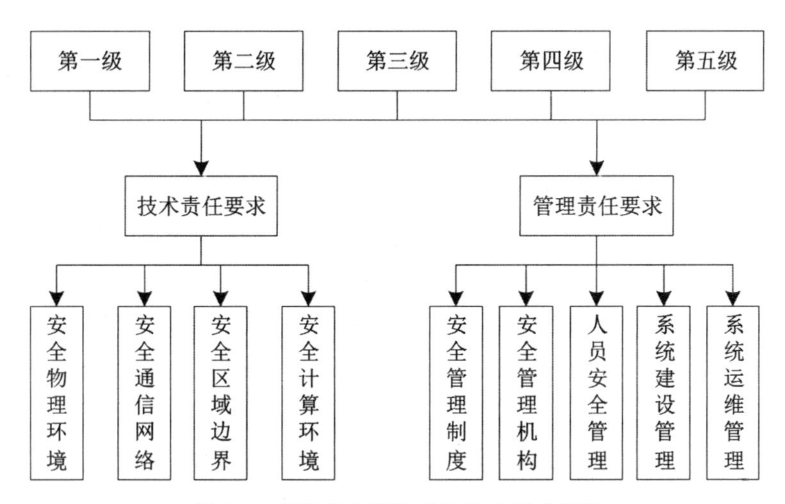

图 7-1　信息安全等级保护基本要求框架

7.1.2　多元主体下的云服务安全风险责任划分

由于云服务的租赁性质，随着服务的拓展，云计算环境下信息安全保障演变为由机构主体和云服务商协同负责。对于单个云服务商用户机构主体来说，由于其采用的云服务部署模式不同或者同时采用了多家云服务商的服务，其安全保障协同主体可能包含多个，也即云计算环境下，安全保障主体面临着从一元化到多元化的变革。为更好地实现信息资源服务主体与云服务商在安全保障上的协同，需要明确两者的风险控制与安全保障责任范围，在服务中推进其在安全保障上的融合。

(1)云服务安全保障主体多元化的责任形成

从根本上讲，云计算环境下信息资源安全保障主体责任多元化是由云计算的技术实现机制决定的，并非信息资源服务主体主动选择的结果。对于任何一类云计算服务业务，其所需的硬件和软件都是由云服务商负责购置、开发和管理的，信息资源服务主体完全无法对其进行控制和修改，甚至都无法确切知晓其具体情形。因此，这部分硬件和软件的安全必须由云服务商负责。同时这些硬软件往往对信息资源的信息安全起到非常重要的作用，其安全保障必然是信息资源安全保障的有机构成部分，由此就导致信息资源安全保障责任主体的多元化。

对于单个信息资源服务主体来说，其安全保障协同主体的多元化程度与其所采用的云服务实现模式及是否使用了多个云计算平台的服务相关。

云服务实现模式对安全保障主体多元化的影响可区分为单级模式和多级模式两种。① 其中单级模式是指云服务商基于自身拥有的硬件资源进行云服务的组织；多级模式是指云服务商自身不拥有硬件资源，而是在其他云服务商的服务基础上构建自己的服务业务。例如，提供 PaaS 服务的云服务商可以建立在其他云服务商的 IaaS 服务基础上；提供 SaaS 服务的云服务商可以建立在其他云服务商的 IaaS 或 PaaS 服务基础上。多级模式下，根据上游云服务商的构成情况，可以进一步分为简单多级模式和复杂多级模式。在简单多级模式下，每一层级的云服务商都仅有一个，例如，云服务商 A 提供 SaaS 服务，其服务是建立在提供 PaaS 服务的云服务商 B 的业务之上，而 B 的业务则建立在提供 IaaS 服务的云服务商 C 的业务之上。在复杂多级模式下，至少有一个层级的云服务商多于一个，例如，云服务商 D 提供 SaaS 服务，其服务是建立在提供 PaaS 服务的云服务商 E 和 F 的业务之上，而 E 的业务则建立在提供 IaaS 服务的云服务商 F 和 H 的业务之上，F 的业务是基于自身的硬件资源进行的。

显然，云服务的实现模式对信息资源服务安全有着直接的影响，由此决定

① 冯登国，张敏，张妍，徐震. 云计算安全研究[J]. 软件学报，2011，22(1)：71-83.

了协同主体的风险控制与安全责任的形成。如果信息资源采用的云服务是单级模式，其协同主体构成最简单，云安全责任只由一家云服务商承担；如果采用简单多级模式，其协同主体构成也相对简单，一般不超过三家；但如果采用了复杂多级模式，则其协同主体不仅数量较多，其间的关系也可能呈现复杂的网状结构，由此决定了它们具有共同的安全责任。复杂多级模式中，信息资源安全保障主体责任构成随之变得复杂。

云计算应用方式对安全保障主体多元化的影响体现在云计算的过程中，信息资源服务主体既可能只采用一家云服务商的服务，也可能出于各种原因采用多家云服务商的服务。为避免被单个云服务商锁定，以及提升云服务的可用性，信息资源服务主体往往采用多家云服务商的服务；由于不同云服务商的服务业务不同，信息资源服务主体可能采用不同的云计算平台实现不同的业务需求。

显然，如果信息资源服务主体只采用一家云服务商的服务，则其协同主体构成最为简单，只有一家云服务商；如果其采用多家云服务商的服务，则其协同主体也趋于多元化。同时，值得指出的是，如果信息资源服务主体采用不同云计算平台实现不同的业务需求，则会导致各协同主体间的安全职责各异，其安全保障协同的复杂度大大增加。

虽然，云服务实现模式和云计算应用方式对安全保障主体有多元化的影响，在实际应用中以上两个方面的影响交互存在，由此导致云计算环境下信息资源安全保障责任的构成复杂，不但责任主体数量较多，而且其关系错综复杂，呈网状结构。以图 7-2 所示情况为例，该信息资源服务主体的安全保障协同主体达到 8 个，其中部分云服务商既直接向该服务主体提供服务，也间接向其提供服务。如“IaaS 云服务商 1”，既直接向该服务主体提供 IaaS 服务，也经由“PaaS 云服务商 1”和“SaaS 云服务商 1”向该主体提供服务。

(2)云服务安全风险的责任划分

云计算环境下，尽管随着 IT 资源管理与运营的外包，信息资源服务主体也实现了部分安全保障工作的外包，但是其安全责任不能发生根本性转移，其依然是信息资源安全的最终责任者。作为最终责任者，其需要主导信息资源安全保障的开展，对信息资源安全保障的最终效果负责。信息资源机构的主要职责包括信息安全需求认证、信息安全管理规则制定和信息安全保障过程管理等。

在信息资源安全保障的具体实施中，信息资源服务主体扮演着安全保障措施的执行者和云服务商安全保障工作的监督者两个角色。

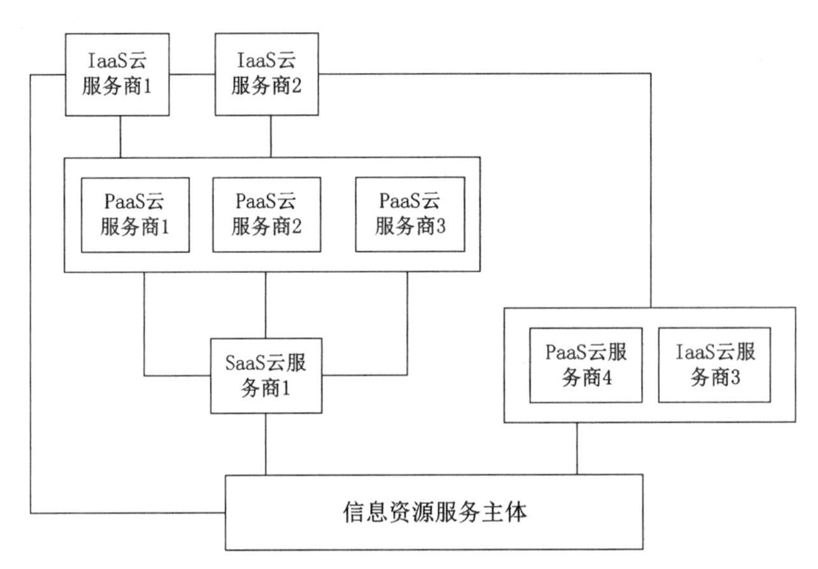

图 7-2　云计算中信息资源安全保障多元主体构成

作为执行者，信息资源服务主体的主要职责包括两类：一是根据自身所拥有的信息资源风险特点及安全需求，选择安全可信的云服务商和云服务业务；二是与云服务商一道明确安全保障的职责范围，切实做好职责内的安全保障工作。在安全保障职责范围方面，信息资源服务主体的安全保障职责范围大小与其所采用的云服务模式有关。在 IaaS 模式下，信息资源服务主体需要负责操作系统和基础开发环境、应用软件、数据(包括信息资源、用户行为数据等)和云平台客户端的安全，云服务商负责基础设施、硬件和云计算基础服务(包括资源调配、网络连接、存储、虚拟机管理等)的安全；在 PaaS 模式下，信息资源服务主体则需要负责应用软件、数据和云平台客户端的安全，云服务商除了承担安全责任外，还需要承担操作系统和基础开发环境的安全保障；在 SaaS 模式下，信息资源服务主体则只需要负责数据和云平台客户端的安全，其他环节的安全都需要云服务商进行保障。同时，鉴于一个信息资源服务主体可能同时采用多种云计算服务，信息资源服务主体在安全职责划分上需要与每一个云服务商进行商定。

作为监督者，信息资源服务主体需要对云服务商的安全保障工作进行监督，确保其尽职尽责地完成了应尽的义务。其主要监管职责包括：监督云服务商严格履行合同规定的各项责任和义务，遵守信息资源安全相关的规章制度和标准；协助云服务商进行重大信息安全事件的处理；对云服务商的云计算平台定期开展安全检查；在云服务商的支持配合下，对服务运行状态、性能指标、重大变更监管、监视技术和接口、安全事件等进行监管。

云服务商作为安全保障的重要责任机构之一，其在信息资源安全保障中的主要定位是安全保障措施的执行者，其主要职责包括三个方面。第一，按照与信息资源服务主体的安全保障责任划分，采取有效的管理和技术措施确保信息资源及业务系统的保密性、完整性和可用性。其负责的安全保障职责与信息资源服务主体负责的安全保障职责呈互补关系，在 SaaS 云服务模式下，其承担的安全保障职责最重，其次是 PaaS 云服务模式下的安全保障职责；IaaS 云服务模式下承担的安全保障职责最轻。第二，主动接受信息资源服务主体的监管，并为其监管的实施提供支持。一方面可以提供一些便于信息资源服务主体开展监管的应用工具；另一方面将信息资源服务主体需要了解的信息主动及时地通报。第三，云服务商作为市场经营主体，需要满足我国政府监管部门的安全符合性要求，主要包括：遵守我国的信息安全、法规和标准；开展周期性的风险评估和监测，保证安全能力持续符合国家安全标准；接受信息资源服务主体的安全监管，并配合其监管活动；当发生安全事件并造成损失时，按照双方的约定进行赔偿。

(3)云服务安全风险责任管理者的融合

推进信息资源服务主体与云服务商在安全保障中的融合，其目标是实现两者在安全保障中的无缝协同，既不留下安全保障盲区，也不出现安全保障效果参差不齐的情况，同时还能获得超出信息资源服务主体独自进行安全保障的效率。为此，需要从以下几个方面加以推进。

第一，明确分工，并建立安全保障效果量化指标体系和约束机制。明确分工是确保不留安全保障盲区的基础，因此实践中需要在信息资源服务主体与云服务商安全责任划分的基础上，将安全责任具体化至特定的模块、资源甚至操作。在此基础上，针对每一项具体的安全责任，建立量化指标体系，以便于双方对于安全要求达成一致理解，以及更好地把握安全保障工作的力度，选择合适的安全保障工具或技术方案。同时，需要建立对于云服务商的约束机制，以督促其保质保量地完成安全保障工作，实践中应用较为广泛的解决方案是基于 SLA 对其进行约束。

第二，对于需要资源服务主体和云服务商共同参与的安全保障工作，建立响应和合作机制。在安全保障实践中，显然有一些安全措施的部署和安全事件的处理需要双方配合完成，比如云平台的升级导致信息资源服务主体需要进行配合调整。为保障此类工作的效果和效率，需要将这些工作进行类型细分，并分别建立响应和合作机制，通过流程上的规范化来确保工作效果和效率的稳定性。

第三，云服务商需要面向信息资源服务主体提供安全防护和管理工具、最佳实践指南等，以帮助信息资源服务主体做好安全保障工作。在安全保障方面，各类信息资源服务主体具有一些相似性的安全防护和管理工具需求，云服务商通过向其提供可定制和二次开发的技术工具，既有助于降低信息资源服务主体的技术开发成本，也有助于保障这些工具与云平台的兼容性，从而改善安全保障效果。同时，向信息资源服务主体提供最佳实践指南，有助于其设计出在该云平台下效率更好、效果更好的安全保障解决方案。

第四，信息资源服务主体在进行云计算部署时，需要充分适应其技术特点和安全保障机制。这一点在 Iaas 和 PaaS 云服务的部署中尤为重要。在使用这两类云服务时，信息资源服务主体实质上是基于云服务商的基础 IT 环境进行信息资源系统的构建。根据不同云服务商自身的技术特点，在进行信息资源系统构建时，需要适应云服务商的安全架构和实现要求，并与其安全保障机制相兼容，以实现基于该云平台的最佳安全保障效果。

7.2 基于安全责任的云服务认证

云服务中各方风险管控与安全责任，一是由服务链安全要求和服务环节决定，二是服务内容、功能实现与过程作用决定了其中的安全责任关系。因此，应从云服务安全因素出发，进行主体责任认定，以及基于主体责任的安全云服务认证。

7.2.1 国外可信云服务认证组织及其借鉴意义

为适应云服务应用引发的信息技术环境变革，各国都已开展了可信云服务认证探索，并取得了一定成效。为吸收国外实践经验，发挥后发优势，笔者选取美国、欧盟和日本为对象，对其进行调研分析，并探讨其借鉴意义。

(1)美国基于 FedRAMP 的可信云服务认证

FedRAMP 项目于 2011 年 12 月启动，其目标是通过云计算服务和产品的评估和授权改善对云计算的信任情况，为组织机构应用云计算服务提供支撑。其治理机构包括联合授权委员会(JAB)、FedRAMP 项目管理办公室、NIST、国土安全部和联邦 CIO 委员会。其中，JAB 由国土安全部、总务管理局和国防部 CIO 组成，负责实施风险授权及认证的临时授权；FedRAMP 项目管理办公室负责项目的运行管理；NIST 负责标准的维护及评估中的技术指导；国土安全部负责监控和报告安全事件；联邦 CIO 委员会负责机构间的协调。除治理机构外，可信云服务认证还涉及云服务商，进行安全评估的第三方评估机构，以及云服务的应用方联邦政府机构，其组织结构和主要职责如图 7-3 所示。

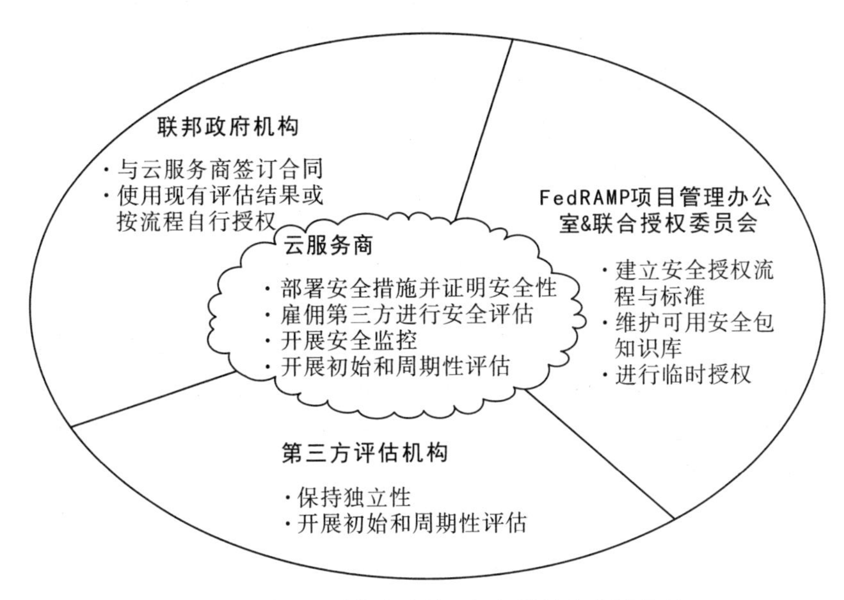

图 7-3　美国云计算安全认证组织结构和主要职责

(2)欧盟多渠道推进云计算安全认证

欧盟在 2019 年出台的《欧盟网络安全法》框架指导下，成立了欧盟云服务网络安全认证计划特别工作组，旨在研究云服务的网络安全认证，并于 2020 年发布了《欧盟云服务网络安全认证计划》(*European Union Cybersecurity Certification Scheme on Cloud Services*，EUCS)。该计划期望落实《欧盟网络安全法》在云服务方面的相关要求，着力构建欧盟范围内的云服务网络认证安全统一规范，以提高云服务及其应用的安全保障能力，推动云服务市场的发展。该草案从云服务的安全标准构建、安全级别定义、评估方法和标准、合规监控、互认机制等方面展开，以解决云安全认证问题。

《欧盟云服务网络安全认证计划》一是梳理了云服务安全认证过程中涉及

的利益相关方，将其划分为以云服商、用户、成员国监管机构为代表的主要相关方，以及包括合规评估机构、成员国国家网络安全认证局、欧盟网络安全局(ENSIA)、国家认证机构等相关机构的次要相关方。二是沿用了《欧盟网络安全法》中对安全保证级别的划分方式，将云服务安全保证级别划分为“基本、重要、高”这三个级别，用来满足不同级别的任务和数据的云服务安全要求。三是该计划草案首次提出以云计算功能的类型分类来替代传统的 IaaS、PaaS、SaaS 分类方法，将云服务划分为基础设施云功能、平台云功能和软件云功能，并指出这种划分方式更有利于确认云服务过程中利益相关方之间的安全责任边界。此外，在安全认证评估方法方面则采用了现行国际标准中的合规评估计划来提高评估过程中的互操作性，减少对现有安全认证机制的冲突。

(3)日本可信云服务认证

日本可信云服务认证的目标是帮助培育云服务市场，帮助机构选择更安全可信的云服务商。在认证实施上，其依据云服务商的公开信息进行评估，而非设计专门的指标体系，结合云服务商的整体安全保障工作状况进行安全性和可靠性判断。在组织机制上，其支持部门是日本总务省，执行机构是多媒体通信基金会(FMMC)和 ASP-SaaS 产业会社(ASPIC)。其中，前者负责与云服务商对接，组织专家进行安全性评估，以及根据评估结果颁发证书；后者则负责评估标准的建设与更新，以及证书管理。

日本可信云服务认证针对安全、可信程度，依据云服务和云服务商的基本信息进行。前者以云服务业务为单元，涉及信息包括云平台、网络安全性、服务器安全性、机房安全性、服务可用性、服务稳定性等。后者包括云服务商所属组织的基本信息、机构人员、财务状况、组织架构、资本关系等。认证范围主要是 ASP-SaaS 云服务、IaaS-PaaS 云服务以及数据中心云服务三类。从实践来看，该认证的权威性得到了云服务商和客户的普遍认可，ASP-SaaS 认证证书已经作为云服务商的一种常备材料用于向客户证明其安全保障能力。当前，累计参与认证的云服务商已达数百家，涵盖了全部知名云服务商及面向教育、商业、互联网等多个领域的行业云服务商。

综合分析美国、欧盟和日本的实践探索经验，其都重视可信云服务认证的推进。安全可信的云服务是实现网络信息资源系统安全建设的重要前提，因此选择云服务是云服务安全保障的首要步骤。然而，对网络信息资源运营主体来说，由于安全评估的技术难度和成本问题，对众多云服务进行安全评价不具有可行性；而且云服务的安全性评估本身具有很强的正外部效应，一次评估可以多次复用。因此，可以由国家层面推进云服务的安全认证，作为公共服务向社会提供，国外的实践也都证实了这一思路的可行性和效果。我国虽然也在进行云服务安全认证，但认证对象集中于云主机和云存储，其他云服务的安全认证较少。因此，可信云服务认证中，一方面需要加强 PaaS 和 SaaS 云服务的认证，另一方面需要推进行业的专门认证或认证结果的审核，以增强认证结果的针对性。

7.2.2 我国可信云服务认证组织

在云服务的可信认证准备阶段，云服务商需要提交《系统安全计划》供第三方认证机构审核，审核时主要侧重于内容的完整性和准确性。当安全计划审核通过后，第三方认证机构将就被测试的对象、需要云服务商提交的证据、安全管理相关材料信息进行沟通，组织认证实施工作。

在云服务的可信认证方案编制过程中，第三方认证机构需要规划并确定好认证的对象、内容及方法，并根据认证需要选择、调整、开发和优化测试用例，形成完整、可靠及对应的安全评估方案。在该阶段可能还需要根据具体实施情况进行现场调整，旨在帮助确定安全认证的边界和范围以及了解云服务商的实际系统运行情况、安全管理制度、安全管理现状，等等。

在云服务可信认证的现场认证阶段，第三方认证机构根据云服务商提交的《系统安全计划》等文档，就云服务商的系统开发、供应链保护、通信保护、访问控制、配置管理、应急响应、灾备恢复等环节的安全保障实施情况进行测评。这个阶段需要云服务商提供其实施安全保障措施的证据，第三方认证机构对提交的证据进行审核并进行测试。在必要的情况下，可能会要求云服务商补充与认证相关的证据。在测试后将与云服务商一起对现场实施的结果进行确认。

在云服务可信认证的分析评估阶段，需要第三方对现场实施阶段形成的证据进行分析，并给出对各项安全要求的评估判定结果。根据《信息安全技术 云计算服务安全能力要求》(GB/T 31168—2014)中附录的说明，可以知道云服务商的安全要求实现情况存在满足、部分满足、计划满足、替代满足、不满足和不适用这几种可能的情况。第三方认证机构在对安全要求进行评估判定时，应将安全要求达到计划满足的情况视为不满足，将替代满足的情况视为满足。第三方认证机构在判定云服务商的安全措施是否满足适用的安全要求时可以通过测试或检查来实现。当检查和测试结果都满足安全要求时，视为满足安全要求；否则只能判定为不满足或部分满足；若仅仅检查了未实施测试，检查结果满足安全要求，也可视为满足，否则视为不满足或部分满足；若无测试和检查，则依据访谈结果进行判定，当访谈结果满足安全要求时，视为满足，否则视为不满足或部分满足。在对每项安全要求进行判定后，根据相关的国家标准对安全风险进行评估，形成综合性的安全评估报告，对云服务商的整体安全保障能力要求给出是否达标的结论。

通过安全认证的云服务商与客户确立合作意向后，也可由客户委托或其他情况由第三方依照相关规定对云服务商提供的服务进行运行监管，其具体实施情况可以参照《信息安全技术 云计算服务安全能力要求》(GB/T 31168—2014)及运行监管的相关规定实行。

基于以上第三方认证评估流程，我国在云服务可信认证的具体实施中，被广泛认可的合规认证包括了可信云服务认证、网络安全等级保护测评、云安全联盟的CS-CMMI5认证以及ITSS云服务能力评估。

①可信云服务认证。可信云服务认证综合学习和借鉴了国内外云计算安全认证的实践经验，制定了《云服务协议参考框架》《可信云服务认证评估方法》《可信云服务认证评估操作办法》3个标准。这3个标准也对国内云服务商的安全提出了更高层次的要求。在具体评测过程中，可信云服务认证的测评内容涵盖了数据管理、业务质量和权益保障这3个大类。具体的测评指标项目则包括了数据存储的持久性、数据可销毁性、数据可迁移性、数据保密性等16个指标及其他诸多款项。可信云服务认证的开展使用户能够依据认证测评结果来评判云服务商的承诺可信度，同时也一定程度上提高了云服务商对自身的服务水平和安全水平的要求。

②网络安全等级保护测评。网络安全等级保护是我国在信息安全方面实行的一项基本安全制度，在网络安全领域得到深度应用和广泛推广。云计算的发展使等级保护有了更新的外延。网络安全等级保护制度2.0标准也对云计算发展提出了专门的等级保护要求，要求建设和使用云计算服务的政府部门及企业需要以满足网络安全等级保护的基本要求为基准，进行自身网络安全等级保护方案设计，实现国家对于云计算信息系统安全建设的技术和安全管理要求。

③云安全联盟的CS-CMMI5认证。云安全能力成熟度模型集成(Cloud Security Capability Maturity Model Integration，CS-CMMI)融合了《CSA CSTR云计算安全技术标准要求》和《CSA CCM云安全控制矩阵》的技术能力成熟度模型，形成了云安全能力成熟度评估模型。该模型按技术能力和项目经验将认证等级从低到高划分为5个等级。该认证评估的是组织云安全能力，可以反映云服务商的云安全能力的成熟度和技术水平，在云计算安全领域得到广泛认可和推广。

④ITSS云服务能力评估。该评估由中国电子工业标准化技术协会信息技术服务分会(ITSS)组织第三方测试机构对国内云服务企业开展。评估的内容主要是云服务提供商或云服务运营商在云服务过程中的人员、技术、流程、资源、性能等关键环节。该评估的开展将能进一步促进云服务提供商在云服务安全能力方面的自我要求。

除了以上被广泛认可的云服务合规认证以外，国内与云服务安全相关的合规认证还包括了C-STAR云安全认证(由赛宝认证中心推出)以及云服务能力测评(由中国电子技术标准化研究院推出)。通过云计算的合规认证推广，可以促进云服务商将更多的合规控制款项融入到其平台内控管理及产品设计之中，并且，第三方认证机构的存在可以帮助客户验证和提高云服务商的标准符合能力及对安全的重视程度。

7.3　云服务安全认证中的风险评估

从目前的云服务安全认证实践来看，在认证评估方法上存在主观程度高、评估指标粒度粗、评估指标难量化等问题，为此需要在细化安全风险指标体系的同时，优化风险评价方法，提升其客观性、定量化水平。

7.3.1　云服务安全风险评价指标体系设计

云服务安全风险评价指标是可以反映云服务商的云服务安全风险特征和水平的代表性属性。在云服务的安全认证中，安全风险评价指标体系是依据评估目标、评估对象、评估内容等方面的实施要求来设计的评估内容的量化体系。根据这一体系可以明确云服务安全风险的具体指标项和收集与指标项相关的信息，作为开展安全风险评估的基础。

在指标体系设计中，可以参照国家标准《信息安全技术 云计算服务安全能力要求》(GB/T 31168—2014)，该标准明确了云服务商应具备的安全能力要求，不但涉及的安全能力类型较为全面，而且还对每项能力应达到的要求进行了具体规范，具有较强的可操作性。以该标准为基础，可以采用如下流程进行云服务安全风险评价指标体系设计：①将该标准中的10大项能力作为一级评价指标；②将各标准中的安全要求作为二级评价指标；③对各项安全要求中的具体要求进行归纳、提炼，形成三级评价指标；④根据各指标的含义对指标名称进行规范，形成语言简洁、语义清晰的评价指标体系。

经过处理后，构建了包含 10 个一级指标、123 个二级指标、548 个三级指标的体系架构，其中一级和二级指标如图 7-4 所示。

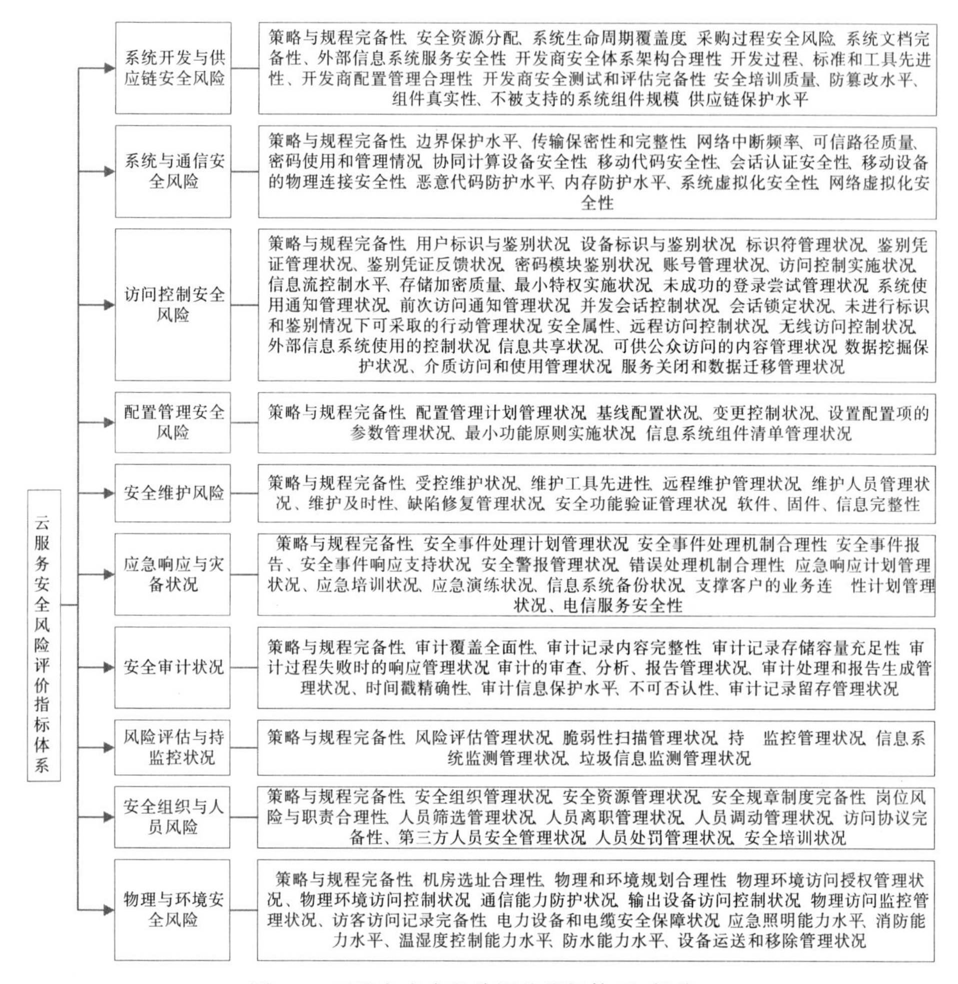

图 7-4 云服务安全风险评价指标体系(部分)

该指标体系中，10 个一级指标分别为系统开发与供应链安全风险、系统与通信安全风险、访问控制安全风险、配置管理安全风险、安全维护风险、应急响应与灾备状况、安全审计状况、风险评估与持续监控状况、安全组织与人员风险、物理与环境安全风险。其中，系统开发与供应链安全风险用于度量云服务商在系统开发中是否对云平台进行了充分安全保护、是否配置了重组的资源，以及其上游供应链本身的安全风险大小，包含供应链保护水平传输保密性和完整性等 17 个二级指标；系统与通信安全风险用于度量内外部安全边界上面临的安全风险大小，包含传输保密性和完整性等 14 个二级指标；访问控制安全风险用于度量云服务商在数据访问控制方面面临的安全风险，包含用户标识与鉴别状况等 27 个二级指标；配置管理安全风险用于度量当前安全配置参数下其面临的安全风险大小，包含配置管理计划管理状况等 7 个二级指标；安全维护风险指云服务商在云平台基础设施及软件系统维护方面存在的安全风险大小，包含维护及时性等 9 个二级指标；应急响应与灾备状况用于度量云服务商的极端情况应对方面存在的安全风险大小，包含安全事件处理机制合理性等 13 个二级指标；安全审计状况用于度量云服务商在安全审计方面存在的安全风险大小，包含不可否认性等 11 个二级指标；风险评估与持续监控状况用于度量云服务商的风险管理体系完备程度，包含风险评估管理状况等 6 个二级指标；安全组织与人员风险用于度量云服务商在组织架构及人员管理方面面临的安全风险大小，包含安全组织管理状况等 14 个二级指标；物理与环境安全风险用于度量云服务商在外部环境上面临的安全风险问题，包含机房选址合理性等 15 个二级指标。

7.3.2　基于 TOPSIS 的云服务安全风险评估模型

云服务安全风险评估，其目的在于评价云服务商的安全风险大小，从而在云服务安全认证提供决策参考。从结构上看，云服务安全风险评估模型包括安全风险指标评估标准化模板设计、安全风险指标数据收集、基于 TOPSIS 的安全风险评估，如图 7-5 所示。

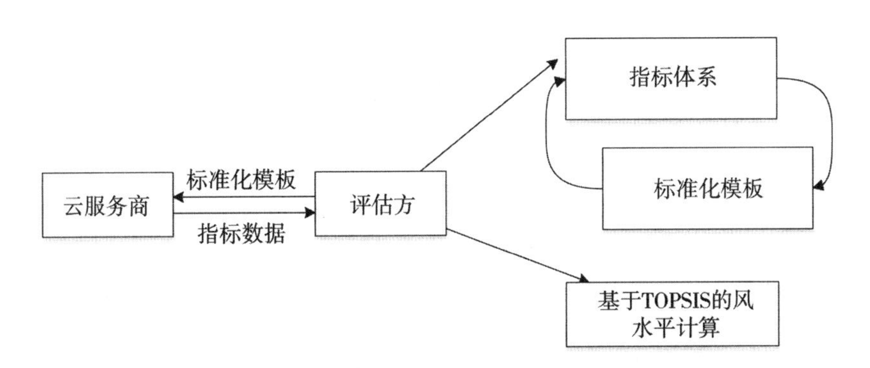

图 7-5　基于 TOPSIS 的云服务安全风险评估模型

(1)安全风险指标评估标准化模板设计。根据上文，结合被调研对象的特点，综合设计用于云服务安全风险评估的标准化模板，方便待评估的云服务商快速、准确提供所需的安全风险指标数据。

(2)安全风险指标数据收集。评估方将标准化模板发送给待评估的云服务商，各个云服务商根据标准化模板中的各个安全风险指标，结合自身提供的安全防护情况，填写各项指标数据后返回给评估方。评估方收集所有的数据后，形成云服务安全风险评估的原始数据。

(3)基于 TOPSIS 的风险水平计算。评估方根据获得的安全风险指标数据对云服务的安全风险进行评估中，可以采用 TOPSIS 方法①进行量化评价，其过程包括根据原始数据构建决策矩阵、决策矩阵的标准化处理、安全风险指标赋权、正负理想解及相对距离计算、计算待评估对象与理想解的相对贴近度及排序 5 个步骤。②

①根据原始数据构建决策矩阵。评估方根据返回的安全风险指标数据，可以建立原始决策矩阵 X，如下式所示。

$$X=\begin{pmatrix} x_{11} & \cdots & x_{1n} \\ \vdots & \ddots & \vdots \\ x_{m1} & \cdots & x_{mn} \end{pmatrix}$$

其中，x_{mn}为第 m 个评估对象的第 n 个安全风险指标所取的值。

②决策矩阵的标准化处理。由于云服务安全风险评估中的指标较多，不同指标的量纲、取值单位存在差异，为了便于统一处理，消除不同量纲的影响，需要对初始决策矩阵进行正向化、标准化处理。先将所有的指标类型统一转化为极大型指标，使得所有指标变化方向一致，在此基础上进行归一化处理，形成标准化矩阵 Z，如下式所示。

$$Z=\begin{pmatrix} z_{11} & \cdots & z_{1n} \\ \vdots & \ddots & \vdots \\ z_{m1} & \cdots & z_{mn} \end{pmatrix}$$

其中，z_{ij}为第 i 个评估对象的第 j 个安全指标的归一化值。

③安全风险指标赋权。由于不同类型的安全风险指标项所代表的云服务安全风险重要程度不同，因此需要为不同安全风险指标项分配权重。目前对于评

---

① 任亮，张海涛，魏明珠，李题印．基于熵权 TOPSIS 模型的智慧城市发展水平评价研究[J]．情报理论与实践，2019，42(7)：113-118，125.

② 陈英．基于组合赋权—TOPSIS 法的高校图书馆数字资源服务绩效评价[J]．图书情报工作，2020，64(2)：59-67.

估指标的赋权方法主要从主观和客观两个方面实现，其中主观权重的计算可以通过咨询领域专家并采用层次赋权法确定，客观赋权则可选用熵值法根据各项指标的原始数据所提供的信息量来计算。① 在实际应用中，既可以选用其中一种方法，也可以结合主观和客观赋权方法，形成最终的指标权重。

在完成各安全风险指标权重计算基础上，将标准化决策矩阵与权重矩阵相乘，得到评估矩阵 V，如下式所示。

$$V=\begin{pmatrix} z_{11} & \cdots & z_{1n} \\ \vdots & \ddots & \vdots \\ z_{m1} & \cdots & z_{mn} \end{pmatrix}\begin{pmatrix} w_1 & \cdots & 0 \\ \vdots & \ddots & \vdots \\ 0 & \cdots & w_n \end{pmatrix}=\begin{pmatrix} v_{11} & \cdots & v_{1n} \\ \vdots & \ddots & \vdots \\ v_{m1} & \cdots & v_{mn} \end{pmatrix}$$

④正负理想解及相对距离计算。根据评估矩阵 V，可以得到所有指标中的最优和最劣值，即正理想解 V^+ 和负理想解 V^-，如下式所示。

$$V^+=(v_1^+,\ v_2^+,\ \cdots,\ v_n^+)$$

$$v_j^+=max\{v_{ij}\,|1\leqslant i\leqslant m\}\ 1\leqslant j\leqslant n$$

$$V^-=(v_1^-,\ v_2^-,\ \cdots,\ v_n^-)$$

$$v_j^-=min\{v_{ij}\,|1\leqslant i\leqslant m\}\ 1\leqslant j\leqslant n$$

在计算各安全风险指标的正负理想解基础上，可以得到各个评估对象的指标值与正负理想解之间的距离 D_i^+ 和 D_i^-，如下式所示。

$$D_i^+=\sqrt{\sum_{j=1}^{n}(v_{ij}-v_j^+)^2}$$

$$D_i^-=\sqrt{\sum_{j=1}^{n}(v_{ij}-v_j^-)^2}$$

⑤计算待评估对象与理想解的相对贴近度及排序。根据评估对象的指标值与正负理想解之间的距离，可以得到评估对象与理想解的相对贴近程度 C_i，如下式所示。

$$C_i=\frac{D_i^-}{D_i^++D_i^-}$$

其中，C_i 的取值为 0 至 1，当 C_i 越接近 1 时，表示该评估对象越接近正理想解，反之，当 C_i 越接近 0 时，表明该评估对象越接近负理想解。依照各个评估对象的相对贴近度大小进行降序排列，可以得到所有评估对象的排序，排序越靠前，表明该评估对象的安全风险越小。

---

① 刘志强，王涛. 基于改进 TOPSIS 的驾驶行为实时安全性评估方法[J]. 重庆理工大学学报(自然科学)，2021，35(11)：58-66.

7.4 基于安全评估的风险管理体系完善

在构建云服务安全风险评估模型的基础上，可针对目前云服务安全风险管理体系中的不足进行完善，具体包括推进云服务风险管理中的安全评估标准化及引进可信第三方监督机制进行云服务风险的监管。

7.4.1 云服务风险管理中的安全评估标准化

云计算环境下的信息安全是国家信息安全的重要组成部分，我国面向国家安全以及公共利益的保障，推出网络评估制度，将云计算纳入网络评估范围，通过云安全审查对云计算平台以及服务安全提供保障。云安全评估标准是推动云计算环境下信息资源安全审查的重要依据，我国的云计算服务安全评估制度也在不断完善。① 从互联网服务发展上看，各国已致力于全球化安全环境的适应，因而呈现出相互关联的安全评估框架。参考美国联邦政府的云计算服务安全评估 FedRAMP，通过云安全基线审查，可形成云服务商安全审查依据，以此完善信息安全技术云计算服务安全能力要求标准。

云计算环境下的信息资源建设，要求各个信息资源面向共享共建将信息资源数据迁移到云端进行存储，为了保障云计算环境下信息资源数据的安全，需要云服务商对信息服务机构提供的云服务进行安全审查。云计算环境下信息建设参与的信息服务机构众多，为了避免各个信息服务机构重复审查的出现，可以由云计算环境下信息资源建设的管理部门进行安全评估。在评估中，由信息服务机构参与，构建云安全基线，由管理部门或委托的第三方评估机构，对云服务商提供的服务进行评估。云计算环境下管理部门根据评估结果对云服务商进行安全评估，安全评估结果可以面向信息服务机构公布，以提高云安全评估的社会认可度。

按《信息安全技术 云计算服务安全能力要求》(GB/T 31168—2014)，可对云服务商进行基本安全能力要求，从而保障云计算平台以及业务信息安全风险的有效管控。参照《信息安全技术 云计算服务安全能力要求》(GB/T 31168-2014)，可构建云服务安全能力要求，如表 7-3 所示。

① 高林. 关于云安全审查国家标准制定的思考[J]. 中国信息安全，2014(6)：104-105.

表 7-3 云服务的安全能力要求

安全要求	安全要求描述
系统与服务安全要求	云服务平台系统安全、平台运行安全保护资源安全
网络与通信维护要求	云服务网络与资源交互安全、平台环境安全
访问控制安全要求	云服务用户身份标识及鉴别安全，授权用户的可执行操作和使用安全
配置管理安全要求	云服务平台配置安全管理
运营维护安全要求	云服务平台设施、软件、技术、工具安全
应急响应与云灾备要求	云平台应急响应、事件处理、灾备恢复能力保障
合规审计要求	云服务根据安全需求和客户要求，开展相应的合规审计
风险评估与持续监测要求	合规进行云服务平台风险评估，持续安全监测
人员管理要求	云服务业务人员操作规范合规履行其安全责任，对违反规定的人员进行处理
物理与环境保护要求	云服务商确保机房安全、设施安全，控制风险

云计算环境下信息资源安全评估需要在云安全评估的通用标准上进行拓展，在云计算环境下信息资源安全保障基础上建立规范。对于云计算环境下信息资源云存储的数据安全、用户隐私保护、跨云认证、知识产权保护等需要进一步完善，以建立具有可操作性的云安全评估体系。

7.4.2 云服务风险管理中的第三方监督

云环境下信息资源服务运营涉及多元主体，包括云服务商、信息服务机构、个人用户，以及其他服务提供商等。对于不同主体而言，其在云服务安全方面关注的侧重点存在显著差异，云服务商关注的重点在于提供满足其安全需求的云服务，维持云服务的安全运行；对于信息服务机构，云服务安全、效率、质量是其中的关键；对于个人用户而言，重要的是在利用云服务时保障个人信息安全。在整个云服务生命周期中，各主体均参与其中，从而建立了密切的联系。

在实践中，云服务商为了保证云服务的可持续提供以及安全性，会采取一定的云服务安全保障策略，如：Amazon S3 采取访问控制、用户认证与授权等措施，重点保障其云存储用户的数据安全；Salesforce.com 通过实施用户认证与授权、开发安全、云平台安全等保障措施，提高用户、数据以及云平台的整体安全性。不同的云服务商采用的云服务安全保障措施各不相同，普遍突出某一方面应用问题的解决或技术解决方案，具有片面性。其分离方式的安全规范不能满足信息资源云服务安全保障的全面需要，而云计算模式下信息服务机构的 IT 控制权被削弱，安全措施的制定与实施更多地依赖于云服务商的参与；而云服务商的独立性与不可信，导致安全监管的难度较大。由于这一问题的存在，提出了可信第三方监管的要求。

(1)基于可信第三方的云服务监管模式构建原则

基于可信第三方的云计算环境下信息资源服务监管模式，最大的特点是在多元主体参与的云计算环境下信息资源服务过程中，增加可信第三方，实施云服务安全监管。可信第三方对云计算环境下信息资源服务的全过程实施监督，发现问题及时反馈给信息服务机构，督促云服务商及时采取安全措施，防止云服务商逃避云服务安全保障责任，提高云计算环境下信息资源服务的安全性与可靠性。基于可信第三方的云计算环境下信息资源服务监管模式构建，必须在结合云计算环境特征的同时，遵循以下几个方面的原则：①

①系统性原则。基于可信第三方的信息资源服务监管模式设计需要包含关键要素以及要素之间的关系，从而形成整个系统。设计应该结合云计算发展的实际情况，保障该模式在现实情况下的可用性，云服务监管模式中的要素系统越完整，越有利于促进该模式在实践过程中运行的稳定性和可靠性。

②可检验性原则。基于可信第三方的信息资源设计需要和云计算环境下的信息资源云服务实践紧密结合，设计能够经受实践检验的云服务监管模式，提供可检验的具体标准，发掘云服务监管模式设计的不足并加以改进。

③可扩展性原则。云计算环境下信息资源云服务的开放性和共享性，使其安全问题更加复杂，安全监管的难度也加大了。云计算环境下信息资源服务监管模式设计应具有可扩展性，随着云计算以及服务的发展情况，不断进行完善和更新，从而保证未来服务监督模式的适用性。

(2)云环境下基于可信第三方的服务监督框架

可信第三方借助技术、工具形成了强大的数据分析能力，通过云计算环境

① 李升. 云计算环境下的服务监管模式及其监管角色选择研究[D]. 合肥：合肥工业大学，2013.

下信息资源服务过程中的数据收集及分析，发掘其中存在的安全问题，有利于及时实施针对性的安全保障措施，通过可信第三方服务监督机制，为云计算环境下信息资源服务安全保障提供有力支撑。

云计算环境下基于可信第三方的信息资源服务监督机制的组成部分主要包括：服务请求方(信息服务机构)、云服务商、信息资源云服务平台、可信第三方监督机构组成。可信第三方机构对信息资源云服务平台的安全运行以及云服务商进行监管，并将结果反馈给信息服务机构。① 与传统服务模式下的发布、检索等基本操作相比较，云计算环境下基于可信第三方的信息资源服务监督机制增加了“信任流”以及“服务流”，允许信息服务机构申请，可信第三方监督机构的监督、反馈等相关的监管操作。云计算环境下信息资源服务的可信第三方监管机制，如图 7-6 所示。

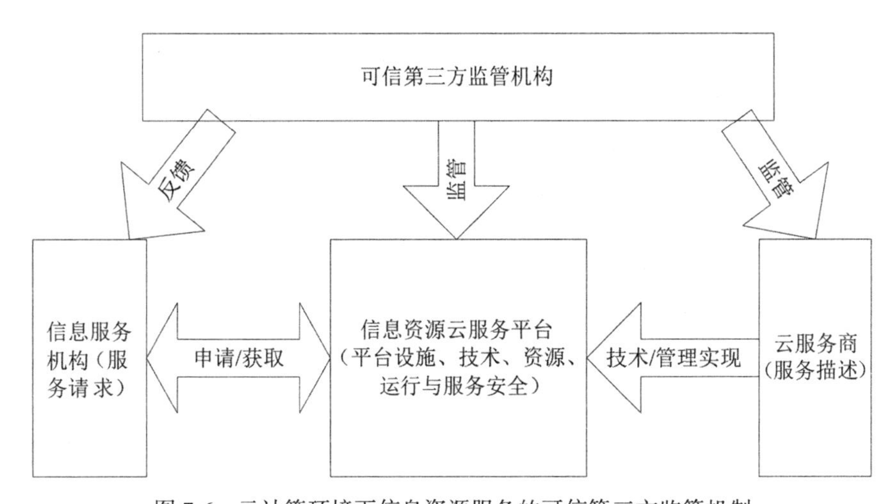

图 7-6　云计算环境下信息资源服务的可信第三方监管机制

云计算环境下信息资源服务的推进中，不可避免地存在某些服务参与方为了利益而产生超出条例规范之外的不良行为，继而影响信息服务的效果和安全。可信第三方监管需要通过制定严格的制度，对参与云计算环境下信息资源服务过程的多元主体行为进行约束，为信息资源云服务运营过程中的监管提供管理依据，减少不良行为发生的可能性。如建立监督奖惩制度，通过监督

① 王笑宇. 云计算下多源信息资源云服务模型及可信机制研究[D]. 广州：广东工业大学，2015.

奖惩制度对遵循该制度的行为予以奖励，鼓励参与方的自我约束，对触犯该制度的不良行为进行处罚。可信第三方监管制度的合理确立，是可信第三方有效监管工作开展的重要保障。从规范上增强信息服务环节监督与管理，可以围绕奖惩的范围、方式、程序、条件等入手。合理的监管制度，有利于促进服务参与方在服务开展中的彼此的关系互动，营造云计算环境下信息资源服务的安全环境。

(3)云计算环境下信息资源服务可信第三方监管角色评估

云计算环境下，信息服务机构与云服务商可以通过协议或合同对安全保障责任进行约束，但是信息服务机构在实施过程中很难对实施过程以及云服务商的合同实施情况进行监管。因此，可信第三方的服务监管对于云计算环境下信息资源服务安全保障发挥着重要的作用，而可信第三方机构的选择也变得至关重要。

云计算的海量分布存储与开放计算处理的实现不可避免地引发出新的安全问题，云计算环境下信息资源服务的安全保障，其复杂性主要表现在：第一，涉及云服务商的情况的监督，云服务商的运营管理是一个动态变化的过程；第二，云计算环境下资源服务涉及多元主体交互、海量用户服务请求，需要对云计算环境下的信息资源组织、开发、利用多个关键环节进行服务过程安全监管，以保障服务与用户的安全。可信第三方承担了服务安全监管的重要责任，这也给第三方机构的选择提出了更高的要求。由于云计算环境下信息资源服务的复杂性，需要构建合理的评估指标体系对可信第三方进行评估。

第三方可信性评估指标体系的构建，遵循全面性、客观可行性、代表性、科学性以及可操作性原则，选取符合特征的指标形成系统化的指标体系。利用量化评估方法对第三方机构的可信性进行判断与分析。① 针对云计算环境下信息资源服务的过程特征，提炼了第三方监督机构的可信性主要影响因素，涉及自身环境、运营、维护三个方面，② 进而形成了18个第三方可信评估指标，如表7-4所示。

---

① 罗贺，李升. 面向云计算环境的多源信息服务模式设计[J]. 管理学报，2012，9(11)：1667-1673.

② 罗贺，秦英祥，李升，杨淑珍. 云计算环境下服务监管角色的评价指标体系研究[J]. 中国管理科学，2012，20(S2)：670-674.

表 7-4 第三方可信评估指标体系

环境	运营	维护
信誉	安全性	时效性
客户满意度	可操作性	准确性
可扩展性	可靠性	灵活性
组织能力	信息处理能力	协调能力
敏感度	稳定性	应急能力
发展前景	数据分析能力	可追溯性

8 云平台的安全保障组织

云计算的安全性既要面对传统信息技术带来的安全威胁，又要面对云计算核心技术，如虚拟化带来的新风险。根据经典的以安全策略(Policy)、保护(Protection)、检测(Detection)和响应(Response)为核心的安全模型——PPDR模型，云平台安全管理应从网络、主机、应用、数据和运维运营五个层面推进。在基于风险控制的云服务安全保障中，对于使用者而言，信息存储安全、用户隐私安全、容灾安全和协同安全保障都具有重要性。

8.1 面向应用的云存储资源安全保障

在大数据时代，数据形式的多元化、数据结构的复杂化、增长速度的高速化，导致数字信息资源存储空间需求不断增大、存储形式复杂度不断提高。云存储以其价格低廉、使用便捷、便于管理、高扩展性、弹性配置等特点为不断增长的海量数字信息资源提供了新的存储方式，同时云存储在企业界的广泛应用，也为其快速发展与应用提供了应用平台与实践空间。就云信息资源而言，云存储的出现为其长期保存提供了新的存储模式，很好地满足了信息资源不断发展的数字保存需求。然而，近年来随着Google、Amazon、Apple等云存储服务安全事故频频发生，信息安全问题制约了云存储在业内的快速发展，其云存储过程中也面临着信息安全问题的困扰。

8.1.1 云存储安全保障构架

通过对传统IT模式下信息资源存储和安全需求分析，可以看出传统IT模式下的存储，在于对分散的异构存储资源进行安全整合利用，如何确保信息资源云存储的应用安全是急需解决的重要安全问题。具体而言，传统IT模式下信息资源被存放在一个物理边界清晰、固定且相对独立的存储环境中，而在云计算环境下由于存储资源的弹性配置、按需分配的特征，在云存储安全边界动态变化的情况下，无法有效划分信息资源管理的物理边界，也没有其专属的物理存储设备。因此信息资源只能被存放在一个具有逻辑边界的交互网络系统中，如何将地理上分散的信息资源进行整合，以形成逻辑上相对独立的存储区域，是信息资源云存储面临的重要安全问题之一。目前主要通过虚拟化技术加以解决。由于信息资源云存储不是传统意义上的数据存储，而是一种服务，用户需通过网络访问云端存储资源，因此如何为用户提供一个安全的访问接口、防止非授权用户访问云端资源等是信息资源云存储安全保障的重要方面。传统IT 环境中用户数据由数据拥有者将其存储在机构、部门的存储设施或个人终端设备上，由数据拥有者或专业人员进行管理。而在云存储环境下，信息资源被存放在云端，信息资源拥有者失去了对数据的控制权，云服务商成为信息资源云存储安全保障的重要成员，并具有获取访问信息资源的权限，如果云服务商的安全规范制度存在漏洞或其内部人员存在非法操作行为等，均可能引起云存储安全问题，因此在云存储环境下信息安全风险大大增加。同时，信息资源具有专业、精准、价值高等特点，因而提出了信息资源的云存储安全保障的准确性、完整性要求。同时由于信息资源来源广泛，其中可能包含一些不合规的内容、敏感信息甚至是违反法律法规的信息，可能会严重影响信息的质量，因此如何确保信息资源内容的专业性、精准性等内容安全问题是信息资源云存储安全保障面临的重要挑战。鉴于此，可进行信息资源云存储的安全保障架构，按资源云存储的安全部署模式和安全运行机制；对信息资源云存储的安全防控进行组织，以有效实现云存储信息安全保障的长效机制。

信息资源包括不同数据来源的数字形式的信息资源，以及一些网络信息资源等。例如，图书馆的信息资源不仅包括信息服务商提供的专业数据库，也包括特色信息资源库视频以及软件等。鉴于这些资源的重要性及其信息安全需求等级的不同，对信息资源云存储进行安全部署、确保其安全运行是实现信息资源云存储安全保障的关键。基于安全等级保护和分层级保护框架，可从云部署模式的角度进行信息资源云存储安全部署，从运行实施角度构建信息资源云存储安全运行架构。

(1)信息资源云存储安全部署

由于版权问题或科研保密性要求，信息资源云存储需要满足不同等级的安全保障需求。按照安全等级，信息资源可以概括为安全等级一般、安全等级较高、安全等级很高三个级别，安全等级越高，其云存储的成本就越高，对云存储信息安全保障能力的要求也就越高。事实上，按照部署模式的不同，云存储可以分为公有云存储、混合云存储、私有云存储，其信息安全保障能力逐渐提高。因此，针对不同安全等级的信息资源，可以将其存放在具有相应安全保障能力的云中。安全等级一般的信息资源存放在公有云中，安全等级较高的信息资源存放在混合云中，而安全等级很高的信息资源则存放在信息安全保障能力相对最高的私有云中。考虑到不同信息资源随着时间变化其安全等级也可能会发生变化，可能需要实现公有、私有云的权限的变更，因此信息资源云存储的安全部署也要确保不同类型的云能够基于安全控制管理(如用户身份、权限管理等)、基于 SLA 的制定等实现其互操作安全，如图 8-1 所示。

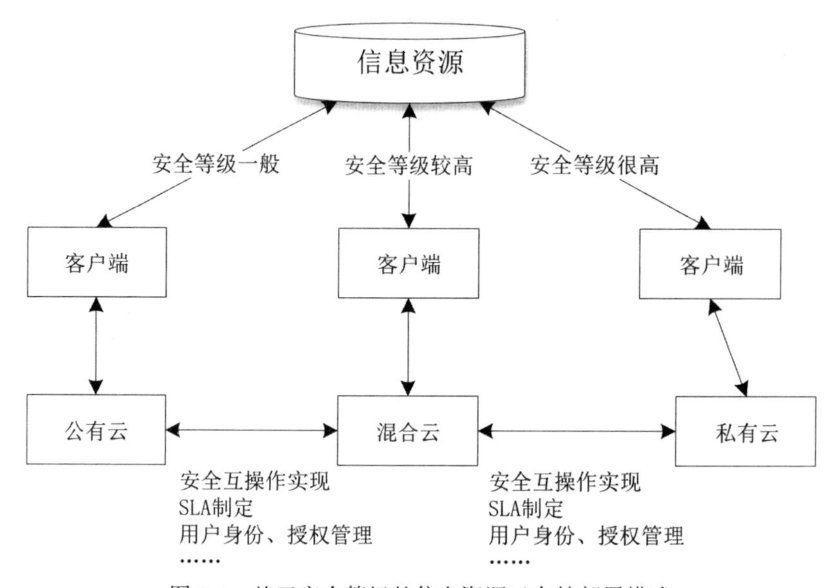

图 8-1 基于安全等级的信息资源云存储部署模式

(2)信息资源云存储安全运行架构

通过对信息资源云存储安全问题的分析可知，信息资源云存储安全保障涉及安全应用、虚拟化管理、基础设施、数据、内容等方面，因此其安全运行层次架构主要由四个层面(用户层、应用层、管理层、存储层)、五个部分(云存储的应用安全、云存储资源的虚拟化安全、云存储基础设施的安全、数据安全、内容安全)构成，信息资源云存储安全运行层次架构的要素及其相互间的逻辑关系如图 8-2 所示。其中，应用安全是指在用户与云存储服务的安全交互过程中用户的访问安全和应用程序、接口安全，其安全防控措施包括用户身份认证、用户身份管理、访问控制、应用程序、接口安全；内容安全是指确保存放在云端的数据内容的安全性，包括内容安全检测、内容安全控制；数据安全是指存放在云端的数据的安全，数据安全保障是云存储安全保障的核心和主要目的，主要包括数据加密解密、数据完整性验证、数据确定性删除、数据容灾备份与恢复、数据迁移；虚拟化安全是指通过虚拟化技术对分散的存储资源实现逻辑上的统一应用过程中存在的安全问题，其安全防控措施包括安全域隔离、用户数据隔离、多租户管理；基础设施安全是指云存储基础设施的安全，包括云存储设施安全、物理环境安全、网络安全，其中云服务商提供的云存储服务的基础设施安全由云服务商保障。

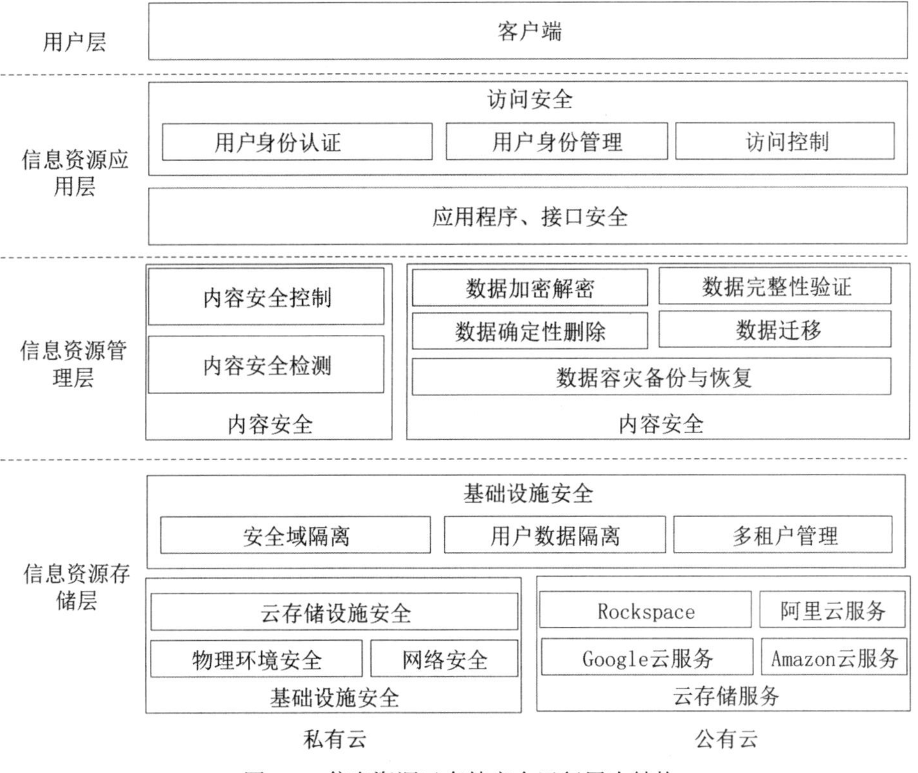

图 8-2 信息资源云存储安全运行层次结构

信息资源的安全云存储流程主要包括：如何将信息资源安全上传至云端、如何确保存储在云端的信息资源的安全、信息资源云存储服务结束后如何确保数据被安全销毁三个环节。具体而言，用户通过客户端登录信息资源云存储系统，经过安全访问授权后，用户再通过客户端将信息资源上传至资源信息系统中，系统通过内容安全模块对信息资源进行内容安全分析，内容安全检测后，系统将信息资源分解为多个数据包并对数据包分配唯一标识符，同时对其进行加密、备份处理并生成安全迁移版本。系统虚拟化管理模块将数据包分发给在逻辑上实现了安全域隔离、用户数据隔离的分散、异构的云存储设备；信息资源被存储在物理设备后，定期验证存储在设备中的数据的完整性，同时确保存储设施安全、物理环境安全、网络安全；结束使用信息资源云存储服务时，确保数据被确定性删除以及数据的迁移安全。

8.1.2 云存储安全防控措施

根据信息资源云存储安全需求以及已构建的安全运行架构，可分别从应用安全保障、虚拟化安全保障、基础设施安全保障、内容安全保障、数据安全保障五个方面分析其安全防控措施。

(1)应用安全保障

与传统存储形式相比，云存储是一种将服务外包的存储模式，其在应用过程中需通过远程访问实现，因此云存储应用安全包括用户的访问安全和应用程序、接口安全。传统访问安全主要解决用户在可信存储设备存储数据过程中的安全问题，而在云存储环境下用户和存储设备不在同一个可信域内，内部人员的攻击或服务器被恶意控制都可能造成存储数据的非授权使用,① 因而其访问安全的保障具有复杂性。云存储访问安全防控措施主要包括身份认证、用户身份管理和访问控制。身份认证是确认验证主体的真实身份与其声称的身份是否相符，防止非授权用户冒名使用云存储资源。用户身份管理是对云存储用户进行严格的基于角色的用户分类管理，以有效解决云存储用户类型众多、关系复杂的问题。访问控制是为了限制访问主体对访问客体的访问权限，确保用户通过客户端获取存放在云中数据资源时，数据资源不被非授权使用，同时确保应用程序采集的数据资源可以被授权存放在云端。应用程序、接口安全是指云存储的相关软件安全，应用程序的开发、测试安全，相关 API 等接口安全有效，不会因软件、应用程序、接口存在漏洞或被植入木马、病毒而造成安全威胁。

(2)虚拟化安全保障

云存储环境下安全边界动态变化，云存储硬件设施分散、异构，且存在不

---

① 王于丁，杨家海，徐聪，凌晓，杨洋．云计算访问控制技术研究综述[J]．软件学报，2015，26（5）：1129-1150.

同用户使用同一台物理设备等交叉使用的情形，因此需要通过虚拟化的方式为信息资源云存储系统提供一个安全域，以及对用户及其数据进行有效管理，确保逻辑上的存储区域或主体是安全的，其安全保障主要通过安全域隔离、用户数据隔离、多租户管理等安全防控措施来实现。安全域隔离是指通过网络隔离、虚拟防火墙等手段为某类云存储或某个云存储应用营造一个相对稳定、独立的网络环境，防止一个安全域被攻克时影响到其他安全域；用户数据隔离主要通过虚拟机隔离实现，由于同一台物理主机上可能有多个用户虚拟机，通过对同一台物理主机上不同用户虚拟机之间、虚拟机与物理机之间的相互隔离，实现对用户数据的隔离，以防止一台虚拟机被攻破时在相同物理主机上的其他用户的虚拟机被越权访问；多租户管理主要解决云存储中基于多租户模式进行有效隔离所产生的安全问题，其通过对虚拟环境租户的登记、分类以及对虚拟资源分配测量的制定，确保不同等级、不同类别的租户可以获取相应的虚拟资源权限。

(3)基础设施安全保障

基础设施安全保障是云存储安全保障的前提，主要为云存储系统的运行提供一个安全可靠的硬件环境，其安全防控措施主要包括云存储设施安全、物理环境安全以及网络安全。存储设施安全是指确保系统运行、人为因素等不会对存储部件、服务器或其他物理计算资源等云存储的硬件存储设施造成破坏；物理环境安全是指云存储设施所处的存储地点和存储敏感信息的安全区域的安全、可靠，一方面存储地能够抵抗地震、水灾、火灾等自然灾害，确保自然灾害不会造成软件、硬件及数据的破坏；另一方面实施物理安全边界并禁止未授权人员访问存储地点；网络安全确保网络传输安全问题，主要是指云存储系统所处网络环境的交换机、路由器、数据包层面的安全。

(4)数据安全保障

云存储模式造成数据所有权和管理权相分离，导致信息资源泄露、信息资源丢失等安全风险增加，如云服务商可以获取、搜索存储在云端的信息资源，其他攻击者可能通过攻击云服务商获取用户数据。为确保存储在云端的信息资源的安全，数据加密、数据完整性验证、数据确定性删除、数据容灾备份与恢复、数字移植安全等是实现信息资源云存储安全保障的重要措施。数据加密是指在云存储过程中采用对称加密与非对称加密方式对信息资源进行加密，根据不同的加密算法，不同的密钥会生成不同的密文，在密钥未知的情况下无法获取可以被理解的明文信息，从而防止数据被窃取或泄露后其明文数据被获取。数据完整性验证是指检测信息资源在传输或存储过程中是否被破坏，数据完整性验证是确保信息资源云存储安全的重要措施；数据确定性删除是指信息资源被资源拥有者确认删除后，保存在云存储设施中的信息资源应确保被彻底删除。数据容灾备份与恢复是指对信息资源进行异地备份并按时更新，保证信息资源被破坏后可以通过备份数据进行有效恢复。数据移植安全是指信息资源可以安全移植且以标准化格式导出，方便再次使用其他云存储服务时的数据导入。

(5)内容安全保障

由于信息资源的来源众多，加之云存储环境复杂，信息与其发布载体动态绑定使服务器物理位置难以确定，不良信息无法溯源，超大规模的数据流量使得在线内容审查十分困难。而信息专业性、精准性要求很高，需确保信息资源的内容安全，使用户获取准确、有效的知识信息，因此需要对信息资源的内容安全进行检测、控制并使其标准化，其安全防控措施主要包括内容的安全性检测和对有害信息资源的内容控制。内容安全性检测是指对信息资源中不合规内容(如涉及政治性、健康性、保密性、隐私性、产权性、保护性等方面的内容)、敏感信息甚至违法信息等的检测，主要通过对内容的过滤来实现(如基于关键词的内容过滤和基于语义的内容过滤)。对有害资源的内容控制主要指防止基于内容的使用、防止基于内容的破坏和防止基于内容的攻击。其中，防止基于内容的使用是对信息资源知识产权的保护，可以通过水印技术或禁止用户复制等方式保护涉密或受版权保护的信息资源；防止基于内容的破坏主要是防止病毒对内容造成破坏，可以通过查找内容中的恶意病毒代码消除基于内容的破坏。

8.2 云平台服务中的用户隐私安全管理

云服务平台因其基础架构的特性，在隐私保护问题方面有“先天性”不足，即数据存储在所有者无法掌控的机器上。云计算在给人们带来巨大便利的同时，该服务中所存在的不足也将危及机构和普通网民的隐私安全。世界隐私论坛最近发布了一份报告，强调机构通过云计算服务降低成本的前提是，能够首先有效保护用户在云计算环境中的隐私。有关云计算的调查显示，安全仍是被主要关注的问题，大约75%的人表示他们担心云计算安全问题，其中隐私安全问题是其关注的重要方面。

8.2.1 隐私风险感知及其对隐私保护的影响

云服务应用中的隐私风险感知是用户在云服务使用前及使用过程中对可能造成的隐私泄露的担忧和自我保护认知。① 从本质上讲，隐私风险感知体现了用户对云服务商在隐私保护方面的信任度，对云服务商的信任度越高，其感知到的隐私风险水平越低。在大数据、人工智能等信息技术的快速发展下，隐私信息的泄露可能会引发严重的负面后果，如遭受巨大的经济损失、个人名誉受损等。受此影响，各领域关于隐私风险感知的研究表明，若用户认为使用某项信息服务时面临的隐私风险较大，其常常会采取规避方式予以应对，如放弃使用该信息服务或减少在信息服务使用中的隐私信息披露。②

综合国内外关于信息服务中的隐私风险感知影响因素研究成果，云服务采纳与使用中影响用户隐私风险感知的因素可以归纳为 3 大类 6 小类，包括个人隐私保护有效性方面的隐私设置的感知有效性；代理隐私保障状况方面的云服务商隐私政策感知有效性、行业自律感知有效性、政府立法感知有效性；网络效应方面的网络外部性与技术互补性状况。其中，个人隐私保护有效性和代理隐私保障状况两类因素能够直接影响云服务隐私风险的感知，而网络效应则通过这两类因素间接产生影响，各因素间的关联关系如图 8-3 所示。

①个人隐私保护有效性。即隐私设置的感知有效性，指用户认为其依托云服务商提供的服务功能可以在多大程度上保护个人隐私，如对于设置为不允许采集的隐私信息，云服务商是否真的未进行采集与存储。显然，云服务商提供的隐私保护功能越全面、细致，并能够提供其遵守用户隐私设置的相关证据，则越能够有效缓解用户对隐私泄露的担忧，降低隐私风险感知水平。

②代理隐私保护状况。借鉴经济学领域的委托代理理论，用户以云服务商、行业组织与政府作为代理实施隐私信息的控制与保护，并通过对云服务商隐私政策、行业隐私保护自律状况与政府隐私保护立法三个方面的有效性感知

---

① Xu H , Teo H H , Tan B , et al. Research note: Effects of individual self-protection, industry self-regulation, and government regulation on privacy concerns[J]. Information Systems Research, 2012, 23(4): 1342-1363.

② Jung C H, Namn S H. A study on structural relationship between privacy concern and post-adoption behavior in SNS[J]. Management & Information Systems Review, 2011, 30(3): 85-105; Kim H R, et al. How network externality leads to the success of mobile instant messaging business? [J]. International Journal of Mobile Communications, 2017, 15(2): 144-161.

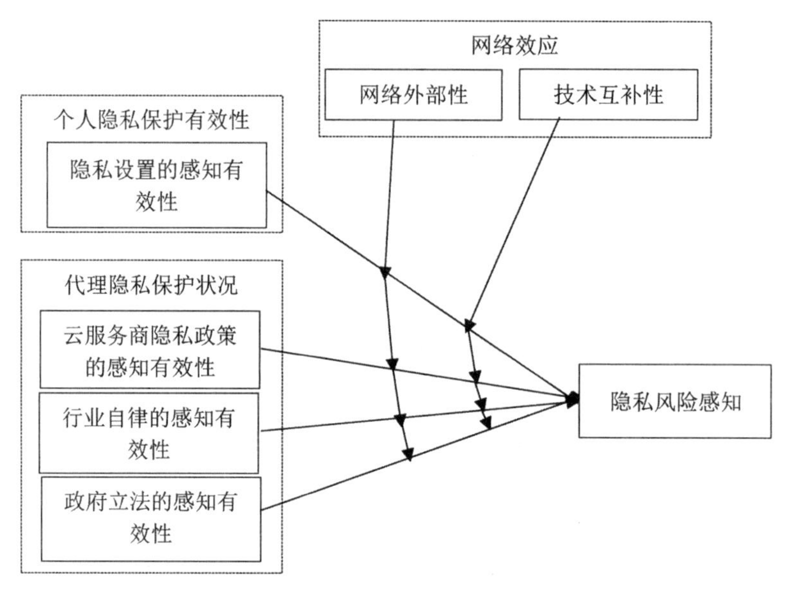

图 8-3 云服务采纳与使用中的隐私风险感知影响因素

来判断其面临的隐私风险水平。其中，云服务商隐私政策是指云服务商在用户注册或填写个人信息时所提出的书面声明，用于解释有关收集及使用个人隐私信息的做法；行业隐私保护自律是指行业组织为监督管理其内部成员的隐私保护工作而制定的规章制度与实施机制；政府隐私保护立法指的是政府在保护用户个人信息、隐私安全而发布的一系列规章制度、法律条款。对于这些代理隐私保护措施，用户对其有效性的感知均是主要通过政策文本的分析来实现的，即通过阅读分析云服务商的隐私保护政策文本、行业自律规章制度、国家相关法律法规来判断其对保护用户隐私不遭泄露的有效性程度。

③网络效应。该理论同样来源于经济学领域，此处意指使用云服务的用户规模及与该云服务构成协同效应的产品或服务规模将影响用户对隐私风险的感知，前者称为网络外部性，后者称为技术互补性。网络外部性因素的作用机理是，当用户规模较为庞大的云服务商理应能够通过可靠的隐私政策和技术实力实现对用户隐私的保护，维持较大规模的云服务用户时，其对应的行业自律机制与国家立法也将逐步完善，进而保障行业的健康发展；也即网络外部性水平较高时，用户将增强对隐私设置有效性，以及云服务商隐私政策、行业隐私保护自律和国家隐私保护立法有效性的信心，减少对隐私泄露的担忧。技术互补性因素的作用机理与前者相近，若与云服务具有协同效应的信息化产品与服务

数量较多，同样会增强用户对隐私设置有效性及代理隐私保护有效性的信心，相信自己处于低风险状态；反之，则会增强对云服务隐私泄露的担忧。

在隐私保护实施中，需要依据用户对隐私风险感知进行针对性的措施部署与调整。其一，需要根据用户对隐私风险感知的悲观、乐观倾向进行适应性应对，用户总体持悲观倾向时(即用户感知到的隐私安全风险水平高于实际风险水平)需要特别关注用户信任的塑造，反之则需要关注用户信心的保持。其二，云服务商、行业组织、政府机关需要根据用户隐私风险感知状况，识别影响风险感知的关键薄弱节点，并采取针对性的措施提升云服务隐私风险治理能力，从而增强用户对云服务隐私保护的信任度。

8.2.2 云环境下隐私安全隐患环节

云计算大数据时代侵犯个人隐私有以下表现。一是在数据存储的过程中对个人隐私权造成的侵犯。云服务中用户无法知道数据确切的存放位置，用户对其个人数据的采集、存储、使用、分享无法有效控制；这可能因不同国家的法律规定而造成法律冲突问题，也可能导致数据混同和数据丢失。二是在数据传输的过程中对个人隐私权造成的侵犯。云环境下数据传输将更为开放和多元化，传统物理区域隔离的方法无法有效保证远距离传输的安全性，电磁泄漏和窃听将成为更加突出的安全威胁。三是在数据处理的过程中对个人隐私权造成的侵犯。云服务商可能部署大量的虚拟技术，基础设施的脆弱性和加密措施的失效可能产生新的安全风险。大规模的数据处理需要完备的访问控制和身份认证管理，以避免未经授权的数据访问，但云服务资源动态共享的模式无疑增加了这种管理的难度，账户劫持、攻击、身份伪装、认证失效、密钥丢失等都可能威胁用户数据安全。四是在数据销毁的过程中对个人隐私权造成的侵犯。单纯的删除操作不能彻底销毁数据，云服务商可能对数据进行备份，同样可能导致销毁不彻底，而且公权力也会对个人隐私和个人信息进行侵犯。为满足协助执法的要求，各国法律通常会规定服务商的数据存留期限，并强制要求服务商提供明文的可用数据，但在实践中很少受到收集限制原则的约束，公权力与隐私保护的冲突也是用户选择云服务需要考虑的风险点。因此，在云计算大数据时代，要切实加强个人隐私保护。

云计算的核心目标是提供安全可靠的数据存储和网络服务。但在这种新的模式下，用户的数据不是存储在本地计算机上，而是存储在防火墙之外的远程服务器中，这加重了数据保密性的隐忧。

①用户端隐私安全问题。云计算是互联网技术的升级，当终端接入互联网后即可与云互联互通。如果终端没有有效的防护措施，那么云中的应用就能通过互联网访问终端中的数据。常见的就是一些商业公司通过 cookies 获取用户上网行为、浏览过的网页，更有黑客通过植入木马程序实现对终端的控制。云计算模式的特点之一就是数据不存储在本地，信任问题是用户能否接受云计算的关键问题。因此，若用户不信任，则不会把数据放进云数据中心。

②云服务调用的隐私安全问题。英国电信将云计算定义成一种能以服务的形式提供给用户设施和能力的技术，构成服务的设施和能力包括网络和系统平台以及运行其中的各类应用。虽然用户调用云计算服务可以像直接调用本地资源一样方便，但实际上这些服务是通过网络传输的。即使服务中断用户也无能为力，因为数据都存放在云中。云服务调用过程中面临的隐私问题主要包括非法攻击，非法修改、破坏，以及数据包被非法窃取等。云服务的稳定调用以及网络传输的安全是云计算普及的又一个重要问题。

③云服务平台端隐私安全问题。Google 曾在未经用户许可的情况下，误将部分在线文档和电子表格服务用户的部分文档进行共享。事后统计，虽然受此安全事件影响的用户文档不足 0.05%，但云计算的安全问题却敲响了警钟。研究机构 Gartner 发布的《云计算安全风险评估》列出了云计算存在的七大风险，分别为：特权用户的接入、可审查性、数据位置、数据隔离、数据恢复、调查支持、长期生存性。从报告列出的风险中可以看出，云计算的隐私安全问题大部分集中在服务器端。云计算模式的特点决定了用户在应用或数据集中存储，物理 IT 资源共享带来了新的数据安全和隐私危机，依靠计算机或网络的物理边界进行安全保障的手段不再适用。用户管理和服务器端数据管理的困难增加。云服务平台端隐私权存在问题，可以从以下几个方面说明。

一是用户管理。这里的用户定义为所有可以登录云计算平台的人，包括云服务商、维护人员、云服务购买者和服务使用者等。对于云计算供应商来说，保证客户的数据不被破坏和非法窃取是一项重大任务；运维人员负责云服务平台中数据的存储安全和备份，在维护过程中，运维人员需要登录客户的系统，云服务商需要保证这些“特权用户”能被客户识别，并安全地登录；云计算的客户理论上遍布整个互联网，用户总数、在线用户数总在不断变化，云服务商要通过用户认证、权限控制、访问审计、攻击防护等进行控制，并保证用户的登录权限，以及正确访问自己的资源。

二是云存储安全。用户一旦将数据迁移到云中，那么承载数据的这些物理硬件的控制权就转移到了云服务商那里。如果安全措施不足，从云服务商那里查询用户记录，获取客户的隐私资料反而相对容易；另外，如果云服务商存储系统故障，客户端还存在数据无法访问甚至丢失的风险。

三是云服务商的监管和审计。在云计算环境下，数据的存储和操作安全都由云服务商负责，因此对他们进行监管和审计显得尤为重要。云计算服务的机制决定了云内部的处理过程、数据的存储位置等信息对用户来说是透明的，如果发生安全问题，客户无法准确知晓数据所面临的情况。为了充分保证用户数据的安全，用户应该选择具有可信第三方对云计算服务进行监管和审计的提供商。同时，云服务商也要遵守各地隐私法律，提供相应隐私保护。

8.2.3 用户隐私安全保护机制

随着交互式信息服务和移动互联网的发展，用户在利用网络信息资源的过程中留下了大量的个人敏感信息和行为信息，这些信息一旦泄露，可能导致其身份信息、敏感行为信息泄露，还可能引发系统账户安全、财务安全问题等，因此需要建立用户隐私安全保护机制。

隐私安全保护需要全面涵盖从产生到销毁的全部过程，任何一个环节出现疏漏，都会引发安全事故。从生命周期视角看，网络信息资源系统用户的隐私信息会依次经历采集、组织存储、开发利用与销毁几个环节，而且在不同阶段用户隐私信息的运动形态各不相同，进而引发不同的安全需求和脆弱性，面临不同的安全威胁，需要不同的安全保障机制。因此，可以基于生命周期环节进行安全措施的部署，既有利于提高安全措施部署的针对性，也便于实现安全措施的全面覆盖，不留安全保障死角。云环境下基于生命周期的网络信息资源用户隐私信息安全保护机制如图 8-4 所示。

(1)隐私信息采集安全保护

隐私信息采集环节的安全保护是指遵从法律法规要求和最少、最弱采集原则进行隐私信息的采集，从源头上降低隐私信息的安全风险。在控制实施上，需要先采用采集项控制，减少不必要的隐私信息采集；继而采用精度控制，降低拟采集隐私信息的精确性，从而最终实现所采集信息对用户隐私安全威胁的最小化。

采集项控制是指在进行隐私信息正式采集前，逐项评估拟采集信息的合法性和必要性，剔除不能同时满足这两项要求的隐私信息项。在进行用户隐私信

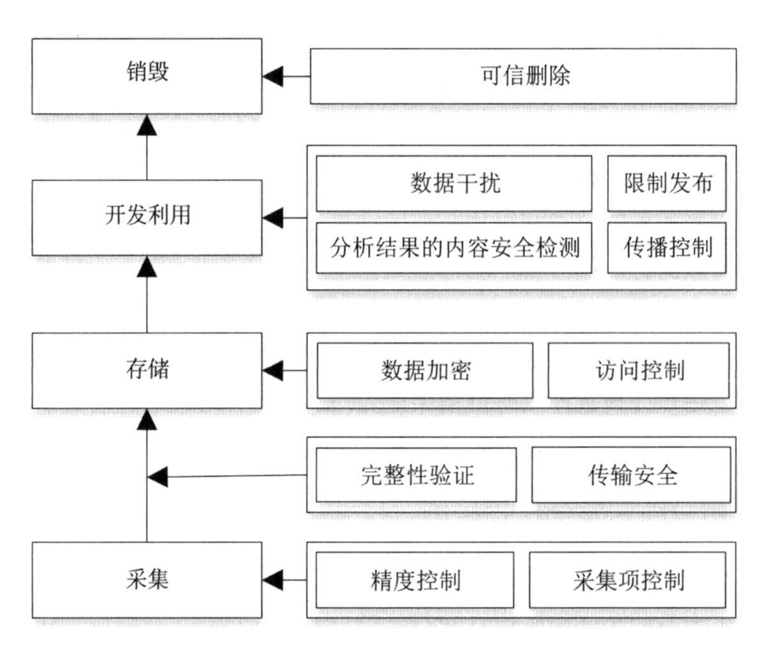

图 8-4 基于生命周期的网络信息资源用户隐私信息安全保护机制

息采集项筛选中，除了考虑法律法规的硬性要求外，更主要的是考虑对网络信息资源服务主体的必要性。对于后者，如果不采集该隐私信息，用户不能正常利用网络信息资源服务系统的服务，则需要采集该信息；否则，考虑采集该信息后，对网络信息资源服务主体提升服务质量，改善用户体验的收益情况，如果收益较大，则可以采集；对于不符合前两个要求的隐私信息项，都不应纳入采集范畴。

采集精度控制指对拟采集的用户隐私信息，以应用需求满足为前提，尽量降低所采集信息的精确性，其目的是从源头上控制所采集信息对用户隐私的威胁程度，使隐私信息遭到泄露时其安全损失最小化。在采集实施中，需要对拟采集的隐私信息逐一分析其应用场景和目标，进而确定最弱精度要求，并以此作为采集标准。例如网络信息资源的移动服务中，虽然需要用户位置信息，但并不需要过于精确，因此在采集用户定位信息时，可以将精度误差设置得稍微大一些，而不必过于要求信息的精确性，从而降低用户身份被精确识别的风险。

(2)隐私信息存储安全保护

在获取用户隐私信息后，需要将其传输到网络信息资源系统的数据库，并进行组织、存储。为保障这一环节的安全，需要综合采用传输安全、完整性验证、加密存储和访问控制措施。在传输安全保护过程中，需要在采集到用户隐私信息后，在客户端对其进行加密，采用安全传输协议将其发送到网络信息资源系统；之后，对用户隐私信息进行完整性验证，确保采集到的用户隐私信息未经篡改和损坏。进而，对敏感度较高的信息进行加密，如登录密码，保障其静态存储阶段的安全；而对于保密要求较弱的敏感需求，则可以在频繁利用阶段明文存储、低频利用阶段加密存储的处理方式，以实现安全性与便捷利用间的平衡。另外，需要设计严格的访问控制机制，只在必要情况之下进行用户隐私信息访问授权，并且在访问认证阶段采用安全性较高的生物认证、动态认证或多因素认证技术，以降低被非法或越权访问的概率，提高安全保障能力。①

(3)隐私信息开发利用安全保护机制

开发利用阶段容易出现隐私信息滥用，尤其大数据技术的发展，使得隐私数据分析、挖掘中更容易导致隐私泄露。为保护这一阶段的信息安全，常用的安全措施包括从源头上降低隐私泄露风险的数据干扰、限制发布，以及分析结果的内容安全检测与传播控制。②

数据干扰和限制发布都是用户隐私信息脱敏的重要举措，前者指对原始隐私信息进行扰动处理，使原始数据出现一定程度的失真，从而降低用户隐私泄露风险，常用方法包括阻塞、随机化、凝聚等；后者指在只允许使用部分隐私信息项或精度较低的隐私数据，以保护隐私信息的保密性，代表性方法是数据匿名化发布。③

隐私分析结果的内容安全检测与传播控制则是从后控角度进行开发利用阶段的隐私保护，其原因是即便限制了隐私数据不能用于某些用途，但仍然无法保证其不分析、挖掘出用户的隐私信息。基于此，在隐私信息分析结果应用之前，先对其进行内容安全检测，对于不含敏感信息的挖掘结果可以正常利用；否则，则需要根据所含敏感信息的性质控制其传播范围，或者禁止其传播

---

① Chen Y, José-Fernú M, Castillejo P, et al. A privacy-preserving noise addition data aggregation scheme for smart grid[J]. Energies, 2018, 11(11): 1-17.

② Yang P, Gui X, An J, et al. A retrievable data perturbation method used in privacy-preserving in cloud computing[J]. Communications, China, 2014, 11(8): 73-84.

③ Nagaraju P, Nagamalleswara R N, Vinod K C R. A privacy preserving cloud storage framework by using server re-encryption mechanism (SRM)[J]. International Journal of Computer Science and Engineering, 2018, 6(7): 302-309.

利用。

(4)隐私信息销毁安全保护

用户隐私信息在进行充分的分析、挖掘后，对网络信息资源服务主体来说，可能不再具有利用价值，此时再继续进行存储除了会带来额外的管理成本外，还将带来隐私信息泄露风险，基于此，需要将其进行删除销毁。在此阶段，网络信息资源服务主体先要建立起明确的管理标准，合理界定用户隐私信息何时进入无价值阶段，以避免用户隐私的过早删除或过长存储。在销毁阶段，由于云环境下用户隐私信息并未存储在本地，网络信息资源服务主体也无法要求云服务商将存储这些信息的硬件设备销毁，因此要采用可信删除技术对其进行销毁处理，确保其无法恢复。

此外，需要说明的是，新一代信息技术环境下网络信息资源系统以虚拟机为基本单元进行管理，而受云服务商自动调度机制的影响，用户隐私信息所存储的虚拟机可能会动态迁移，与之相伴的是其对应的物理机也会发生变化。故而，还需要加强对云服务商的监督，确保其在虚拟机动态迁移时同步对数据进行彻底删除。

8.3 云服务平台安全容灾管理

容灾是基于底线思维设计的网络信息安全保障机制，其是信息安全保障的最后手段，目标是保障云平台与资源系统避免不可恢复的损坏，确保其在出现安全事故的情况下仍然能够保持完整与可用。根据信息服务所采用的云服务模式、容灾目标和容灾实现方式，需要进行差异化的容灾方案设计。信息资源的容灾目标有两个，一是在发生一般安全事故的情况下，网络云信息资源系统能够快速恢复，保障业务的连续性；二是保障网络信息资源在极端状况下的可生存性(survivability)，并由此形成面向资源组织与云服务流程的资源长期保存与持续利用的容灾机制。

8.3.1 面向云资源组织与服务运行的安全容灾机制

网络信息资源云服务已成为不可或缺的基础支撑，一旦中断可能对用户造成重要影响，要求具备高业务连续性。因此在容灾机制设计上，需要采用高可用性技术，面向网络信息资源组织与服务流程进行容灾组织，建立基于热备份的容灾机制。

在热备份容灾机制下，相当于同时运行两套网络信息资源系统，而且彼此之间不能共享任何的硬件和软件设施。基于此，如果网络信息资源主服务系统已经应用了云计算，出于应对一般安全事故发生的需要，再全部重新搭建一套基于本地数据中心的网络信息资源服务系统，并持续维护其正常运行，显然不太必要。故而在云环境下，面向网络信息资源组织与服务流程的容灾系统需要采用基于云服务的构建与运行模式。

鉴于引发安全事故的原因，既可能是软件层面的问题，如系统遭受攻击，也可能是硬件层面的问题，如云平台的服务器、存储设备等遭到破坏，还可能是基础支持资源和物理环境的破坏，如地震、电力损失等。因此，在热备份系统建设中要考虑是否进行异地备份问题。在云环境下，尽管云服务商常常拥有多个异地数据中心，但其软件系统一旦存在漏洞，多个数据中心的云服务可能同时中断，因此还需要考虑热备份系统是否需要建设在其他云服务商的平台之上。

出于以上两方面的考虑，结合云服务数据中心的物理分布、互操作性，可以将灾备系统的建设思路分成六类，其安全程度和实现难度如表 8-1 所示。在安全性方面，数据中心异地且跨云服务商模式的安全程度最高，因为只要不是两套系统同时受到了安全攻击，或者两个云平台都受到安全攻击且导致网络信息资源系统不可用，或者两个服务商数据中心所处地域同时发生了因不可抗力因素引发的安全事故，这两套互为热备份的系统至少有一个能正常运行；数据中心同处一个地域但跨云服务商模式和同云服务商但数据中心异地模式的安全性相近，除了均可以应对网络信息资源系统遭受安全攻击这一基本情形外，前者可以应对云平台遭受攻击的情形，而后者应对不可抗力因素导致某一区域内

表 8-1　面向资源与服务流程的容灾模式安全性

灾备模式	实现难度	安全性
当前数据中心	低	低
异地数据中心	低	中
同城可互操作的云服务商	中	中
同城不可互操作不同云服务商	高	中
异地不可互操作的云服务商	高	高
异地可互操作的不同云服务商	中	高

所有云平台不可用的情形。显然，在基于当前数据中心的云服务之上构建灾备系统的安全程度最低，其只能应对网络信息资源系统受攻击这一基本情形。在实现难度方面，一是受云服务之间互操作性的影响，显然同云服务商最为容易，不存在任何的互操作问题；二是可互操作的云服务商之间的影响，因为尽管彼此间可以互操作，但还需要结合云服务的实现机制进行针对性调整；三是(也是最难的)不可互操作的云服务商之间的影响。

选择基于云服务的容灾模式时，除了安全程度和实现难度外，还需要考虑模式实施的可行性。如果网络信息资源系统是基于 IaaS 云服务构建，则其实施异地、跨服务商的可行性很强，因为 IaaS 云服务在功能上肯定是相似的，互操作性也比较强。如果网络信息资源服务主体采用的是 PaaS 云服务和 SaaS 云服务时，其可行性要变差不少，尤其是 SaaS 云服务。因为网络信息资源行业规模较小，市场上难以容纳较多的云服务商，导致找到服务功能上可替代的云服务商难度较大；而且 SaaS 云服务实现中，由云服务商负责全部软件程序的设计与开发，这就导致云服务商间进行互操作的难度可能更大。值得指出的是，如果 PaaS 和 SaaS 云服务模式下找不到满意的替代云服务商构建容灾系统，则需要考虑是否基于同服务商的异地数据中心进行容灾，或者由网络信息资源服务主体基于更为底层的 IaaS 云服务构建备份系统。

确定容灾系统建设模式的基础上，还需要进行整体规划和实施，其中较为关键的问题是主服务系统与容灾系统数据同步、主服务系统运行异常情况自动监控、容灾系统自动切换。在数据同步方面，需要综合采用远程镜像技术和快照技术，实现主服务系统与容灾系统数据的同步更新。实现中，由于部分数据的处理较为复杂，如果服务中断后重新处理可能会浪费很多时间，因此需要在备份中综合采用同步和异步备份的方式，从而保证耗时较久的任务实现从断点处继续处理，而耗时较短的任务则不必占用过多的备份资源。在主服务系统运行监控和自动切换方面，则需要定义监控的服务项、监控内容，以及异常标准，并确定异常状况自动判断和切换策略，根据异常原因和程度确定是全部切换到容灾系统还是部分迁移。

8.3.2 基于信息资源长期保存与持续利用的容灾

随着信息化的深入推进，网络数据资源已成为信息资源存在和利用的主要形式，对于部分资源可能已成为唯一形式。而创新驱动的国家发展中，网络信息资源已成为重要的战略资源，一旦出现大规模的、不可恢复的损坏或丢失，可能给我国的技术进步与经济社会发展带来灾难性打击。因此，必须极力避免不可恢复的大规模网络信息资源损坏或丢失。针对这种情况的容灾机制，就不再是发生概率更高的一般性安全故障问题，而是发生概率极低的极端条件下的网络信息资源可生存性问题。其关注的核心也不再是网络信息资源系统的服务能否快速恢复，而是网络信息资源是否完整、运行网络信息资源的基础软硬件工具和设备是否可以支持其持续利用，故而可以借鉴网络信息资源长期保存与持续利用领域的工作思路和关键技术进行容灾机制的设计。

受云计算技术机制与产业特点的影响，其行业发展将走向垄断或寡头竞争的格局，由此导致市场上拥有数据中心的云服务商数量极少。在这种情况下，面向极端条件下网络信息资源可生存性容灾方案设计中，如果再选用云平台作为基础设施，可能难以避免云平台故障这一系统性风险。

基于以上分析，为保障极端条件下的网络信息资源的可生存性，需要在技术上采用基于长期保存与持续利用的本地数据中心灾备模式，并在体制上采用多主体分散实施的方式以进一步地降低风险，如图 8-5 所示。

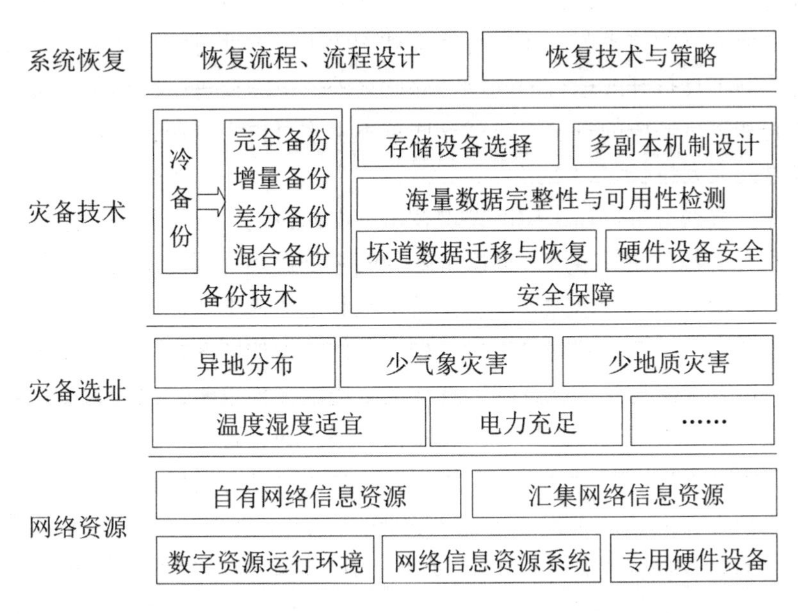

图 8-5　基于信息资源长期保存与持续利用的容灾机制

在云服务平台与资源系统容灾中，以下以科学信息资源服务为例进行分析。

在跨系统科学数据保障与云服务中，灾备实施主体即资源服务主体，在跨系统合作中，灾备实施主体可以由国家科技图书文献中心(NSTL)、中国科学院文献情报中心、中国社会科学文献情报中心等少量国家级文献信息资源中心承担。其原因一是这些机构本身拥有丰富的馆藏网络信息资源，再配以网络信息资源呈缴机制，可以相对容易实现对网络信息资源的全面覆盖，而不像大多数高校图书馆的馆藏资源以使用权为主，只有少量的自建资源；二是这些机构中已有部分尝试进行网络信息资源的长期保存，具有相对丰富的实践经验。

在容灾中，灾备中心的选址需要满足异地、安全的要求。异地主要指这些机构的灾备中心不能全部在一个地域，以免出现区域性安全事故，导致网络信息资源的全局性风险。安全主要指不容易发生气象、地质灾害，温度、湿度适宜，电力供应充足，较难受到战火波及等。

同时，灾备对象上重点关注网络信息资源及其运行环境的备份，但同时也需要关注服务系统的备份。面向极端环境，显然网络信息资源自身是最重要的，离了这些资源再去谈服务利用都是无源之水、无本之木；同步重要的是这些资源对应的运行环境，包括软件工具和配套的硬件设备，由于信息技术更新很快，之前流行的技术若干年后可能都被淘汰了，这就可能导致部分资源难以找到合适的工具打开或运行的问题。除此之外，也需要进行网络信息资源系统软件代码和运行环境的备份，虽然这些算不上不可再生资源，但可能会导致服务恢复时间大大拉长。

另外，数据备份可以采用冷备份技术。面向极端情况下网络信息资源可生存性的容灾，其关注的重点并非服务业务的恢复效率。因此采用冷备份技术虽然恢复效率较低，但可以大大降低灾备实施和维护成本。而在备份策略上，常见策略包括完全、增量和差分备份三种，其优缺点如图 8-6 所示。在实际备份选择中，可以根据自身情况选择一种或灵活搭配多种策略，比如为兼顾效率与恢复效率，可以采用完全与增量结合备份策略，即设置一个较长的周期进行完全备份，同时将长周期切分成多个短周期，每次只进行增量备份。

在实施中，应注意备份系统的安全保障。除了物理环境外，灾备系统中最为关键的是存储安全保障。在保障实施中，需要充分借鉴存储网络信息资源长期保存在硬件设备的选择、多副本机制设计、海量数据完整性与可用性检测、坏道数据迁移与恢复等方面技术方案，从而实现灾备系统在存储环节的安全。

设计合理的系统恢复方案。在容灾机制设计中，不但要关注如何保全网络信息资源及运行环境，还要关心如何恢复网络信息资源系统的运行，尽管其并不像面向业务连续性的容灾机制要求那么高。在系统恢复方案设计中，除了优

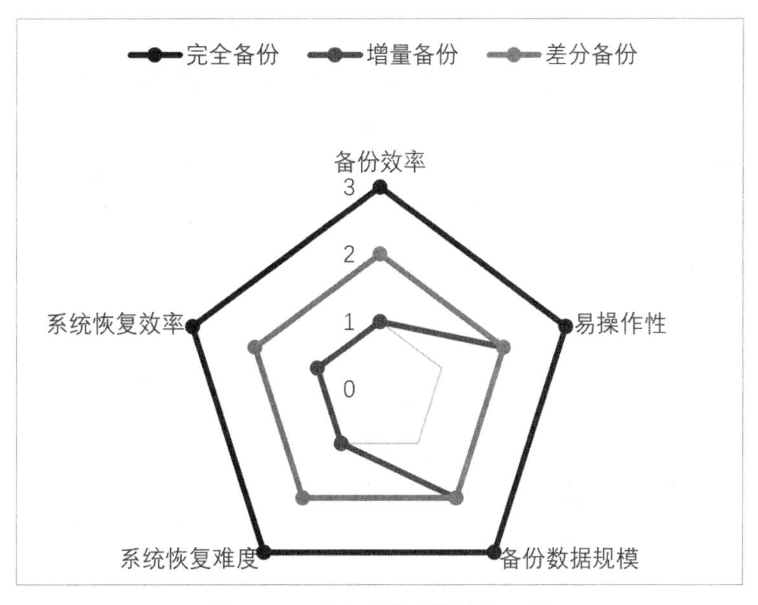

图 8-6 三种备份策略优缺点比较

先进行操作系统的恢复外，还要结合业务和资源的重要性合理设计应用系统和网络信息资源的恢复顺序。原则上，应当遵循服务应用与数据资源同步恢复的思路，确保所恢复服务确实可用，所恢复资源能够发挥价值；遵循优先基础性的网络信息资源开发与服务程序及对应资源，资源深度加工与利用相关的应用程序与数据稍后的原则，保证最重要、常用的服务业务优先恢复正常。

8.4 多元主体云服务协同安全保障

立足于网络信息资源安全治理所面临的新形势，借鉴国外安全治理机制变革经验，围绕新时代网络信息资源安全治理机制建设目标，需要以国家总体安全观、网络安全与信息化一体发展思想为战略指导，推进网络信息资源安全治理机制创新，形成网络信息安全保障合力，推进网络信息资源安全治理能力的现代化。

8.4.1 网络信息资源安全社会化协同保障框架

网络信息资源安全是国家总体安全中的重要组成部分，为落实网络安全与信息化一体发展战略，在安全治理机制建设中必然要求加强与信息化部门的协同。云服务商、信息安全产品与服务提供商作为网络信息资源安全保障的重要参与主体，必然是安全治理机制中社会化力量的组成部分；相关行业组织可以成为行业自治的组织者，各类社会组织、用户及用户组织也能够在安全保障中起到监督作用。基于此，构建了如图 8-7 所示的新时代网络信息资源安全社会化治理组织体系框架。

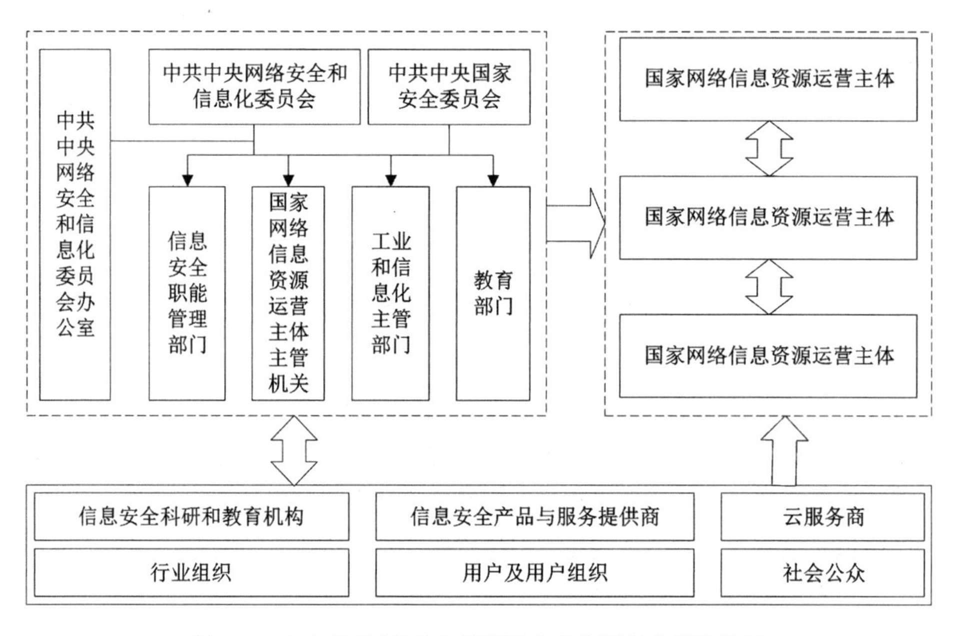

图 8-7　云环境下网络信息资源社会化协同安全保障体制

新时代网络信息资源安全保障中政府主导制的落实需以组织体系创新和职能合理设置为基础，以实现既有利于保障其领导作用的发挥，又避免在安全保障的具体组织实施中出现过多的直接行政干预的目标。

在面向政府主导的安全监管组织体系框架构建与职能配置中，需要在总体上注重其与新一代信息机技术环境下安全机制相适应、支持安全保障与信息化的协调发展，在组织体系上注重顶层管理机构设置，加强对安全保障工作的集中统一领导和统筹协调，理顺各级、各类组织机构间的关系，形成合理的机构职能配置，如图 8-8 所示。

在中共中央网络安全和信息化委员会统一部署下，国家网络安全保障与信

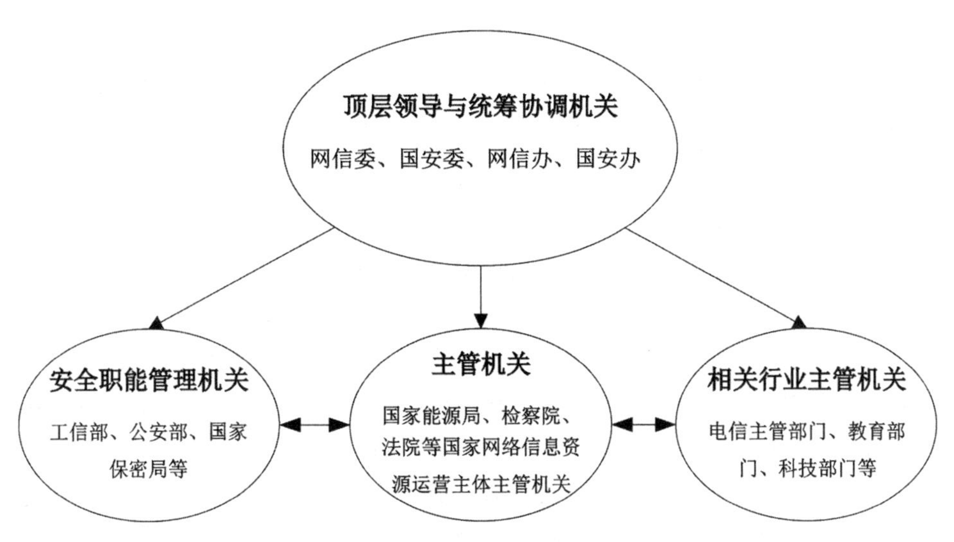

图 8-8 新时代网络信息资源安全政府监管组织框架

息化的顶层设计，在于按总体规划和政策方针进行统一规划部署；全面统筹协调安全职能管理部门、云计算行业主管部门、网络信息资源服务主体主管机关的工作，建立常态化的跨部门协同机制；推进云环境下网络安全保障重点工程，不断提高安全保障能力。

在信息安全管理职能部门设计上，我国并未设立单独的信息安全监管部门，而是将其职责打散后按照职能相近的原则融入已有的行政体系中，因此，我国的信息安全管理也属于条块分割体制。信息安全监管职能部门是指负责某一具体方面安全事务监管的条条部门，包括公安部、国家密码管理局、工业和信息化部、中国信息安全测评中心等。这些安全监管职能部门在网络信息资源安全体制中的定位是，认真履行国家赋予的信息安全监管职责，为网络信息资源安全保障提供良好的基本环境；在职责范围内，做好对网络信息资源服务主体、云服务商及相关利益群体的安全监管工作；根据实际情况需要，按照网络信息资源安全保障与信息化协调机构的统一部署，开展安全监管专项行动和重点工程，协助解决网络信息安全保障中的突出问题。

鉴于网络信息资源分散分布于各个行业与领域，因此主管机关数量众多，按照我国安全生产工作中“谁运营谁负责，谁主管谁负责”的基本方针，这些主管机关需要履行国家信息安全保障中的主管责任。其基本定位是全面监督所辖机构的安全保障工作落实，推进网络信息资源安全保障相关的重点工程，提高所辖机构的安全保障水平。

作为云计算、信息安全产业的主管部门，电信部门在网络信息资源安全治理中的协同职责主要是：加强对云服务商的安全监管和可信认证，提升云服务的安全性和可信性，为网络信息资源云服务选择和安全性提升提供支持；加强对信息安全产业的监管和发展引导，推动信息安全产业提升安全产品与服务的合规性及创新能力，进而提升网络信息安全保障能力。

在国家信息安全社会化协同治理组织体系中，包括云服务商、信息安全产品与服务提供商、信息安全科研和教育机构、行业组织、用户及用户组织、社会公众等在内的各类社会化组织是安全治理组织体系的重要组成部分，并根据其自身定位、特点不同在安全治理中扮演不同的协作角色。其中，云服务商是网络信息资源安全保障的直接参与主体，负责其职责范围的网络信息资源系统安全防护；信息安全产品与服务提供商同时是国家网络信息资源运营主体和国家机关的协助者，一方面协助前者提升安全保障能力，另一方面协助后者提升安全监管能力；信息安全科研与教育机构在整个组织体系中负责提供智力支持和人才保障；行业组织是国家机关与网络信息资源运营主体间的桥梁及跨行业机构间的沟通桥梁；用户及用户组织、社会公众则主要履行网络信息资源安全治理监督职责。

在新一代信息技术环境下，运营管理是网络信息资源安全保障的关键，在网络信息资源治理组织体系中居于主体地位。为落实这一主体责任，需要履行以下职责。

第一，建立云服务安全管理体系。其核心内容与流程可以参考传统 IT 环境下信息安全管理体系，包括信息安全策略制定、信息安全管理体系范围明确、信息安全风险评估、安全风险管理内容明确、风险控制目标与方式选择、信息安全适用性声明准备。但同时，需要充分考虑新一代信息技术环境的特殊性，适应云服务安全保障的机制和基本规律。

第二，根据与云服务商的安全分工，进行安全保障措施的部署。应用云服务后，国家网络信息资源运营主体仅直接负责部分安全保障工作，一般来说，IaaS 模式下其负责保障操作系统、网络、应用程序及数据的安全；PaaS 模式下其负责保障应用程序及数据的安全；SaaS 模式下其负责保障数据安全和客户端安全。对于这些安全责任，需要根据其保障机制进行安全措施的部署。值得指出的是，网络信息资源运营主体需要注重过程控制，即借鉴全面质量管理的基本思想，对安全措施部署的过程进行控制，确保安全保障措施能够覆盖原有的脆弱性或威胁，并且不会引发新的不可控的脆弱性和安全威胁；同时，还需要注重技术与管理手段的综合运用，发挥二者的合力。

第三，综合运用管理和技术手段，对云服务商的安全保障工作进行全面监督。首先，需要在进行云服务采购时，与云服务商通过合同的形式规范其需要履行的安全保障职责范围及质量要求，为安全监督的实施提供依据。其次，在云服务应用过程中，需要通过相应的技术手段对云服务商的安全保障情况进行监督，并通过定期评估判断其安全保障是否达标。最后，在出现安全事故时，需要对其原因和损失进行全面评估，对云服务商进行追责。

第四，建立与相关组织机构的协同工作机制。首先，需要建立与云服务商的协作机制，合理划分安全防护责任，对需要共同参与的安全工作建立协调流程。其次，需要建立与信息安全服务商的协作机制，在其协作下提高安全防护、运营效率和质量。再次，需要基于行业组织与其他网络信息资源运营主体积极交流合作，共享信息安全保障资源和威胁信息，提升安全保障能力。最后，需要主动接受用户及用户组织、社会公众的监督，借助其力量及时发现安全保障工作的漏洞和缺陷，为安全保障工作优化提供依据。

8.4.2 网络信息云服务安全的协同保障实现

为实现网络信息资源安全保障中各参与主体的协同，需要建立全面、系统的工作机制体系，涵盖同类主体之间、跨类型主体之间的协同机制，涵盖安全治理工作的各个方面、环节。

在新时代网络信息安全社会化协同保障中，统筹协调机制是非常重要且应用广泛的工作机制，安全治理体系中各类主体间、同类主体的多个组织机构之间可能都需要建立协调机制。其中，云服务安全中涉及以下方面：

①分级分类安全监管。云网络信息资源类型多样、重要程度差异显著，为推进安全监管的精准化，需要推进分级分类监管机制。首先，需要建立分级分类标准体系，根据安全需求、保障方式等方面的差异进行网络信息云资源的安全类型划分，根据信息安全遭到破坏后引发的影响范围和大小，进行信息的安全等级划分。其次，国家和地方相关部门指导和推动下辖的服务网络信息资源运营主体进行数据的分级分类。再次，针对不同类型、等级的网络信息资源，遵循安全等级越高、监管力度越大的基本原则，进行差异化监管机制设计。

②跨境流动安全监管机制。随着信息交互的全球化，网络信息资源云服务

跨境流动日益频繁，其在创造经济、社会价值的同时，也隐含较大的安全风险，需要建立专门的监管机制。其一，需要建立网络信息资源出境安全评估机制。该项工作由国家网信部门统筹协调，行业主管或监管部门具体负责。当网络信息资源运营主体需要进行数据跨境流动时，根据相关规定，在自评基础上提请行业主管或监管部门进行评估。评估通过后，方可进行跨境流动。其二，需要建立网络信息资源跨境流动安全检查机制。在网信部门统筹下，组织行业主管或监管部门对网络信息资源运营主体进行跨境数据流动安全检查，对不符合要求的跨境数据流动进行安全问责。

③安全审查与认证机制。保障云服务所采用的外部信息技术产品与服务的安全、可控，即供应链安全，这是网络信息资源安全的前提。基于此，需要建立关键信息技术产品与服务的安全审查与认证机制。该项工作可由网信部门牵头，工信部、公安部、国安部、市场监督管理总局、国家保密局等党和国家机关参与，共同建立安全审计工作机制。其一，应当编制关键信息技术产品与服务安全审查指南，一方面公开通过安全审查的常见信息技术产品与服务，供网络信息资源运营主体在采购环节进行参考，同时对新进入我国市场的重要信息技术产品与服务进行安全审查，更新维护产品与服务指南；另一方面，需要细致说明关键信息技术产品与服务安全审查的适用情形，指导网络信息资源运营主体在采购环节进行判断。在关键信息技术产品与服务安全检查中，由网信部门会同相关职能部门，对未通过安全审查的进行处置。

④安全测评与监测机制。信息安全测评是进行网络信息资源安全质量监管的重要方式，也是网络信息资源运营主体检验安全工作质量、改进完善安全保障措施的基本支撑。在传统 IT 环境下，其重要性就已经得到了世界各国的普遍认可，我国也已经于 2000 年左右正式开展安全测评工作，建立了安全测评组织体系和工作机制。在新一代信息技术环境下，需要继续深化安全测评机制，改进安全测评指标体系，以更好地适应新一代信息技术和安全环境，加强对安全测评机构的监督，保障安全测评的质量。安全风险监测机制的形式在于化解安全风险，应针对安全风险的类型和特点，进行针对性的安全防护加固、事态监控、安全威胁处置措施，降低或消除安全风险。

⑤应急管理机制。建立应急响应机制，对于提高网络信息资源安全事件综合应对能力，确保及时有效地控制、减轻和消除安全事件造成的危害和损失，保障网络信息资源持续稳定运行和数据安全。网络安全应急管理机制应分层建设，除了国家层次的应急管理机制外，各地区网络信息资源运营主体也应当建

立自身的应急管理机制。在应急管理机制建设中，首先应建立健全的组织体系，为应急响应提供支持。其次，应建立分级响应机制，根据网络信息资源安全事件对国家安全的危害程度大小，将其分成不同的等级，并建立相应的响应机制。再次，需要建立全面的应急响应过程管理机制，主要包括安全事件报告、安全事件监测、预警监测、预警分级、预警发布、预警响应、预警解除、应急处置、事后总结等，同时还需要做好应急预案工作。

9　云服务安全管理的保障实施

受云服务技术实现架构的影响，其安全风险管理必然需要依赖国家的保障与社会相关方的支持。在国家保障与社会支持机制建设中，需要重点推进云服务安全风险协同治理组织体系完善，为安全风险管理提供组织基础。与此同时，加快安全治理技术体系的完善，提升云服务安全风险管理技术能力；通过健全信息安全法律法规和标准体系建设，为云服务安全风险管理推进提供制度基础，从而提升云服务安全风险管理的支撑水平。

9.1　云服务安全风险协同治理体系完善

经过近些年的建设，我国的信息安全治理体制机制合理性有了较大提升，但仍存在主管部门多元的行业安全领导体制不够健全，职能部门之间、职能部门与主管部门之间、区域之间安全监管协调机制不够健全，安全信息共享机制不够完善，行业组织安全职能偏弱，难以胜任社会化治理机制中的任务等问题，因此，仍需要加强体制机制创新，推进云服务安全治理组织体系完善，为云服务安全风险管理提供组织支撑。

9.1.1　云服务安全协调监管体制建设

十八届三中全会提出“加快完善互联网管理领导体制”依赖，我国有序推进了信息安全领域监管体制完善，使得传统信息安全监管的“九龙治水”现象得到很大缓解。然而，2017 年年底，人大“一法一决定”的执法检查报告显示，信息安全监管中，权责不清、各自为战、执法推诿、效率低下等问题尚未得到有效解决，法律赋予网信部门的统筹协调职能履行不够顺畅，安全职能部门的监管协调性仍有待提升。人大“一法一决定”执法检查中的万人社会调查显示，有18.9%的受访者反映，在遇到网络安全问题后，不知该向哪个部门举报和投诉，即使举报了也往往不予处理或者没有结果；参加座谈的多数网络运营单位反映，行政执法过程中存在不同执法部门对同一单位、同一事项重复检查且检查标准不一等问题，不同法律实施主管机关采集的数据还不能实现“互联互通”，经常给网络运营商增加额外负担。① 这些现象虽然并非完全针对云服务安全监管，但也一定不同程度地存在。

云服务安全监管工作涉及领域多、范围广、任务重、难度大，系统性、整体性、协同性很强。应对复杂的信息安全态势，必须做到统一谋划、统一部署、统一标准、统一推进。当前存在的安全监管不力问题，既有配套法律法规和标准不完善的原因，也有协作机制不健全的原因。立足当下，需要在推进法律法规和标准体系建设的同时，尽快健全适应网络化特点的安全监督协作体系，通过工作机制的完善补齐短板，提升云服务安全监管的有效性，其推进路径，如图9-1所示。

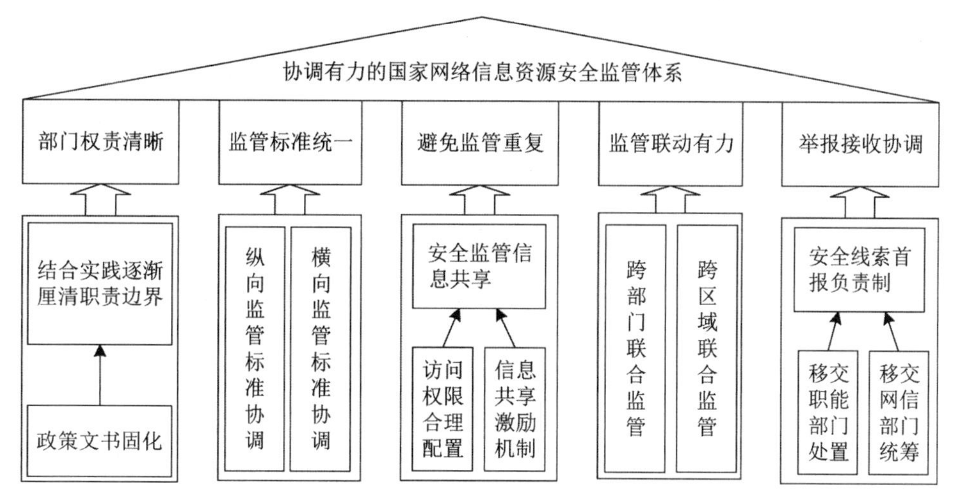

图9-1 国家云服务安全风险监管协调机制的健全

第一，需要结合网络信息资源安全监管实践，准确厘清部门之间的职责。

① 王胜俊. 全国人民代表大会常务委员会执法检查组关于检查《中华人民共和国网络安全法》、《全国人民代表大会常务委员会关于加强网络信息保护的决定》实施情况的报告. [EB/OL]. [2021-10-14]. http://npc.people.com.cn/n1/2017/1225/c14576-29726949.html.

在信息安全监管体制建设中，国家已经力图做到安全职责的全面梳理与明晰切分，避免出现职能交叉与监管空白。然而，网络信息资源安全问题非常复杂，而且处于动态演变之中，不断出现新问题、遇到新情况；加之，当前的网络信息资源安全监管经验仍不够丰富，所以难免遇到安全职责出现交叉或不清晰的情况。为解决这一问题，需要坚持问题导向，充分发挥网信部门的统筹协调职责，进行安全监管部门的监管职责协调，通过对监管实践中职责不清晰、履责不顺畅的实际案例进行处置，确定合适的监管机制，进而不断明确各职能部门的权责边界和接口，减少乃至消灭安全监管中职能交叉、多头管理现象，以提高安全监管的效率。

第二，建立不同层级、不同区域、不同部门的安全监管协调机制，确保监管标准统一。受安全监管法律法规和标准体系不健全的影响，在网络信息资源安全监管中，监管部门存在较大的自由裁量权。因此，当不同层级、不同区域、不同部门的安全监管部门缺乏充分的事前沟通时，就可能导致监管标准不统一，可能引发受监管的网络信息资源运营主体的不解与不满，以及安全监管的效果。为解决这一问题，纵向上的网络信息资源安全监管职能部门及主管部门需要在体系内做好内部协调，对已经发现的安全问题需要建立相对统一的监管标准，对于新发现的安全问题，需要及时确定监管方案，提升体系内安全监管的协调性；横向上，安全监管职能部门与主管部门，以及监管同类网络信息资源运营主体的多个主管部门间，需要加强沟通协调，形成相对一致的监管标准，避免出现监管标准杂乱、难以有效发挥引导作用的现象。

第三，加强安全监管信息共享，避免重复监管。为履行自身的安全职责，安全监管与主管部门常常要采集网络信息资源运营主体多方面的信息，这其中必然存在较多的数据重复采集问题，带来安全监督与网络信息资源运营主体配合成本的提高。为解决这一问题，网络信息资源安全监管职能部门与主管部门需要破除部门利益，打通数据和信息壁垒，切实做到不同部门采集的数据能够共享，提高信息安全监督效率。鉴于安全监管工作的特殊性，在信息共享机制建设中，首先需要严格控制信息安全共享的范围，按照权限最小化原则做好各个部门的数据访问权限设置；并建立数据共享激励机制，鼓励安全职能与主管部门积极进行网络信息资源运营主体数据的采集与共享。

第四，加强各职能部门、主管部门间的协同，推进跨部门、跨区域联合监管。在网络环境下，网络信息资源安全问题较为复杂，常常呈现综合性、跨区域性等特点，依靠单一部门或单一区域的监管、主管部门难以实现有效监管与处置。基于此，需要加强国际网络信息资源安全监管的跨部门、跨区域协同机制，实现部门之间、区域之间的执法联动，推进安全监管取得实效。鉴于这种协同监管需求既可能出现在例行或专门安全监管中，也可能出现临时安全事件的监管处置中，因此既需要建立定期沟通的安全协同机制，也需要有针对突发情况的一事一议机制，保障突发性的协同需求能够得到有效满足。

第五，需要建立安全线索首报负责制，改进社会主体参与安全监督的体验。由于网络信息资源安全工作非常复杂，以及依然存在安全监管部门间职能交叉、权责边界不清的问题，因此用户、用户组织、社会团体等社会化主体参与网络信息资源安全监督时，可能在线索举报中存在部门选择不合理的问题。为了激发社会化主体参与社会化监督的积极性、降低安全监督参与门槛，需要推进安全线索首报负责制。网络信息资源安全监管部门及行业主管部门在接到举报线索后，不应以部门职能为由拒绝受理，或者推向其他部门，而应当先主动接受下来，对于能够确定适当监管部门的，可以直接将线索移交给对应部门；对于无法确定的，可以转给网信部门，由其进行移交处置。

9.1.2 云服务安全信息共享机制的完善

安全信息共享对监管、主管机关和网络信息资源运营主体、信息安全产品与服务提供商都非常重要，因此国外在实践上一直重视，国内也在网络安全法等多部法律法规中提出需要建立安全信息共享机制。

(1)安全信息的共享框架

当前我国的安全信息共享机制存在两方面的突出问题，一是共享路径单一，长期以来，下对上的安全信息报告强调居多，同类主体之间、上对下的安全信息共享推进较慢；二是共享的信息类型较为受限，主题上多强调安全漏洞信息、安全攻击信息共享，程度上多重视严重安全威胁信息的共享。为解决这一问题，需要立足于我国当前的网络信息资源安全治理组织体系，全面优化安全信息共享机制设计，如图 9-2 所示。

(2)共享的安全信息类型

开展网络信息资源安全信息共享的最终目的是深化对安全威胁、脆弱性的认识，及时发现新的脆弱性和可能遭受的安全威胁，提升安全防护能力与应急管理水平，因此，在安全信息共享范围需要全面涵盖相关信息。具体而言，主要包括以下七类信息。

①安全事件信息。涵盖既遂和未遂的安全攻击详细信息，包括安全攻击技术、攻击意图、后果影响、丢失的数据等。安全事件囊括了从成功防御的攻击到造成严重后果的攻击等全部安全攻击。

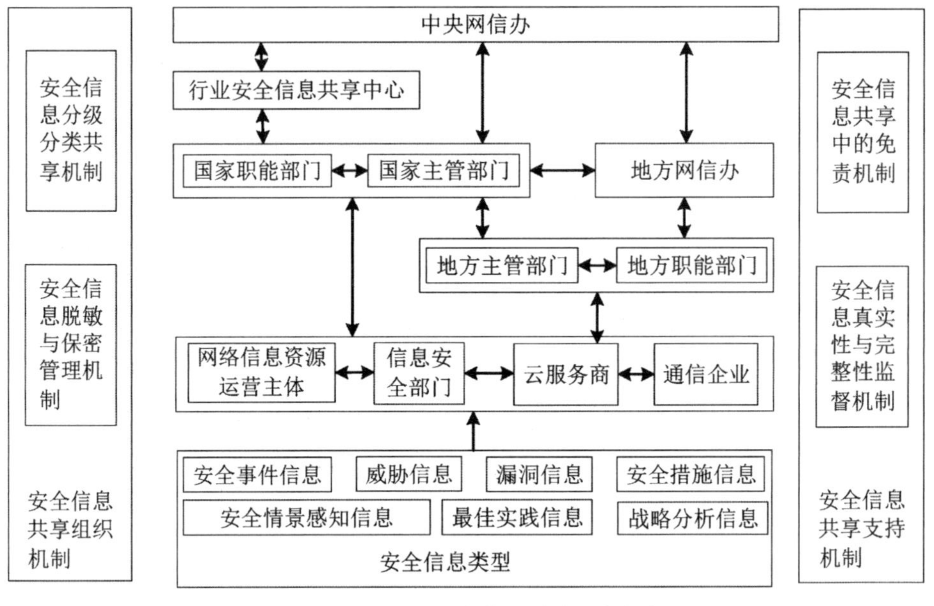

图 9-2 国家网络安全信息共享机制框架

②威胁信息。此类信息有助于安全事件的发现与防御、对抗，包括认识不够清楚但可能造成严重后果的事项；恶意文件、恶意代码样本、失窃的 E-mail 地址等感染信息；威胁行为个体或组织的相关信息。

③漏洞信息。各类基础软硬件及信息系统中可能被利用的漏洞信息。

④安全措施信息。此类信息一般用来实现漏洞的修补、杀毒软件的升级、安全威胁的清除等，其信息内容是用于修补漏洞、防御或对抗安全威胁、响应安全事件或系统、数据恢复的方法。

⑤安全情景感知信息。此类信息主要指被利用的安全漏洞、活跃的安全威胁、实时安全攻击的监测信息，以及被攻击对象、网络状况的实时信息，能够帮助信息服务机构进行安全事件响应。安全情景感知内容涉及安全的信息来源、服务方用户及相关部门。

⑥最佳实践信息。此类信息主要指实现高水平安全保障的云服务商或信息服务机构的安全工作实践经验，能够为提供同类云服务商或信息方法机构的安全保障工作开展提供经验借鉴。

⑦战略分析信息。此类信息包括安全产品和服务的开发、部署信息，包括安全控制、安全事件处置流程、软件漏洞处理与趋势分析信息，反映安全构建度量体系、趋势预测等信息。

(3)网络安全信息共享主体

网络安全信息共享主体包括网络信息资源主体、云服务商、通信企业、国家主管部门、国家职能部门、行业安全信息中心、国家和地方部门等。其中，网络信息资源运营主体、云服务商以及国家和地方机关所能提供的安全信息具有整体性，同时在跨层级、跨部门的安全信息共享中，国家和地方机关也会将其所汇聚的信息直接开放共享；行业安全信息共享中心，适用于行业信息较为分散，主管部门不一的情况。在同一部署中，可进行各地区、各行业领域的安全信息汇集，并进行分析、挖掘和对外共享。

为提高网络安全信息共享效率，需要建立网状安全信息共享机制。一是按行政层级的安全信息报告机制，按照监管、主管、统筹的职能划分，各下位共享主体的安全信息可按要求上报；二是纵向上的上位机构向下位机构的安全共享机制，上位机构通过分析挖掘或其他途径获得的安全信息，如果确有必要，可以向下位机构进行共享；三是横向上的安全信息共享机制，包括跨部门、跨行业安全信息共享，跨区域安全信息共享，网络信息服务机构、信息安全企业、云服务商、通信企业及同类主体间的安全信息共享等，此类安全信息共享机制的建设可以，自行协商构建，在法律法规允许范围内，自主确定安全信息共享的类型和范围，以提高安全信息共享效率。这些共享主体横向上的协同，既可以通过建立一对一的合作关系实现，也可以通过联盟、行业组织等形式吸纳更多主体参与。

(4)信息安全信息共享保障

在实践中，信息服务机构、云服务商等都拥有较丰富的网络安全信息，但若其对信息的重要性认识不充分，或者担心信息共享后造成负面影响，则可能不愿意共享这些信息，以免为自身带来新的风险。尤其是大数据背景下，安全数据来源的广泛性将导致信息服务机构、云服务商面临数据来源合法性难以举证的问题，因此，从趋利避害的角度出发，机构也不愿意进行安全信息共享。所以，需要设计合理的运行机制，激励各类主体积极参与安全信息共享。

①安全信息分级分类共享。根据安全信息公开后可能对共享主体及社会的影响，可以将安全信息分为不参与共享的保密信息、有限共享信息、全面共享信息及社会共享信息。其中，不参与共享的保密信息是指因涉及国家机密而不向任何主体共享的信息，此类信息主要是国家安全信息机构或行业、部门、地方机关通过特殊渠道的涉密安全信息；有限共享信息是指共享主体在遵守法律法规的前提下，依据个人意愿仅向少量主体共享的安全信息，其有可能不愿意与竞争对手共享；全面共享信息指可以向所有参与安全信息共享的主体发布的

安全信息；社会开放共享信息是指可以向未参与安全信息共享的各类社会组织、公众共享的安全信息。

②安全信息脱敏与保密管理。主体在进行安全信息共享时，可在必要情况下，对拟共享的安全信息进行脱敏处理，以减少在信息安全共享中敏感信息的暴露，否则可能会引发较为严重的后果。如存在从共享的网络安全信息中逆向推导的问题，借此掌握其他组织机构的内部安全部署。同时，还需要加强共享主体的保密管理，约束共享主体的安全信息传播行为。如网络信息资源运营主体遭受安全攻击的信息可能会使其声誉遭受损失，故而共享主体应为其保密。

③安全信息共享中的免责机制。为激励各类主体参与安全信息共享，需要建立免责机制，避免因为共享安全信息而遭受问责处罚，一是需要允许各类主体对其运营的信息系统及设施进行安全监控；二是网络信息资源运营主体之间共享安全信息，不应被视为垄断行为；三是在按国家规定采取适当防护措施的前提下，如果因为遭受安全攻击而受到损失，网络信息资源运营主体应免于问责处罚、起诉。

④安全信息真实性、完整性监督。国家需要建立安全信息共享安全监督机制，督促各类主体按照规定及时、完整、准确地进行安全信息共享，不能因为出于自身利益的考量而影响所共享安全信息的质量，以免对共享安全信息的分析研判出现偏差。

9.1.3 云服务行业安全自治职能的强化

网络信息安全的社会化协同治理，需要行业组织发挥重要作用，做好政府机关的协助者、安全保障主体的指导者和监督者。然而，近年来我国网络信息服务的行业协会、联盟等组织的工作一直以促进资源共建共享为重心，对网络信息资源安全保障参与有限，相关职能也比较薄弱。新一代信息技术环境下，为更好开展安全治理中的自治，需要资源行业组织调整业务组织，完善安全职能部门设置，扩大行业组织安全覆盖范围，提升行业组织间安全治理的协调性，如图 9-3 所示。

首先，网络行业组织需要对业务范围进行调整，深度参与到安全治理中来。按照网络安全社会化治理中的行业组织的定位，其行业组织需要承担协助国家机关进行安全监管，推进行业安全自律的目标。因此，需要将下面的工作内容纳入其业务范围：①向会员及社会宣传国家相关网络安全法律、法规和政策，向政府主管部门及时反映会员和业界的意愿及合理诉求，维护会员合法权益；②接受国家有关部门授权或委托，参与相关法律法规、部门规章、发展规

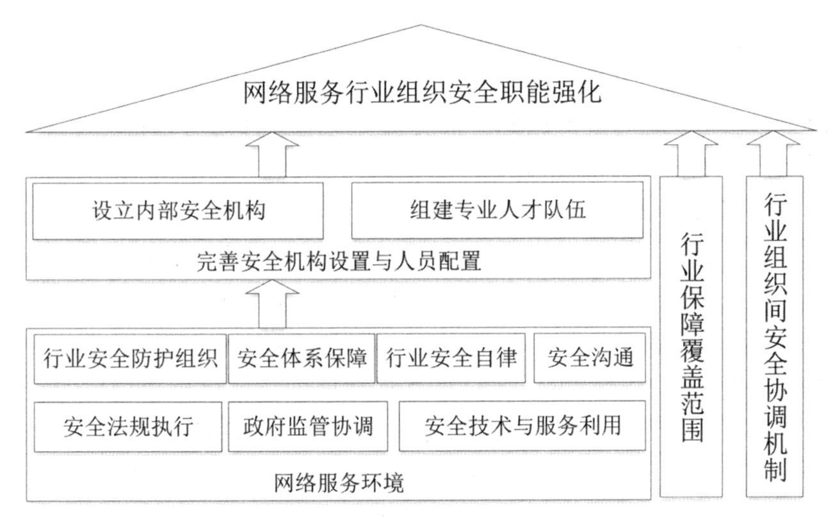

图 9-3　网络信息资源行业组织的安全职能强化

划、行业标准和规范的研究制定，依法进行行业信息安全领域相关审查、检查、认证、测评等工作，积极组织有关单位推广和应用信息安全产品与服务；③在法律规范和政府有关部门指导下，制定并实施行业网络信息资源安全自律规范和公约，建立并完善行业自律和约束机制，规范会员行为；④组织本行业信息运营主体开展安全保障，促进领域合作。

其次，网络行业组织需要完善组织机构设置与力量配置，为安全职能的履行奠定组织基础。在现有的信息行业组织中，大多没有设立以安全为核心范畴的业务部门，这一方面说明行业组织轻安全的现状还未得到根本改变，因而缺乏深度参与安全治理的组织架构基础；另一方面也意味着参与安全治理所需要的人力资源储备匮乏，组织基础欠缺。基于此，行业组织需要设立独立的以安全为核心的内部机构，在新一代信息技术环境下参与网络安全治理，进行安全人力资源建设。

在组织架构创新中，对于规模较大的行业组织，可以设立信息安全专门机构以利于安全治理职能的履行。对于规模较小的行业组织，则可以采用设立独立的安全业务部门的形式，按照职能相近原则，将安全职能整合进入现有组织体系之中。另外，需要采取措施扩大行业组织的覆盖范围，提升行业组织间安全治理的协调性。鉴于行业自律的作用范围局限于会员单位，行业组织的代表性也与其会员单位覆盖情况密切相关，因此为更好地发挥行业组织的安全治理职能，首先需要提升会员单位的覆盖率，既要将行业内影响较大的网络信息资源运营主体纳入行业组织中，也要提升对网络信息资源主体的覆盖率。

由于行业组织是自发形成的，只要符合发起条件均可以依法申请设立，这就导致同一个行业常常会拥有多个组织。这些行业组织之间彼此独立，在各自业务范围内开展工作，进而可能导致行业组织间安全工作的协调性不足，引发不良后果。例如，一个网络信息资源运营主体可能加入多个行业组织，但行业组织间的自律约定存在不协调之处，这就可能导致该运营主体的安全自律工作难以有序开展。为解决这一问题，可以通过建立行业协会间的协调机制加以解决。一是可以通过设立松散性的行业议事协调机制进行实现，如定期召开行业组织安全工作议事协调会议，沟通各行业组织的安全治理工作安排，商讨需要协调开展的安全治理工作。二是可以通过设立行业组织联合会的形式加以实现，该形式以行业组织为会员单位，便于更全面、深入地开展行业组织间的安全治理工作协调，如确保行业自律公约与约束机制的协调，协同开展安全培训与宣传，进行行业安全治理情况联合调查以提升结果的权威性等。

9.2 云服务安全信息共享平台与基础资源库建设

国家和地方机关为顺利履行其安全职能，推进网络信息安全保障监管，必须要有相应的技术平台支撑，包括相关知识库、安全态势感知平台、安全信息共享平台、安全威胁在线监测处置平台、安全攻防环境建设、应急指挥平台等。其中，较为迫切的是构建网络资源安全信息共享平台，实现安全信息的社会化共享；构建信息安全基础资源库，为安全治理推进提供支持。

9.2.1 云服务安全信息共享平台构建

为实现网络安全信息的高效共享，需要构建安全信息共享平台。全局视野下，网络安全信息不但需要实现全国范围内的共享，也需要实现行业、区域及特定主体范围内的共享，因此除了构建全国网络安全信息共享平台外，还需要分行业、区域进行共享平台的构建。基于这一认识，与网络安全信息共享机制相对应，需要进行共享平台体系的构建，整体架构如图 9-4 所示。

平台中最底层是网络信息资源机构、网络通信企业、信息安全企业、云服务商等机构的安全信息管理系统，以及各类参与安全信息共享的主体，含有共

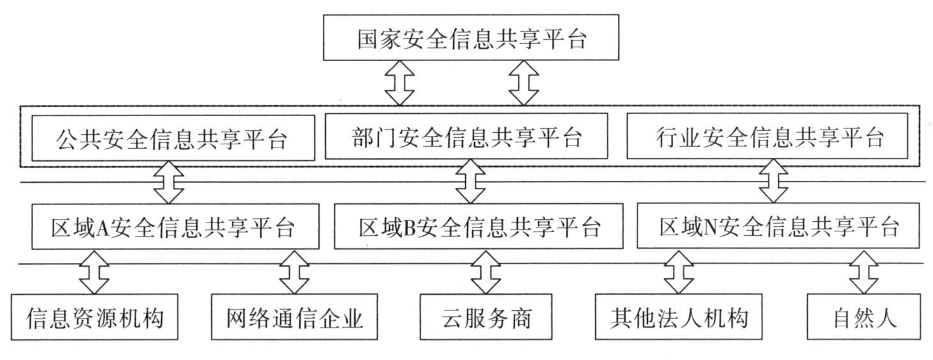

图 9-4　网络安全信息共享平台体系框架

享的法人机构及自然人。前者通过开放接口直接参与安全信息共享，包括对外共享自己的安全信息和接收外部共享的安全信息；后者通过在相关安全信息共享平台注册账号参与安全信息共享。

各区域行业信息资源共享平台是由区域的行业主管或监管部门主导构建的网络安全信息共享平台。其通过汇聚辖区内网络共享的信息资源，以及其他参与主体的安全信息来进行平台建设，全国安全信息共享平台、其他行业安全信息共享平台、信息安全企业、云服务商平台等。其建设目标是成为所辖区域内网络安全信息资源获取提供信息交互平台，同时对外提供安全信息共享。

公共网络信息安全共享平台是全面汇聚各区域、行业的国家网络平台。其资源建设的特色在于，全国行业安全信息共享平台的定位是全面汇聚全国范围内的公共、行业和部门安全信息。依靠各区域、行业安全信息资源共享平台，以及国家机构网络安全信息共享的平台资源，提供安全信息。

国家安全信息共享平台的定位是全面汇聚全国范围内，所有与国家网络信息资源安全相关的信息资源，其安全信息的获得主要由各行业安全信息共享平台提供，也包括直接参与合作的电信运营商、云服务商、信息安全企业等能够直接采集网络安全信息的中心机构。

不同层级的网络安全信息共享平台均需实现安全信息的采集、整合、分析挖掘，并在此基础上提供服务。因此可以采用类似的技术架构，如图 9-5 所示。

①资源采集。不同层次的网络安全信息共享平台采集资源的具体渠道有所差异，但类型上均包括以下几类：网络信息资源机构、网络通信企业、信息安全企业、云服务商、用户、社会团体，以及各层级、行业的网络安全信息共

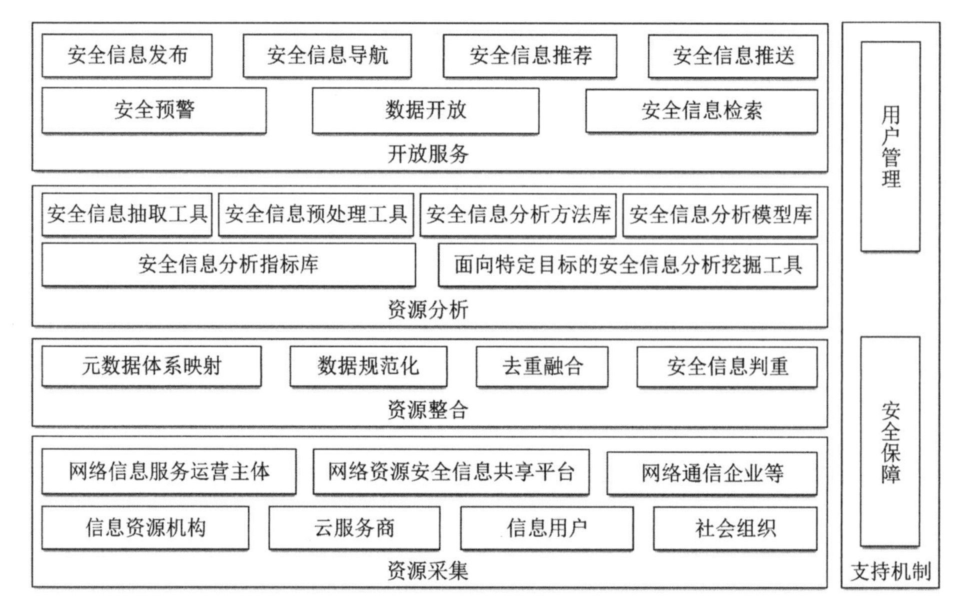

图 9-5 网络安全信息共享平台架构

享平台。前几类主体侧重于提供自身直接采集或生成的安全信息，后者则主要是通过共享的形式提供汇聚后的安全信息或通过分析、挖掘形成的安全信息。

②资源整合。不同来源的安全信息可能存在重复、异构、不完整等问题，需要通过整合实现资源的规范化，为后续的深度分析挖掘与服务利用奠定资源基础。在实现中，需要采用物理整合的策略，将获取的信息资源整合后统一存入数据仓库。其中较为关键的两个问题是：第一，异构元数据体系映射，网络信息服务机构、网络通信企业、云服务商等既有的安全信息管理系统中，安全信息的元数据结构异构，为实现此类存量数据的整合利用，首先需要解决元数据映射问题；第二，安全信息的判重，共享平台可能通过不同渠道采集同一信息，而且信息内容上不完全一样，因而需要采用综合考虑多特征的安全信息判重策略。

③资源分析。将重复数据筛选出来，通过融合处理得到完整性、准确性更好的安全信息，在此基础上的资源分析。模块的定位是提供安全信息的自动化分析及人工分析支持。为此，需要利用安全信息自动抽取、预处理工具，面向特定功能的自动分析与挖掘，以及支持人工分析的方法库、模型库、指标库等支持资源，如安全威胁严重性评价指标与算法等。

④开放服务。该模块的定位是面向各类用户提供相应的安全信息服务，主

要包括信息发布服务，即支持共享平台及各类注册用户在平台上发布信息；安全信息检索、导航、推送及推荐服务，即根据共享所得的安全信息及深度分析挖掘获得安全信息，向信息资源机构及各类主体发布安全预警信息；数据开放服务，向各类社会主体开放其所获取的安全信息资源，提升安全信息资源的价值。

⑤用户管理。此处的用户既包括平台注册的法人、自然人，也包括与平台相互连通的信息系统，其需要实现的功能主要包括用户注册、认证管理、信用管理、权限管理、用户画像、访问控制等方面。权限管理环节，需要设计合理的权限授予体系，对用户类型进行细分，并在此基础上进行基于角色的细粒度权限体系划分；同时，还需要支持用户进行好友管理，进行基于分组的好友权限管理，以实现其所分享信息的差异化共享控制。

⑥安全保障。网络安全信息共享平台中包含了很多敏感信息，其自身的安全性也非常重要，安全保障体系构建中需要能够防范有组织性的高强度安全攻击。同时，需要特别注意安全信息发布与共享中的隐私保护，必要情况下，需要采取数据脱敏等手段对待发布与共享的数据进行处理。

9.2.2 云服务安全基础资源库建设

推进网络安全基础资源库建设，有助于帮助深化对资产脆弱性、安全威胁的识别，为优化网络安全事前防护部署、事中准确检测预警和应急响应提供支持。

(1)网络安全基础资源库建设任务

根据网络信息安全风险形成机理，基础资源库需要涵盖安全威胁、脆弱性、安全措施三个方面。其中，安全威胁方面主要是恶意程序、安全攻击工具；脆弱性方面主要是各类设备、系统、软件的安全漏洞信息；安全措施方面主要是各类设备、系统及软件的补丁信息。

①恶意程序信息库。该类资源库应尽可能全面、及时地采集各类恶意程序信息，为安全态势分析、入侵检测、安全审计、安全防御等安全工作开展提供基础支持。恶意程序信息库中，除了应收录恶意程序代码外，还应对相关信息进行采集与标注，包括名称、别名、类型(陷门、逻辑炸弹、特洛伊木马、蠕虫、细菌、病毒等)、依赖系统、行为类型、病毒发作、病毒长度、传播途径、症状、防御措施、恢复措施、危险程度等。其中最为关键的是收录恶意程序样本，这对安全防御工具的研发及措施部署具有重要影响。

②安全攻击工具信息库。安全攻击工具是指被用于实施网络攻击的恶意

IP 地址、恶意域名、恶意 URL、恶意电子信息，包括木马和僵尸网络控制端、钓鱼网站，钓鱼电子邮件、短信/彩信、即时通信等。攻击工具信息库中，除了应收录攻击工具外，还应包括名称、别名、类型、针对设备、针对系统、受攻击对象等信息。与恶意程序类似，其最重要的也是收录样本信息，进而为全网范围内的传播监测与禁止提供支持。

③信息安全漏洞库。该资源库应尽可能全面、及时采集各类安全漏洞信息，为信息安全风险分析、预防、检测等安全工作开展提供支持。漏洞库建设中，需要采集的信息包括漏洞名称、别名、危害等级、漏洞类型、最早发现时间、漏洞来源、威胁类型、厂商名称、产品名称、受影响版本、漏洞存在位置、利用方式、是否已发布补丁、漏洞简介、漏洞公告、受影响实体、补丁地址等。按照 CNNVD 的分类体系，信息安全漏洞分类如图 9-6 所示。

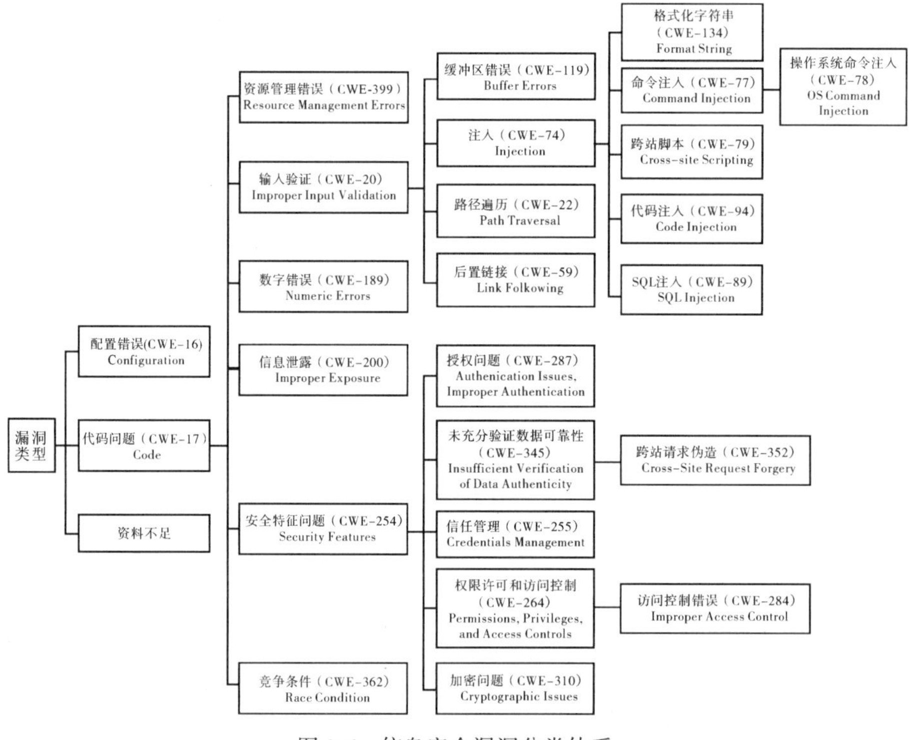

图 9-6 信息安全漏洞分类体系

④信息安全补丁库。该资源库应尽可能全面、及时采集各类安全补丁信息，为安全漏洞及时修复提供支持。在建设过程中，需要著录的信息包括补丁

名称、针对的补丁、补丁大小、重要级别、发布时间、厂商、下载链接。尽管其所针对的漏洞相关信息也非常重要，但为避免重复建设，可以在利用阶段通过跨库信息资源共享实时获得。

(2)网络信息安全基础资源库建设推进

网络信息安全基础资源库属于具有较强外部性的基础资源库，通过向社会开放，将能够促进安全保障水平的提升；也是建设难度大的信息资源，需要较多的人工参与，尤其是专业人员的参与。基于此，应将其视为公共物品，由国家进行统一建设。在实施推进中，需要推进各类社会化主体的共同参与，同时建立社会化主体协同参与机制。

第一，恶意程序、安全攻击工具、安全漏洞与补丁信息的分布极其分散，单一主体几乎不可能在第一时间发现这些安全信息。为保证网络信息安全基础资源库信息覆盖的完整性，需要多方力量协同参与，这就必然需要国家层面的统一协调、部署推进。在我国现行体制下，这些基础工作由工业和信息化部组织推进，在部门职能上，工信部属于通信产业的主管部门，而在安全基础资源库建设中，需要协同主体深入参与其中，由工信部组织，更容易进行相关工作的协调推进。同时，在国家信息安全治理中，工信部网络安全局负责电信网、互联网网络与信息安全技术平台的建设和使用管理，安全基础资源库显然属于信息安全技术平台的组成部分，故而也是工信部职能范围内的工作。在实施过程中，工信部的主要职责是负责设计需要采集的各类安全信息资源的元数据框架与相关标准，搭建国家网络安全基础资源采集与服务平台，建立多方协同参与的社会化协同机制，推进安全信息基础资源库质量控制。

第二，构建国家网络安全基础资源建设与开放服务平台。为实现社会化主体的协同参与及面向全社会的开放服务，需要构建网络平台作为支撑工具。鉴于四类基础资源具有不同的特征和处理流程，需要分别建立独立的资源建设系统。为实现多主体协作，还需要建设用户管理系统，实现用户的权限管理；在建设基础上，建立服务应用系统，促进安全基础资源的价值实现。安全基础资源库包括恶意程序信息采集系统、安全攻击工具信息采集系统、信息安全漏洞采集系统、信息安全补丁采集系统，四个子系统分别对应四种不同的基础资源。在每一个子系统建设中，都需要完成以下几个方面的核心工作：一是元数据框架体系设计，需要结合拟采集信息自身的特点及应用需求，进行元数据框架体系设计；二是设计安全信息资源整合功能，外部已经有一些组织机构建设了一定的基础安全信息资源，为实现这些资源的批量采集入库，需要实现资源整合功能；三是设计安全信息资源填报功能，为便于各类社会化主体参与到资源建设中来，需要向其提供单条信息的填报录入与批量导入功能；四是设计安全信息资源审核完善功能，为保障所采集的信息安全质量，需要对社会化主体填报的安全信息进行审核与完善，如大部分普通用户不具备判断漏洞危险等级的能力，需要由专业人士评估完善。

为推进安全基础信息资源的价值实现，需要推进数据资源的有序开放与服务组织。一是提供数据的开放获取，以便于网络服务中的安全技术应用；二是提供安全基础信息资源嵌入服务，满足相关需求；三是基于基础信息资源的分析挖掘提供安全增值服务，如安全报告、安全预警等。除了提供基础的注册、登录认证功能外，用户子系统需要进行精细化的权限控制管理，为不同类型的用户提供差异化的安全权限；进行用户画像，全面、准确刻画其特征及需求，为个性化服务组织提供支持。此外，信息安全基础资源建设与开放服务平台本身也属于重要的信息系统，需要同步做好安全保障工作。

第三，需要建立信息安全部门、网络信息服务机构和用户等的协同参与机制。为实现各类社会化主体的有序参与，在网络信息资源安全基础资源库建设中应充分发挥各自作用长，需要建立相应的机制。一是战略合作机制，工信部需要推动信息安全厂商、云服务商和电信企业工作进行其参与基础安全信息资源的共享的推进，对于具有不同专业结构的用户赋予不同的权限。二是建立社会化主体参与的激励机制，多措并举地激励各团体、组织与个人的积极参与。

9.3　云服务安全法制体系与标准建设

法律法规能够为云服务安全保障中利益协调、行为规范提供依据，标准规范则能够为安全保障的实施方案设计、质量评价提供规范。当前，我国国家网络信息安全保障相关法律法规和标准规范有待进一步完善，因此需要加快建设，形成系统的制度体系。

9.3.1　国家信息安全法律法规体系的完善

经过近年的工作，我国已经初步形成了以网络安全法为基础、以行政法规为主体、以部门规章为支撑的国家网络安全法律法规体系，涵盖网络安全审查、用户隐私保护、安全评估、党政机关网站安全管理等方面。通用性的政策法规如表 9-1 所示。

表 9-1 我国网络信息资源安全法律法规

类型	法律法规名称
法律	中华人民共和国网络安全法
法律	中华人民共和国密码法
法律	中华人民共和国电子签名法
法律	全国人民代表大会常务委员会关于加强网络信息保护的决定
法律	全国人民代表大会常务委员会关于维护互联网安全的决定
行政法规	中华人民共和国电信条例
行政法规	计算机信息网络国际联网安全保护管理办法
行政法规	中华人民共和国计算机信息网络国际联网管理暂行规定
行政法规	中华人民共和国计算机信息系统安全保护条例
部门规章	网络安全审查办法
部门规章	电信和互联网用户个人信息保护规定
部门规章	儿童个人信息网络保护规定
规范性文件	云计算服务安全评估办法
规范性文件	互联网新闻信息服务新技术新应用安全评估管理规定
规范性文件	移动互联网应用程序信息服务管理规定
政策文件	App 违法违规收集使用个人信息行为认定方法
政策文件	关于加强国家网络安全标准化工作的若干意见

总体来看，围绕网络信息资源安全，虽然已经有了网络安全法这一基础法律，以及一些配套的法规、政策、规章、规范性文件、地方法规等，但配套的政策法规体系仍然不够健全，致使部分网络安全法中的规定仍停留在原则和框架层面，可操作性不足；围绕网络安全法中围绕信息资源部分的规定仍不够全面，还需要推进专门针对信息资源安全的基础法律制定。同时，网络信息安全领域的变革较快，现存的法律法规中存在彼此之间的协调问题，因此需要适时推进相关法律法规的修订，提高法律法规的协调性、权威性和有效性。结合我国网络安全治理的实际需要及法律法规体系建设需要，应重点推

进数据安全、个人信息保护立法，提升网络信息资源安全基础法律体系的完整性；从关键信息基础设施安全保护立法、出境数据安全评估立法、网络安全信息共享立法、网络信息资源安全分级分类管理立法、行业网络信息资源安全制度体系健全等方面加快网络安全法配套制度体系建设；从完善已有法律法规的责任体系、提升法律法规间的协调性、结合执法实践修订完善等方面适时修订完善既有法律法规体系。法律法规体系完善的总体思路如图 9-7 所示。

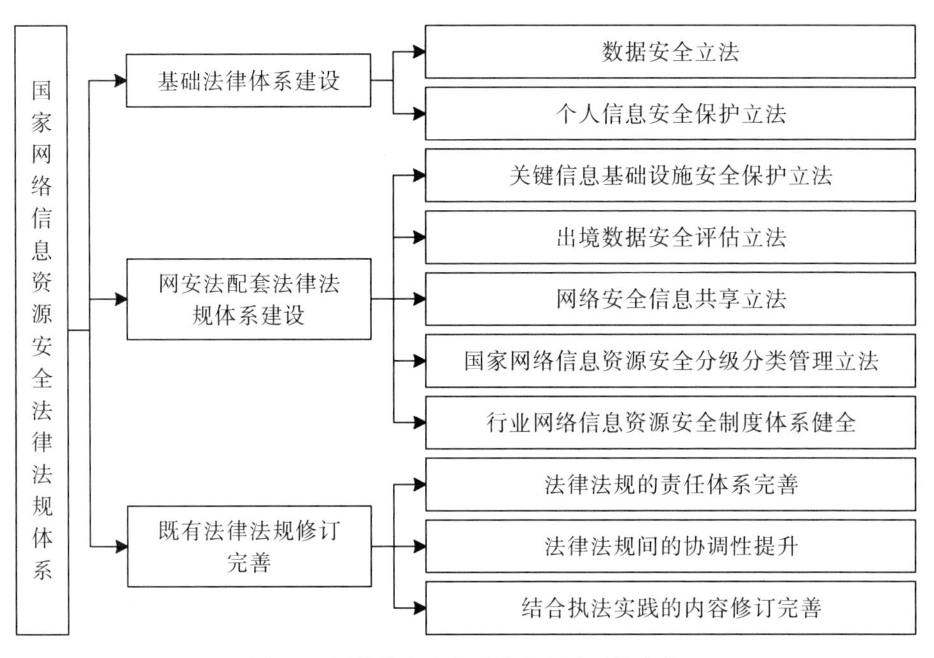

图 9-7　网络信息安全法律法规体系的完善

在法律法规建设中，应注重以下问题：

①加快关键信息基础设施安全保护立法进程。推进关键信息基础设施安全保护立法有助于加强对特别重要的网络信息资源及系统的安全防护，增强网络安全法的可操作性。立法中，需要对关键信息基础设施的认定标准和程序、网络安全等级的划分和具体要求等法律规定比较原则的内容进一步予以明确；对关键信息基础设施如何进行年度检测评估、网络运营者和管理部门如何统一发布网络安全预警信息等，也有待配套法规规章予以明确；同时，需要明确关键信息基础设施保护中各个部分的职责划分，以便于实现部门之间的协调。此

外，还需要注重关键信息基础设施安全保护与等级保护的协调性，既要避免两者的矛盾，又要体现在等级保护安全要求上的进一步提高。

②加快出境数据安全评估立法进程。对于出镜数据，开展安全保护的核心是实行出境许可制度，只有通过出境数据安全评估的网络信息资源，方可在一定条件下向境外传输。为增强出境数据安全评估的可行性，网信、工信、公安、国安等部门需要尽快出台配套规章或文件。在制度设计中，一是需要突破网络安全法中关键信息基础设施数据出境方才需要进行安全评估的限制，将其范围拓展至全部的网络信息资源，其原因是部分对国家安全可能产生影响的数据，并未被纳入关键基础信息设施的范畴；二是细化安全评估的过程指引，为网络信息资源运营主体的自评和相关部门的安全评估提供更具有可操作性的执行细则，提高评估结果的客观性、可预期性，减轻网络信息资源运营主体的数据安全合规成本。

③加快个人信息保护立法进程。尽管多数情况下单个用户的个人信息并不足以危害国家安全，但海量用户的个人信息遭到泄露就可能从多个方面威胁国家安全。因此，网络信息资源安全法律法规建设中也要关注个人信息保护。借鉴国外实践经验并结合我国的法治环境，当前所采取的制定个人信息保护单行法规的策略是合理的。当前，应该加快立法进程，尽快完成个人信息保护法草案稿的修改完善，提请全国人大常委会会议审议。制定法律时，需要特别关注明确网络运营者收集用户信息的原则、程序，明确其对收集到的信息的保密和保护义务，对不当使用、保护不力应当承担的责任，以及监督检查和评估措施；要研究完善用户实名制的范围和方式，抓紧制定用户个人信息采集和应用标准，实行分级分类管理，明确区分一般信息、在特定领域使用的信息、仅供本人使用或者本人同意才能使用的信息等，避免信息采集主体过多、内容过度，以及网络信息资源运营主体在个人信息利用、开放、共享中的保护规则。此外，在立法过程中，还需要注重与网络安全法等相关法律的协调性。

④加快数据安全保护立法进程。在既有法律法规中，《中华人民共和国国家安全法》可以发挥宏观导向作用，但未提供具体的数据安全行为指引；《中华人民共和国网络安全法》也仅对网络数据做了部分规定，全面性不足，故而需要专门围绕数据安全保护进行立法。围绕这一主题，国家已经颁布了《中华人民共和国数据安全法(草案)》和《数据安全管理办法(征求意见稿)》，当前应加快立法进程，尽快完成相关法律法规的出台。在内容方面，数据安全法律法规应当以总体国家安全观为指导，立足于安全与发展兼顾的价值定位，秉持

公法属性，致力于维护国家安全、数据主权和社会公共利益，促进数据经济和有序开放共享；同时，应当确定一个多维度、可操作的数据安全等级评估框架，并制定不同安全等级数据的行为规范。

⑤网络安全信息共享立法。共筑网络安全防线，建立网络安全威胁信息共享机制，急需立法予以保障。我国《国家网络空间安全战略》以及有关规划、纲要等已经明确了要建立网络安全信息共享有序机制，《中华人民共和国网络安全法》以及工信部《互联网网络安全信息通报实施办法》《公共互联网网络安全威胁监测与处置办法》等规章也有若干规定，如《中华人民共和国网络安全法》虽然规定了"促进有关部门、关键信息基础设施的运营者以及有关研究机构、网络安全服务机构等之间的网络安全信息共享"，网络运营者应"按照规定向有关主管部门报告"网络安全事件，"国家建立网络安全监测预警和信息通报制度"，但只停留在框架性的规定层面，缺乏有效的实践操作规则。在有关网络安全信息共享主体、范围、共享方式、具体责任等基本规则尚未确立的情况下，更遑论形成成熟的网络安全信息共享体系。因此，我国有必要尽快出台网络安全信息共享条例，在行政法规层面进一步明确网络安全信息共享的主体、共享机制、共享信息范围、激励措施和隐私保护措施，界定政府机构与私营部门的职责，规范信息处理等级，从顶层设计上强化对网络安全的预警和紧急防护机制，为网络安全信息共享立法提供明确导引。

⑥加快网络信息资源安全分级分类管理立法。为实现网络信息安全的精准治理，需要避免一刀切的管理措施，以便于推进分级分类管理。网络安全法等法律法规就这一制度也进行了原则性规定，同时工信部、证监会分别针对工业数据和期货数据发布了分级分类的指导性文件，然而原则性规定可操作性不足，具体行业的分级分类政策普适性不足，而且缺乏针对不同等级、类型的网络信息资源安全保障、监督的具体规定。基于此，为落实网络信息资源安全的分级分类治理，需要加快相关法规的制定，从国家安全角度出发，规范网络信息资源的层级、类目体系，提出不同层级、类目的网络信息资源安全防护、监管的要求，为具体行业数据的分级分类、监管治理提供指导，提升行业间网络信息资源安全分级分类管理的协调性。

⑦健全行业网络信息资源安全制度体系。鉴于各行业信息资源具有自身的独特性，仅依靠通用性的国家网络信息资源安全法律法规难以进行有效监管与约束。为此，各行业均进行了行业性制度建设探索，如围绕工业数据，出台了加强工业互联网安全工作的指导意见、工业数据分类分级指南(试行)、工业控制系统信息安全防护指南等；围绕金融领域，出台了《金融业信息安全协调

工作预案》《商业银行信息科技风险管理指引》《银行、证券跨行业信息系统突发事件应急处置工作指引》《银行业金融机构信息科技外包风险监管指引》《证券期货行业信息安全保障管理办法》《证券期货行业信息安全事件报告与调查处理办法》等政策法规。但总体来说，行业网络信息资源安全政策法规体系仍不健全，而且行业之间存在不平衡现象。基于此，各行业应立足于行业特点，建立网络信息资源安全政策法规体系框架，为行业制度体系建设提供顶层设计；并加快制度建设速度，优先保障急需领域的政策供给。

⑧修订完善已有法律法规的责任体系。《中华人民共和国网络安全法》及《中华人民共和国数据安全法(草案)》中针对数据安全规定的责任体系过于粗糙，难以适应发展与安全兼顾的要求。例如，《中华人民共和国网络安全法》第六十六条对违反数据跨境传输规定了相应责任，可以对关键信息基础设施运营者处以五万以上五十万元以下的罚款，并可责令暂停相关业务、停业整顿、关闭网站、吊销相关业务许可证或者吊销营业执照。总体来看，罚款的额度偏低，责任与社会危害性不协调，难以有效发挥威慑作用；而暂停相关业务、停业整顿、关闭网站、吊销相关业务许可证或者吊销营业执照等措施又过于严厉，没给网络信息资源运营主体留出发展试错的政策空间。不难看出，现有责任体系从过于轻微的罚款到过于严厉的“死刑”之间没有合理的过渡性惩罚措施，导致法律法规的有效性不足。

在责任体系的完善中，可以借鉴国外的“合规计划”(compliance program)实践，通过量刑激励促进企业的自我管理，以弥补国家法律规制的不足，从而形成对企业犯罪双管齐下的局面。一方面，避免直接关停这种过于严厉的处罚措施，使得网络信息资源运营主体的业务可以延续；另一方面，可以通过合规管控网络信息服务风险，构建安全的网络发展空间。

除了责任体系外，修订过程中还需要加强法律法规间的协调性，解决因为立法层级过多、公私利益混杂等问题引发的法律规范冲突问题，提升法律的严肃性和权威性。

9.3.2　云服务安全标准体系的完善

安全标准的制定和实施是提升网络信息安全保障能力和效果的重要途径，已受到各国的关注。我国早在1995年就制定了第一项信息安全标准，此后随着信息安全保障实践的要求和信息技术的变革，不断丰富与完善信息安全标准体系。截至目前，以颁布网络信息资源安全相关标准(含已废除和待施行)500项，各年份制定的标准数量如图9-8所示。

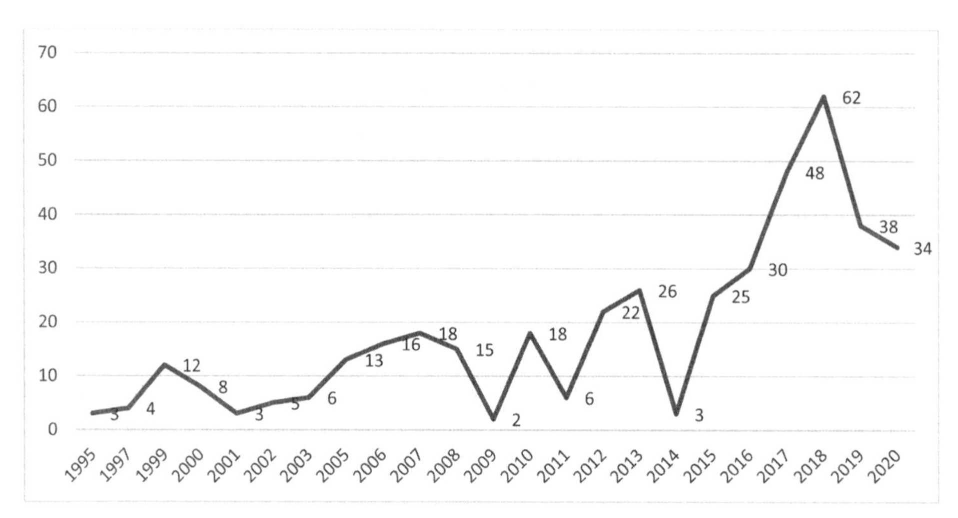

图 9-8 我国信息安全标准制定情况

从图 9-8 中可以看出，自 2014 年中央网络安全与信息化领导小组成立以来，我国就加大了信息安全标准的工作力度，既有信息安全标准的修订和新标准的制定速度明显加快，初步形成了全面涵盖软件、硬件、物理环境、数据等方面的安全防护与管理的标准体系。为适应新一代信息技术环境带来的变化，自 2013 年以来也开始了相关安全标准制定工作，目前已完成专门针对新一代信息技术的安全标准 43 项，各领域的分布如图 9-9 所示。

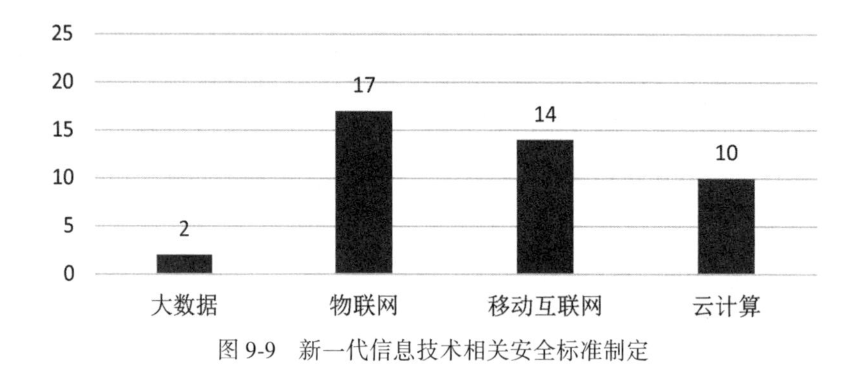

图 9-9 新一代信息技术相关安全标准制定

从内容上看，大数据相关的安全标准涵盖大数据服务安全能力要求和大数据安全管理指南；云计算相关的安全标准涵盖云计算安全架构、云服务安全能力要求及评估方法、云服务安全指南及运行监管，以及电子政务领域云计算安全标准；移动互联网相关的安全标准侧重于移动智能终端安全、移动互联网应用服务器安全，以及电子政务移动办公系统安全技术规范；物联网相关的安全标准侧重于物联网安全参考模型及通用要求、传感器网络安全、感知层安全、射频识别系统安全、数据传输安全及公安物联网安全标准。

总体来说，尽管信息安全标准体系已初步形成，但仍然不够完善，一是当前的标准侧重于技术、设备、信息系统安全管理相关领域，对数据本身的安全关注不够，专门标准欠缺；二是围绕新一代信息技术及相关应用的安全标准未能完整地覆盖大数据、物联网、云计算、移动互联网领域，人工智能相关的安全标准有待完善；三是虽然有了少量面向具体行业、领域的安全标准，但总体供给仍然不足，不少行业领域急需更具有针对性的安全标准。此外，还需要加强标准制定的管理和实施推进，提升安全标准的质量和应用范围、深度，从而在网络信息安全保障中发挥更大作用。

(1)加强网络信息资源安全标准的顶层设计

为推动网络信息安全标准与国家相关法律法规的配套衔接，满足网络信息资源安全防护、管理要求，提升标准制定工作的计划性、有序性，需要加强安全标准研制的顶层设计。在标准建设上，需要整合精简强制性标准，并在重要网络信息资源安全防护领域制定强制性国家标准；优化完善推荐性标准，在基础通用领域制定推荐性国家标准；针对有特殊需求的行业，制定推荐性行业标准，提升安全标准的适用性。

同时，为系统推进行业安全标准制定与实施，需要加强顶层设计，明确网络信息安全标准体系的框架，并综合考虑标准间依赖关系、实践需求和难易程度，制定标准体系设计、实施路线图，从而使标准工作的开展更加有序，标准间互相协调不冲突。同时，在符合应用要求的情况下，尽量沿袭或借鉴已有安全标准的内容，避免无谓的重复建设，提高标准制定效率。

网络信息安全标准体系包括基础共性、关键技术、安全管理、重点领域四大类标准。基础共性标准包括术语定义、数据安全框架、数据分类分级，相关标准为各类标准提供基础性支撑。关键技术标准从数据采集、传输、存储、处理、交换、销毁等数据全生命周期维度对数据安全关键技术进行规范。安全管理标准从网络信息安全保护的管理视角出发，规划行业有效落实法律法规中网络信息安全管理标准制定，包括数据安全规范、数据安全评估、监测预警与处置、应急响应与灾难备份、安全能力认证等。重点领域标准结合相关领域的实际情况和具体要求，安全标准体系框架如图 9-10 所示。

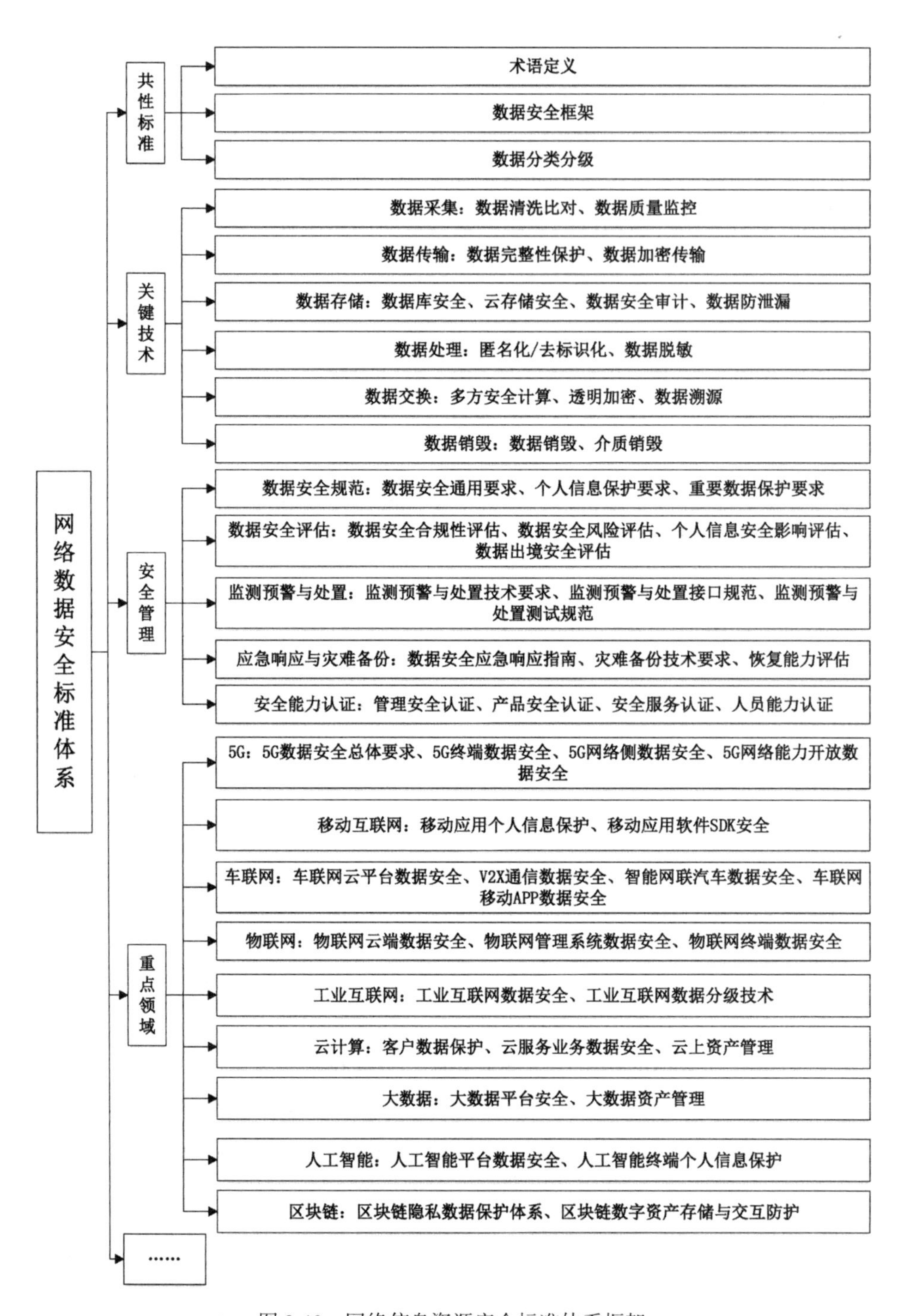

图 9-10　网络信息资源安全标准体系框架

结合当前信息安全标准体系建设状况，后续需要重点推进以下几个方面的安全标准建设工作：①网络信息安全分级分类标准，需要给出数据分类分级的基本原则、维度、方法、示例等，为数据安全分类、分级保护提供依据，为数据安全规范、数据安全评估等方面的标准制定提供支撑；②围绕数据加工处理的关键环节，需要加快大数据采集、云存储安全审计、数据安全共享、隐私保护方面的标准设计，确保大数据采集环节能够有效清洗掉低质、错误数据，应用云服务时能保证存储安全，开放共享中不会出现数据的泄露、非授权操作，以及确保人工智能环节下的隐私信息不会泄露；③加快制定网络信息安全风险与出境安全评估、监测预警与处置标准，用于发现安全防护中的安全风险及网络信息资源、系统实时面临的安全风险，为及时化解安全风险提供支撑；④加快重点行业领域的安全标准设计，结合重大战略需求及重大安全事件易发行业领域，推进行业安全标准设计，主要包括移动互联网、工业互联网、大数据、人工智能领域，以及金融、能源、交通、教育、电子政务等重要行业领域。

(2)在提升网络信息安全标准质量的同时推进标准实施

为提升网络信息安全标准的质量，在工作机制上，需要建立统一权威的领导机制，由全国信息安全标准化技术委员会在国家标准委的领导下，在中央网信办的统筹协调和有关网络安全主管部门的支持下，对网络安全国家标准进行统一技术归口，统一组织申报、送审和报批，其他涉及网络信息资源安全内容的国家标准，应征求中央网信办和有关网络安全主管部门的意见，确保相关国家标准与网络安全标准体系的协调一致；探索建立跨行业协调机制，确保行业标准与国家标准的协调和衔接配套，避免行业标准间的交叉矛盾；加强网络安全领域技术研发、产业发展、产业政策等与标准化的紧密衔接与有益互动，充分发挥标准对产业的引领和拉动作用。

在标准的制定中，需要注重开展前期调研、征求意见、测试、公示等工作，保证标准充分满足网络安全管理、产业发展、用户使用等各方需求，确保标准管用、好用。提高标准制定的参与度和广泛性，鼓励和吸收更多的网络信息运营主体、高校、科研院所、检测认证机构和用户等各方实质性参与标准制定，注重发挥企业的主体作用。加强标准制定的过程管理，建立完备的网络安全标准制定过程管理制度和工作程序，细化明确各阶段的议事规则，优化标准立项和审批程序，以规范严谨的工作程序保证标准质量。

此外，还需要加强标准化基础能力建设。加快建设网络信息安全技术与标准试验验证环境，提升标准信息服务能力和标准符合性测试能力，提高标准化综合服务水平。

(3)强化网络信息安全标准实施

在标准实施中，需要综合发挥政府、行业组织的力量，通过传统媒体、互联网等多种渠道公开发布网络信息资源安全标准，并将标准宣传实施与网络安全管理工作相结合，促进应用部门、网络信息服务等机构标准的应用。标准的制定归根到底要落实到产业应用中，需要针对重点行业、领域、地区，开展大数据标准试验验证和试点示范工作；发挥各地区、各部门在网络安全标准实施中的作用，在政策文件制定、相关工作部署时积极采用国家标准。各行业主管监管部门要按照网络安全国家标准制定实施指南和规范，指导网络安全管理工作。同时强化标准对市场培育、服务能力提升和行业管理的支撑作用，指导第三方机构，建设重点标准应用公共服务平台，开展大数据标准符合性评估、测试工作。

9.4 面向云服务的信息安全保障水平提升

在风险应对中，信息安全的本质是技术对抗，在于通过信息安全技术保障网络安全。当前，我国信息安全产业规模快速增长、产品体系相对完善、创新能力逐步增强、发展环境明显优化，但与网络信息安全保障要求相比，还存在核心技术欠缺、产业规模较小、产业协同不够等问题。因此，为完善网络信息安全治理机制，需要发展信息安全产业，以提升信息安全技术支撑保障水平。

9.4.1 信息安全关键技术的突破与前瞻布局

技术是信息安全产业发展的核心要素，也是其打造核心竞争力的关键。为实现信息安全产品与服务的自主可控，改进信息安全治理效果，必然离不开关键技术的突破。同时，为保障未来的产业竞争力，还需要围绕具有重大发展潜力的信息技术、细分产业领域、安全技术方向进行前瞻布局。

(1)推进网络信息安全关键技术的突破

在网络信息资源安全关键技术突破方向选择中，需要以构建先进完备的信息安全产品体系为目标，聚焦网络安全事前防护、事中监测、事后处置等环节需要，着力提升隐患排查、态势感知、应急处置能力；还需要面向新一代信息技术应用形成的新的细分产业领域，进行针对性的安全技术体系研发。综合考虑网络信息安全保障实践需求、自主可控的必要性、是否可以外部引进等因素，应当重点突破可计算加密、数据脱敏、漏洞挖掘、未知威胁监测、实时防御、工业互联网、人工智能、区块链等基础技术方向与新兴行业领域的安全技术，如图 9-11 所示。

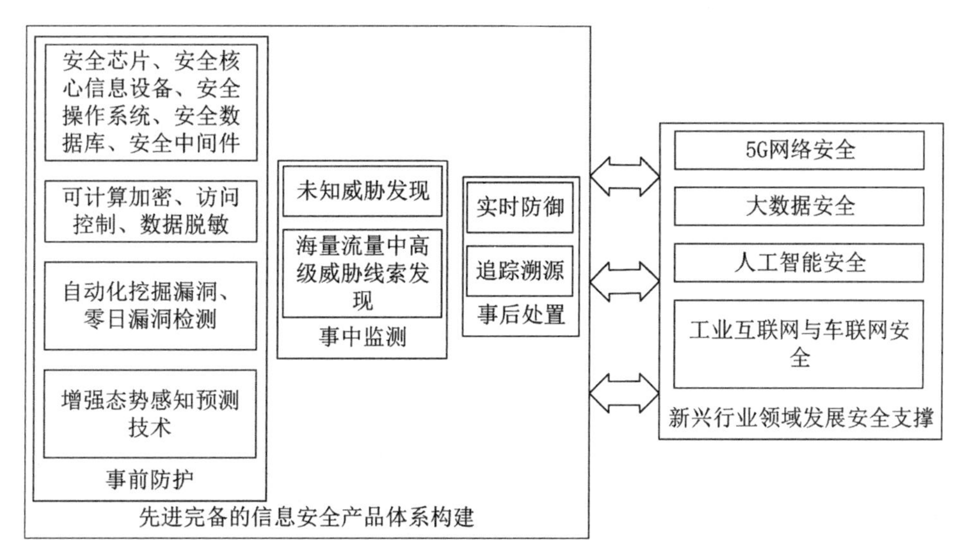

图 9-11　网络信息安全关键技术突破方向

①网络信息资源基础安全技术。为提升网络信息安全事前防护能力，需要着重提升脆弱性削减与隐患排查能力。一是加强安全芯片、安全核心信息设备、安全操作系统、安全数据库、安全中间件的研发，夯实网络信息资源系统的安全基础；二是突破可计算加密、访问控制、数据脱敏技术，从源头上进行安全风险控制，减少网络信息资源脆弱性的暴露；三是积极探索大数据、人工智能、数据挖掘等信息技术的应用，提升自动化挖掘漏洞、零日漏洞检测能力，及时发现安全隐患；四是提高态势感知预测技术，基于大数据分析与宏观微观态势研判，实现对重大网络攻击事件的提前预警，及时做好防范与有效应对。为提升网络信息资源安全事中监测能力，需要重点突破网络安全威胁监测技术，一是加强机器学习、人工智能、区块链等新技术的应用，着力提升网络安全未知威胁发现能力；二是加强大数据分析技术在安全威胁分析中的应用，提升海量流量中高级威胁线索发现水平。围绕网络信息安全事后处置能力，需要加强网络攻击实时防御技术研发，实现检测体系与处置体系的实时联动，确保受到网络攻击时能第一时间高效处置；加强追踪溯源技术研发，提升安全威

胁处置与威慑能力。

②新兴行业领域安全防护技术的突破。伴随着新一代信息技术的发展，一些新兴的行业领域逐渐发展壮大，并有望成为数字经济的重要组成部分。为保障这些行业领域的健康发展，需要实现专门性的安全防护关键技术突破。5G网络安全方面，应重点面向增强移动带宽、低时延高可靠、海量大连接三大主要应用场景的安全需求，开展网络功能虚拟化、网络切片、边缘计算等关键环节的风险识别、威胁监测、安全防御、安全检测、备份恢复综合解决方案研究。工业互联网与车联网安全方面，应围绕装备、电子信息、原材料、消费品、石化、能源等重点行业领域进行研究与实践探索，着力为智能化生产、个性化定制、网络化协同、服务化延伸等智能制造典型场景下的安全保障提供全面涵盖硬件、软件、网络的解决方案；针对先进驾驶辅助、车路协同、自动驾驶、智慧交通等车联网的典型细分领域，围绕智能驾驶系统安全、车联网平台安全、无线通信安全、复杂环境安全感知、高精度时空服务安全等方面进行安全认证、数据防护、威胁监测、安全测试等方面的安全产品与服务的研发。大数据安全方面，围绕大数据基础设施、大数据汇聚存储、共享等方面的安全需求，设计资产识别、分级分类防护、加密脱敏、安全共享、泄露溯源等方面的安全解决方案。人工智能安全方面，需要着力在平台安全、算法安全、数据安全等领域通过通用性的安全产品与服务，结合具体应用行业、场景特点提供专门性解决方案。

(2)推进网络信息资源安全技术前瞻布局

按照信息安全与信息化统一布局、统一谋划、统一推进的指导思想，为应对未来可能成为主流的新技术、新业态，需要加强信息安全技术的前瞻布局；同时，还需要开展信息安全新理念、新架构前瞻研究，通过信息安全范式的创新提升安全防护能力。

当前视野范围内，可能会成为新一代主流 IT 技术并形成新业态的方向包括量子计算、下一代互联网、6G 通信技术、太赫兹通信、可见光通信等。这些颠覆性新技术将从计算能力、网络传输、通信能力等方面改变现有的 IT 技术格局，引发新一轮数字经济产业变革，带来数字经济新的增长点，但同时也将引发新的安全问题。为实现技术发展与安全保障的协同，应当进行这些领域的信息安全关键技术研发的前瞻布局。

在信息安全技术研究中，除了基于当前的主流范式进行关键技术突破外，还需要关注拟态防御、可信计算、零信任安全等信息安全的新理念、新架构。

这种跨范式的信息安全理论与技术创新有可能打破既有安全技术的束缚，实现当前技术框架下难以解决的疑难问题，推动网络信息安全保障能力再上新台阶，并在世界范围内建立网络安全产业的竞争优势。

9.4.2 云服务中的全面安全保障的推进

当然，虽然信息安全厂商已经提供了多种信息安全产品，大大降低了网络信息服务中的安全保障难度和成本，然而，信息安全的技术演进很快，安全厂商推出的安全产品也面临频繁迭代更新的问题，有可能反而成为网络信息系统脆弱性的影响因素，而出现新的安全威胁。基于此，需要倡导“安全即服务”的理念，鼓励提供更多、更丰富的安全服务和解决方案，提升网络信息安全监管的水准。

推进网络信息安全保障服务模式创新的核心目标是实现更大范围的安全保障与安全监管外包，提升安全保障与监管工作的专业水平，并同步实现工作成本的降低。因此，其基本实施思路是：系统分析不同类型、行业的网络信息监管中的安全保障与监督业务活动，界定每一环节的边界，进而创新信息安全服务模式，实现每一环节安全工作的外包化处理。在此过程中，应提升信息安全服务的自动化和智能化水平，以保障信息安全服务形成规模经济效益。

围绕网络信息安全治理的需求，信息安全企业及相关组织机构可以从信息安全防御服务、安全值守与应急响应服务、安全情报与咨询服务、安全风险评估与测评认证服务等方面进行安全服务模式创新，如图 9-12 所示。

(1)安全情报与咨询服务

此类服务的核心价值在于为安全工作开展与决策提供知识支持，提升安全工作部署的有效性与决策质量，包括网络安全规划咨询、威胁情报、安全态势分析、安全攻击趋势预测、智能咨询等。这类安全服务业务业已存在，当前进行服务创新与深化的重点是提升服务的精准性、预测性和自动化水平，即安全情报与咨询服务内容需要与机构实际情况相吻合，不应提供过多的无价值信息，引发信息过载；安全情报的提供不能仅是关于现状的描述，还需要能够智能预测其未来发展，为安全工作部署提供更广泛的支持。

(2)安全风险评估与测评认证服务

这两类服务都是以对信息资源及相关资产的脆弱性、安全威胁与防护措施、管理机制的分析测试为基础，业务开展需要以具备资格为前提。两者的区别在于，安全风险评估服务的目标是分析信息资源及相关资产所面临的安全风

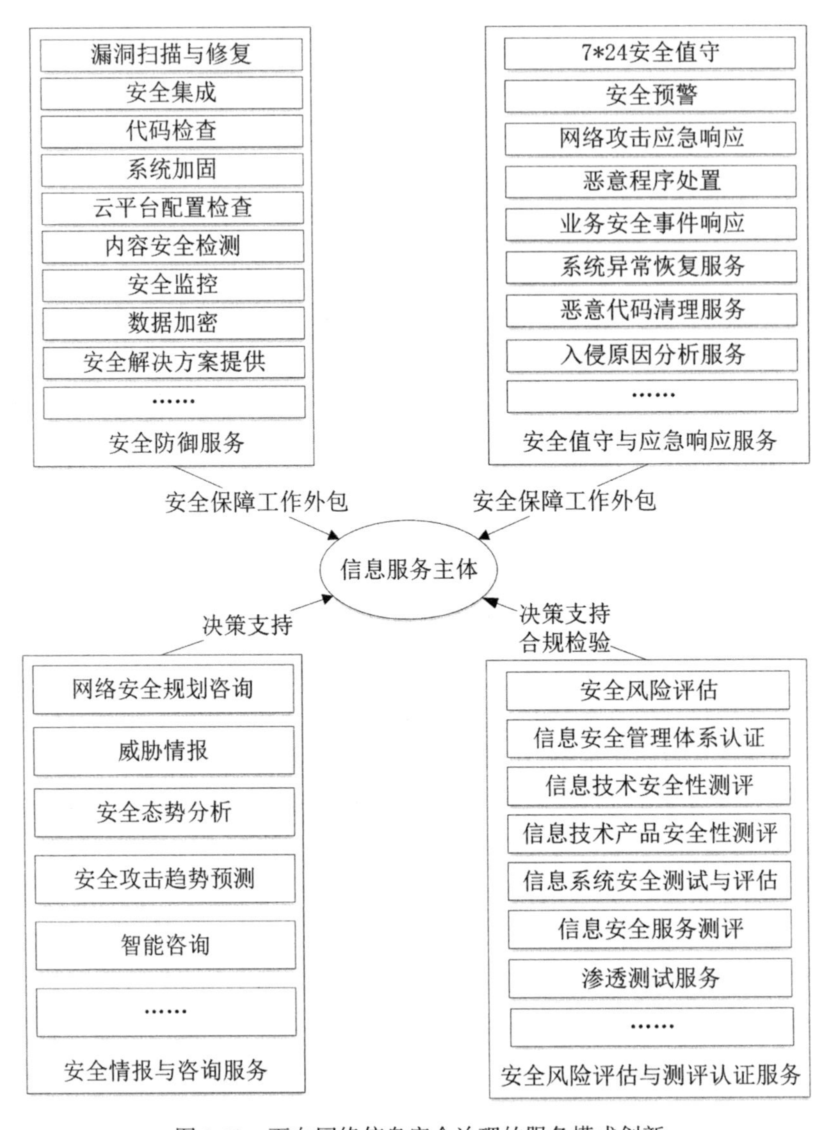

图 9-12 面向网络信息安全治理的服务模式创新

险大小，并提供风险处置的建议；测评认证服务则是通过对安全防护、管理措施部署情况及效果进行分析，以判断是否达到国家或机构自身的安全防护要求，如若达到要求，则提供相应的认证证书，并提出完善建议，否则向其提出整改建议。当前，此类服务创新的重点在于推进服务的自动化与智能化水平提升，即需要借助机器学习、大数据分析等智能分析技术，自动实现安全风险评估与安全防护符合性评测。

(3)安全防御服务

安全防御支持服务是指信息安全服务提供商直接介入信息资源安全防御工作，通过服务的方式帮助其完成安全防御措施的部署，如漏洞扫描与修复、安全集成、代码检查、系统加固、云平台配置检查、内容安全检测、安全监控、数据加密，安全解决方案提供等。当前，此类安全服务需要重点突破的问题在于，一是提高安全服务的自动化水平，以获得更强的规模效应，降低安全服务实施成本，为安全服务的进一步市场化推进提供支持；二是系统调研、分析安全需求，围绕典型场景进行安全服务设计，扩大安全保障工作外包的范围。

(4)安全值守与应急响应服务

安全值守与应急响应服务是指信息安全服务提供商代替机构进行安全值守，帮助其及时发现安全攻击，并提供安全预警与应急响应支持服务，以提升安全攻击发现与对抗能力，包括安全值守、安全预警、应急响应等。与安全防御服务类似，此类服务也直接介入了安全保障工作，能够对其安全工作开展提供直接帮助，也是今后安全服务模式创新的重点领域。其创新重点与安全防御服务相近，主要是扩大安全服务的范围、提升安全服务的效率与质量。

为推进信息安全服务提供商的安全服务模式创新，需要国家和地方机关鼓励网络信息资源运营主体迁移至云平台，引导信息安全服务提供商发挥自身优势，并推动新技术在安全服务创新中的应用。

第一，推动网络信息资源迁移至云平台。传统 IT 环境下，不少关键安全措施是基于物理隔离实现的，这显然不利于云安全服务的采用。迁移至云平台后，信息资源及系统可以直接通过互联网访问，从而为云安全服务的采纳奠定了技术基础。因此，需要国家和地方机关积极采取措施，加大对系统上云的引导推进力度，加强政策宣贯解读，提高上云意识和实践能力，加快推动信息资源及系统向平台迁移。

第二，引导信息安全服务提供商结合自身业务优势进行安全服务模式创新，提高服务质量与竞争力。部分优质安全服务的提供具有较高的门槛，不具备相应的资源积累就盲目介入，容易导致服务质量不佳、竞争力不足。因此，为提高安全服务创新成功率，需要引导信息安全服务提供商充分发挥其既有业务优势，瞄准市场需求，避免盲目切入，为创新而创新。

第三，信息安全服务创新中需要加速新技术应用。信息安全是一个技术迭代迅速的领域，良好的信息安全服务提供离不开高新技术的应用。结合当前

IT 技术发展趋势，信息安全服务创新中需要加速对人工智能、大数据、区块链等新一代信息技术的应用，以提升信息安全服务的自动化和智能化水平，改进体验。

9.4.3 云环境下信息安全合规审计

合规审计功能在传统的外包关系中发挥中重要作用，在云计算环境下，云服务商和信息服务机构面临着建立、监视一系列信息安全控制措施的持续合规性方面的挑战，云计算环境下合规与审计的主要包含内部管理合规、法律合规和外部审计的协调作用，从内部和外部流程实现需求目标的确立，明确需求是够符合用户合同、法律法规、标准等规范；将策略、程序、过程实施以满足需求；监测策略、程序、过程是否被有效执行。

一般而言，合规性要求在于对有机会访问资产的人员，进行访问的等级以及得到维护所进行的审查。在公共云环境中，可以要求：公共云产品必须成熟，更要遵守标准；为了有利于客户满足云合规性的需求，公共云供应商必须与用户签署相关合同协议。业界对于云计算合规性的建议主要包括：

①应对云计算环境下信息安全模式演化的新挑战。在审计中，应选择数据保护和应急响应方面提供良好策略的供应商。首先是数据定位，以欧盟数据保护法为例，为符合法规要求，云供应商应该把欧盟客户的信息放在欧洲的服务器上，这一法案主要是为了防止欧盟居民的个人信息外流。其次是多租户，以美国健康保险携带和责任法案为例，不管数据是否正在使用，都要求用户数据设置密码。

②重视云安全标准在合规审计中的作用：标准化审计框架和促进用户和云供应商间的沟通是云安全联盟的重要目标。以现在遵守的法规为例，GRC 标准套件包括：云信托协议、云审计、共识评估倡议、云安全控制。因此，在安全审计中应遵循相应的标准。

③重视服务等级协议在云安全中的约束力。在审计构建中，应根据云供应商的标准合同条款是否满足要求进行合规检查。同时为了避免供应商的云服务业务连续性的中断，可以选择规范化的审计方案。

④基于合规审计的安全目标实现。在服务向云迁移的过程中，应该注意众多安全服务及云供应商合作伙伴提供的安全可靠性和社会范围内的稳定性，以此出发进行基于审计的服务优化。

对于云服务商而言，在提供云服务过程中必须遵守不同的 IT 流程控制原则，以满足内部需求和外部需求。在实践过程中，众多的合规性要求形成了复杂的关系，在审计过程中或者安全事件的结果中难免会出现重复性的不合规控制。对此，可以通过合规工作对这些内部需求和外部需求进行统一的处理，从而提高效率并满足服务组合的合规性要求。从长远的发展来看，单一合规审计将被总体 IT 流程的合规取代。

按合规需要应对风险进行有效控制，其中合规安全管理范围主要涉及外部监管法规和内部制度规程要求的合规事件。KPMG 提出了通过合规审计构筑三道防线机制，其中第一道防线在于通过合规管理和内控，进行风险识别、评估、监测。第二道防线在于通过强化合规管理和内控，在持续优化、风险缓释的基础上将三者进行优化组合。第三道防线在于对内部审计中使用的方法、流程和标准进行整合。① 在借鉴前人研究的基础上，云服务商以及信息服务机构可以采用管理、风险和合规(GRC)概念，针对长期的云合规工作进行持续的正式的合规程序设计。

GRC 云合规的关键组成部分包括，风险评估、关键控制、监测、报告、持续改进、风险评估—新 IT 项目和系统 7 个部分。其中，云合规所涉及的风险评估方法是云服务商、信息服务机构对管理以及需求的合规性鉴定的开始，包括对关键领域风险的控制、用户身份管理、数据安全等方面；关键控制是在进行风险评估之后对于关键领域的合规需求进行确定，合规性活动主要是基于关键控制进行而不是外部产生新的合规需求。监测是对于关键控制进行的监测和测试的流程，监测结果可以用于支持审计工作的进行；云计算服务上以及信息服务机构可以通过定义和报告持续进行的标准和关键绩效指标(PKI)获得控制的有效性报告；持续改进主要通过对实施过程的监测挖掘目标与实施过程中的差距，进行控制。风险评估对于新项目和系统具有必要性。在开发 IT 项目和系统时，应对新的风险和控制措施进行评估，以便进行控制措施以及监测流程的完善。

补偿控制有助于促进云合规，主要有：

①尽可能频繁地清理或匿名化私有数据。云中存储的数据并非都是以明文的形式进行存储，因此清理或匿名化私有数据是实现隐私控制最经济的方式。

① 操作风险管理及与内控、合规管理的有机结合[EB/OL].[2021-10-25]. http://wenku.baidu.com/link? url=b9vUGQ2PqlCQqFYeSb99WkONRhzGoARajVMbRIkTlSdsIzuR3FJiundiy9YdUQMWEocmHTGxYoTsTQAj3crjkH1Kx8tcKY0zhbMTRgbUfcu.

②使用独立于云的加密手段。客户对密钥妥善保管，使用可以对虚拟机或数据进行云内加密；新兴加密技术可以用于保护云之外的数据和应用程序，从而增强数据保护力度。

③为更高机密数据支付更多费用。可以向供应商支付更多费用让他们提供特殊的控制措施来满足法律法规方面的要求，这样供应商就能从客户手中获得额外的收入，从而增强他们在市场中的竞争力。

④使用托管私有云。Gartner 将托管私有云归在“基础设施公用服务”或企业根据资源使用量、所服务用户数量付费服务的类别中。托管私有云成为数据中心外包服务的主要模式。因此，可以根据支持等级和服务来选择一个托管云。

参考文献

[1][美]Vic(J.R.)Winkler. 云计算安全[M]. 刘戈舟，杨泽明，许俊峰，译. 北京：机械工业出版社，2012.

[2]陈驰，于晶，马红霞. 云计算安全. 北京：电子工业出版社[M]. 2020.

[3]冯登国，赵险峰. 信息安全技术概论(第2版)[M]. 北京：电子工业出版社，2014.

[4]胡昌平，邓胜利. 数字化信息服务[M]. 武汉：武汉大学出版社，2012.

[5]胡翠萍. 企业财务风险传导机理研究[M]. 武汉：武汉大学出版社，2016.

[6]马费成，宋恩梅. 信息管理学基础[M]. 武汉：武汉大学出版社，2011.

[7]汤永利，陈爱国，叶青，闫玺玺. 信息安全管理[M]. 北京：电子工业出版社，2017.

[8]王祯学，周安民，方勇，欧晓聪. 信息系统安全风险估计与控制理论[M]. 北京：科学出版社，2011.

[9]包国华，王生玉，李运发. 云计算中基于隐私感知的数据安全保护方法研究[J]. 信息网络安全，2017(1).

[10]陈秀真，李生红，凌屹东，李建华. 面向拒绝服务攻击的多标签IP返回追踪新方法[J]. 西安交通大学学报，2013，47(10).

[11]冯登国，张敏，张妍，徐震. 云计算安全研究[J]. 软件学报，2011，22(1).

[12]冯建湘，唐嵘，高利. 灰色推理技术及其智能应用研究[J]. 计算机工程与科学，2006，28(3).

[13]高林. 关于云安全审查国家标准制定的思考[J]. 中国信息安全，2014(6).

[14]桂小林，庄威，桂若伟. 云计算环境下虚拟机安全管理模型研究[J]. 中国科技论文，2016，11(20).

[15]胡春华，刘济波，刘建勋. 云计算环境下基于信任演化及集合的服务选择

[J]. 通信学报, 2011, 32(7).
[16]黄勇. 基于 P2DR 安全模型的银行信息安全体系研究与设计[J]. 信息安全与通信保密, 2008(6).
[17]靳玉红. 大数据环境下互联网金融信息安全防范与保障体系研究[J]. 情报科学, 2018, 36(12).
[18]雷蕾, 蔡权伟, 荆继武, 林璟锵, 王展, 陈波. 支持策略隐藏的加密云存储访问控制机制[J]. 软件学报, 2016, 27(6).
[19]林闯, 苏文博, 孟坤, 刘渠, 刘卫东. 云计算安全: 架构、机制与模型评价[J]. 计算机学报, 2013, 36(9).
[20]林昆, 黄征. 基于 Intel VT-d 技术的虚拟机安全隔离研究[J]. 信息安全与通信保密, 2011, 9(5).
[21]刘海燕, 张钰, 毕建权, 邢萌. 基于分布式及协同式网络入侵检测技术综述[J]. 计算机工程与应用, 2018, 54(8).
[22]刘婷婷, 赵勇. 一种隐私保护的多副本完整性验证方案[J]. 计算机工程, 2013, 39(7).
[23]罗贺, 李升. 面向云计算环境的多源信息服务模式设计[J]. 管理学报, 2012, 9(11).
[24]罗贺, 秦英祥, 李升, 杨淑珍. 云计算环境下服务监管角色的评价指标体系研究[J]. 中国管理科学, 2012, 20(S2).
[25]阙天舒, 张纪腾. 人工智能时代背景下的国家安全治理: 应用范式、风险识别与路径选择[J]. 国际安全研究, 2020, 38(1).
[26]任福乐, 朱志祥, 王雄. 基于全同态加密的云计算数据安全方案[J]. 西安邮电学院学报, 2013, 18(3).
[27]唐文, 陈钟. 基于模糊集合理论的主观信任管理模型研究[J]. 软件学报, 2003, 14(8).
[28]宋阳, 张崙, 张志勇, 张志刚. 物联网+大数据环境下个人信息安全防范与保护措施研究[J]. 情报科学, 2020, 38(7).
[29]汪兆成. 基于云计算模式的信息安全风险评估研究[J]. 信息网络安全, 2011(9).
[30]王文文, 孙新召. 信息安全等级保护浅议[J]. 计算机安全, 2013(1).
[31]王希忠, 马遥. 云计算中的信息安全风险评估[J]. 计算机安全, 2014(9).
[32]王学军, 郭亚军. 基于 G1 法的判断矩阵的一致性分析[J]. 中国管理科

学，2006，14(3).
[33]王于丁，杨家海，徐聪，凌晓，杨洋. 云计算访问控制技术研究综述[J]. 软件学报，2015，26 (5).
[34]徐兰芳，张大圣，徐凤鸣. 基于灰色系统理论的主观信任模型[J]. 小型微型计算机系统，2007，28(5).
[35]闫世杰，陈永刚，刘鹏，闵乐泉. 云计算中虚拟机计算环境安全防护方案[J]. 通信学报，2015，36(11).
[36]叶薇，李贵洋. 基于混沌序列的公有云存储隐私保护机制[J]. 计算机工程与设计，2014，35(11).
[37]张炳，任家东，王苧. 网络安全风险评估分析方法研究综述[J]. 燕山大学学报，2020，44(3).
[38]张向上. 海运危险品 6W 监管模型的研究与应用[J]. 中国安全科学学报，2017，27(3).
[39]张玉清，周威，彭安妮. 物联网安全综述[J]. 计算机研究与发展，2017，54(10).
[40]张彧瑞，马金珠，齐识. 人类活动和气候变化对石羊河流域水资源的影响——基于主客观综合赋权分析法[J]. 资源科学，2012，34(10).
[41]张振峰，张志文，王睿超. 网络安全等级保护 2.0 云计算安全合规能力模型[J]. 信息网络安全，2019(11).
[42]赵章界，刘海峰. 美国联邦政府云计算安全策略分析[J]. 信息网络安全，2013(2).
[43]周德群，章玲. 集成 DEMATEL/ISM 的复杂系统层次划分研究[J]. 管理科学学报，2008，11(2).
[44]周亚超，左晓栋. 网络安全审查体系下的云基线[J]. 信息安全与通信保密，2014(8).
[45]左青云，陈鸣，王秀磊，刘波. 一种基于 SDN 的在线流量异常检测方法[J]. 西安电子科技大学学报，2015(1).
[46]王秉，吴超. 安全信息学论纲[J]. 情报杂志，2018，37(2).
[47]丁滟. 开放式海量数据处理服务的计算完整性研究[D]. 长沙：中国人民解放军国防科学技术大学，2014.
[48]杜享平. 基于软件行为模型的异常检测技术研究与实现[D]. 北京：北京邮电大学，2017.
[49]李升. 云计算环境下的服务监管模式及其监管角色选择研究[D]. 合肥：

合肥工业大学，2013.
[50]王笑宇. 云计算下多源信息资源云服务模型及可信机制研究[D]. 广州：广东工业大学，2015.
[51]温玉. Web 站点中的网络信息安全策略分析[D]. 保定：河北大学，2011.
[52]阿里云安全白皮书(2019 版)[EB/OL]. [2021-08-07]. https://files.alicdn.com/tpsservice/7da854e121a5dc6eff4ed2cc4740a3b5.pdf?spm=5176.146391.1095956.5.1f4d5e3b7xcFxZ&file=7da854e121a5dc6e ff4ed2cc4740a3b5.pdf.
[53]操作风险管理及与内控、合规管理的有机结合[EB/OL]. [2021-10-25]. http://wenku.baidu.com/link?url=b9vUGQ2PqlCQqFYeSb99WkONRhzGoARajVMbRIkTlSdsIzuR3FJiundiy9YdUQMWEocmHTGxYoTsTQAj3crjkH1Kx8tcKY0zhbMTRgbUfcu.
[54]公安部信息安全等级保护评估中心. 信息安全技术 网络安全等级保护基本要求(GB/T 22239—2019)[S]. 北京：中国标准出版社，2019.
[55]公安部等通知印发《信息安全等级保护管理办法》[EB/OL]. [2021-10-25]. http://www.gov.cn/gzdt/2007-07/24/content_694380.htm.
[56]国务院发展研究中心国际技术经济研究所. 中国云计算产业发展白皮书[EB/OL]. [2021-08-07]. http://files.drciite.org/%E4%B8%AD%E5%9B%BD%E4%BA%91%E8%AE%A1%E7%AE%97%E4%BA%A7%E4%B8%9A%E5%8F%91%E5%B1%95%E7%99%BD%E7%9A%AE%E4%B9%A6.pdf.
[57]卢明星，杜国真，季泽旭. 基于深度迁移学习的网络入侵检测[J]. 计算机应用研究，2020，37(9).
[58]美国标准与技术研究院特别出版物 800-53 版本 3[EB/OL]. [2021-08-07]. http://dx.doi.org/10.6028/NIST.SP.800-53r4.
[59]全国信息安全标准化技术委员会. 信息安全技术 信息安全风险评估规范(GB/T 20984—2007)[S]. 北京：中国标准出版社，2007.
[60]全国信息安全标准化技术委员会. 信息安全技术 云计算服务安全能力要求(GB/T 31168—2014)[S]. 北京：中国标准出版社，2014.
[61]全国信息安全标准化技术委员会. 信息安全技术 云计算服务安全指南(GB/T 31167—2014)[S]. 北京：中国标准出版社，2014.
[62]王超，郭渊博，马建峰，张朝辉. 基于序列对比的资源滥用行为检测方法研究[C]//第四届中国计算机网络与信息安全学术会议(CCNIS2011)论文集，2011.

[63]云安全联盟 CSA：2013 年云计算的九大威胁[EB/OL]. [2021-08-07]. http://www.bIngocc.com/newS/detaIl? Id=2013315423750.

[64]张江徽，崔波，李茹，史锦山. 基于智能合约的物联网访问控制系统[J]. 计算机工程，2021，47(4).

[65]中国产业信息网. 2019 年全球及中国云计算行业发展现状及 2019-2020 年云计算行业发展趋势预测[EB/OL]. [2021-08-03]. http://www.chyxx.com/industry/201907/765109.html.

[66]中国电子技术标准化研究院，等. 人工智能安全标准化白皮书(2019 版)[EB/OL]. [2021-08-07]. https://www.tc260.org.cn/upload/2019-10-31/1572514406765089182.pdf.

[67]中国移动通信集团有限公司，等. 物联网安全标准化白皮书(2019 版)[EB/OL]. [2021-08-07]. https://www.tc260.org.cn/upload/2019-10-29/1572340054453026854.pdf.

[68]Atenieseg, Burnsr, Curtmolar, et al. Provable data possession at untrusted stores[M]//Proceedings of the 14th ACM Conference on Computer and Communications Security, New York: ACM Press, 2007.

[69]Boneh D, Lynn B, Shacham H. Short signatures from the Weil pairing[M]//Advances in Cryptology Asiacrypt 2001, Berlin, Heidelberg: Springer Berlin Heidelberg, 2001.

[70]Liu Z, Fu C, Yang J, et al. Coarser-grained multi-user searchable encryption in hybrid cloud[M]//Transactions on Computational Collective Intelligence XIX, Berlin, Heidelberg: Springer Berlin Heidelberg, 2015.

[71]Almorsy M, Grundy J, Müller I. An analysis of the cloud computing security problem[J]. arXiv preprint arXiv: 1609.01107, 2016.

[72]Alomari E, Manickam S, Gupta B B, et al. Botnet-based distributed denial of service (DDoS) attacks on web servers: Classification and art[J]. International Journal of Computer Applications, 2012, 49(7).

[73]Amaral D M, Gondim J J C, Albuquerque R D O, et al. Hy-SAIL: Hyper-scalability, availability and integrity layer for cloud storage systems[J]. IEEE Access, 2019.

[74]Beunardeau M, Connolly A, Geraud R, et al. Fully homomorphic encryption: Computations with a blindfold[J]. IEEE Security & Privacy, 2016, 14(1).

[75]Blaze M, Feigenbaum J, Lacy J. Decentralized trust management[C]// IEEE

Symposium on Security & Privacy, IEEE Computer Society, 1996.

[76] Chen Y, José-Fernán M, Castillejo P, et al. A privacy-preserving noise addition data aggregation scheme for smart grid[J]. Energies, 2018, 11(11).

[77] Cui B J, Liu Z, Wang L Y. Key-aggregate searchable encryption (KASE) for group data sharing via cloud storage[J]. IEEE Transactions on Computers, 2015, 65(8).

[78] Yong C, Lai Z, Xin W, et al. QuickSync: Improving synchronization efficiency for mobile cloud storage services[C]// International Conterence on Mobile Computing & Networking, ACM, 2015.

[79] Elgendi I, Hossain M F, Jamalipour A, et al. Protecting cyber physical systems using a learned MAPE-K model[J]. IEEE Access, 2019(99).

[80] Kim H R, et al. How network externality leads to the success of mobile instant messaging business? [J]. International Journal of Mobile Communi-cations, 2017, 15(2).

[81] Josang A. A logic for uncertain probabilities[J]. International Journal of Uncertainty, Fuzziness and Knowledge-Based Systems, 2001, 9(3).

[82] Jung C H, Namn S H. A study on structural relationship between privacy concern and post-adoption behavior in SNS[J]. Management & Information Systems Review, 2011, 30(3).

[83] Krishnamoorthy G, UmaMaheswari N, Venkatesh R. RoBAC: A new way of access control for cloud[J]. Circuits and Systems, 2016, 7(7).

[84] Latham D C. Department of defense trusted computer system evaluation criteria [J]. Department of Defense, 1985, 951(5).

[85] Marsh S P. Formalising trust as a computational concept[D]. Stirling: University of Stirling, 1999.

[86] Nagaraju P, Nagamalleswara R N, Vinod K C R. A privacy preserving cloud storage framework by using server re-encryption mechanism (SRM)[J]. International Journal of Computer Science and Engineering, 2018, 6(7).

[87] Orencik C, Selcuk A, Savas E, et al. Multi-keyword search over encrypted data with scoring and search pattern obfuscation[J]. International Journal of Information Security, 2016, 15(3).

[88] Paredes L N G, Zorzo S D. Privacy mechanism for applications in cloud computing[J]. IEEE Latin America Transactions, 2012, 10(1).

[89] Ross R S. NIST Special Publication 800-39, managing information security risk: Organization, mission, and information system view[S]. Gaithersburg: National Institute of Standards and Technology, 2011.

[90] Wei J, Yi M, Song L. Efficient integrity verification of replicated data in cloud computing system[J]. Computers & Security, 2016(65).

[91] Wen Y, Liu B, Wang H M. A safe virtual execution environment based on the local virtualization technology[J]. Computer Engineering & Science, 2008, 30(4).

[92] Weng C, Zhan J, Luo Y. TSAC: Enforcing isolation ofvirtual machines in clouds[J]. IEEE Transactions on Computers, 2015, 64(5).

[93] Xu H , Teo H H , Tan B , et al. Research note: Effects of individual self-protection, industry self-regulation, and government regulation on privacy concerns[J]. Information Systems Research, 2012, 23(4).

[94] Yang P, Gui X, An J, et al. A retrievable data perturbation method used in privacy-preserving in cloud computing[J]. Communications, China, 2014, 11(8).

[95] Yu Y, Xue L, Au M H, et al. Cloud data integrity checking with an identity-based auditing mechanism from RSA[J]. Future Generation Computer Systems, 2016, 62(9).

[96] Abdulrahman A, Hailes S. A distributed trust model[EB/OL]. [2021-08-19]. http://www.nspw.org/2009/proceedings/1997/nspw1997-rahman.pdf.

[97] Azab A M, Ning P, Sezer E C, et al. HIMA: A hypervisor-based integrity measurement agent [C]// 2009 Annual Computer Security Applications Conference, Hawaii, USA: IEEE, 2009.

[98] Payne B D, Carbone M, Sharif M, et al. Lares: An architecture for secure active monitoring using virtualization[C]// 2008 IEEE Symposium on Security and Privacy (sp 2008), California, USA: IEEE, 2008.

[99] Beth T, Borcherding M, Klein B. Valuation of trust in open networks[C]// European Symposium on Research in Computer Security, Berlin, Heidelberg: Springer, 1994.

[100] Sharif M I, Lee W, Cui W, et al. Secure in-VM monitoring using hardware virtualization[C]// Proceedings of the 16th ACM conference on Computer and communications security, Chicago, Illinois, USA: ACM, 2009.

[101] Chiba Z, Abghour N, Moussaid K, et al. A survey of intrusion detection

systems for cloud computing environment[C]// 2016 International Conference on Engineering & MIS (ICEMIS), Agadir, Morocco: IEEE, 2016.

[102] Joshi B, Vijayan A S, Joshi B K. Securing cloud computing environment against DDoS attacks [C]// 2012 International Conference on Computer Communication and Informatics, Coimbatore, India: IEEE, 2012.

[103] Osanaiye O, Choo K K R, Dlodlo M. Change-point cloud DDoS detection using packet inter-arrival time [C]//2016 8th Computer Science and Electronic Engineering (CEEC), Colchester, UK: IEEE, 2016.

[104] Selvaraj L, Kumar S. Group-based access technique for effective resource utilization and access control mechanism in cloud[G]// Suresh L P , Dash S S, Panigrahi B K. Artificial Intelligence and Evolutionary Algorithms in Engineering Systems, New Delhi: Springer, 2015.

[105] Surianarayanan S, Santhanam T. Security issues and control mechanisms in cloud[C]// 2012 International Conference on Cloud Computing Technologies, Applications and Management (ICCCTAM), Dubai, United Arab Emirates: IEEE, 2012.

[106] Tseng C W, Liu F J, Huang S H. Design of document access control mechanism on cloud services[C]// 2012 6th International Conference on Genetic and Evolutionary Computing, Kitakyushu, Japan: IEEE, 2012.

[107] Wang H, Ma X, Wang F, et al. Diving into cloud-based file synchronization with user collaboration[C]// 2016 IEEE/ACM 24th International Symposium on Quality of Service(IWQoS), Beijing, China: IEEE, 2016.

[108] Wang W, Li Z, Owens R, et al. Secure and efficient access to outsourced data [C]// Proceedings of the 2009 ACM workshop on Cloud computing security, Chicago, Illinois, USA: ACM, 2009.

[109] Amazon web services: Overview of security processes [EB/OL]. [2021-08-07]. http://d1.awsstatic.com/whitepapers/aws-security-whitepaper.pdf.

[110] Broken windows theory[EB/OL]. [2021-08-20]. https://en.wikipedia.org/wiki/Broken_windows_theory.

[111] Common Criteria Project Sponsoring Organizations. Common criteria for information security evaluation[S]. 1993.

[112] Communications Security Establishment. The Canadian trusted computer product evaluation criteria V3.0 [R]. 1993.

[113]European Communities. Information technology security evaluation criteria [R]. 1991.

[114] Information technology—Security techniques—Evaluation criteria for IT security (ISO/IEC 15408—1999)[S]. Geneva: International Organization for Standardization, 2013.

[115]ITU-T Recommendation E. 860. Framework of a service level agreement [EB/OL]. [2021-08-19]. https://www.itu.int/rec/dologin_pub.asp?lang=e&id=T-REC-E.860-200206-I!! PDF-E&type=items.

[116] NIST Special Publication 800-37 Revision 1, guide for applying the risk management framework to federal information systems, a security life cycle approach[EB/OL]. [2021-08-07]. http://dx. doi. org/10. 6028/NIST. SP. 800-37r1.

[117]NSA. Information assurance technical framework V3. 1 [R]. 2002.

[118]OCLC WorldShare management services homepage[EB/OL]. [2021-08-21]. http://www.oclc.org/worldshare-management-services.en.html.

[119]SOCCD: Contract with eNamix for quality assurance service [EB/OL]. [2021-08-21]. The Agenda of the Board of Turstees Meeting at the South Orange County Community College District, https://www. socccd. edu/documents/BoardAgendaAug13OCR.pdf.

[120]Tarrant County College District. ExLibris alma subscription, services and support agreement [EB/OL]. [2021-09-25]. http://tccd. granicus. com/MetaViewer.php?meta_id=9964&view=&showpdf=1.

[121]Technical Committee ISO/IEC JTC1 Subcommittee SC 27, Security techniques. Information technology-security techniques-code of practice for information security controls (ISO/IEC 27002—2013)[S]. Geneva: International Organization for Standardization, 2013.

[122]Windows azure network security whitepaper[EB/OL]. [2021-08-07]. http://download. microsoft. com/download/4/3/9/43902EC9-410E-4875-8800-0788BE146A3D/Windows% 20Azure% 20Network% 20Security% 20Whitepaper% 20-%20FINAL.docx.